JN017350

教養としての脳

坂上雅道
小松英彦
武藤ゆみ子

［編］

共立出版

執筆者一覧

小口 峰樹（おぐち　みねき）
玉川大学脳科学研究所 特任准教授　博士（学術）

小松 英彦（こまつ　ひでひこ）
玉川大学脳科学研究所 特別研究員（客員教授）　工学博士

酒井 裕（さかい　ゆたか）
玉川大学脳科学研究所 教授　博士（理学）

佐々木 謙（ささき　けん）
玉川大学農学部生産農学科 教授　博士（農学）

佐々木 哲彦（ささき　てつひこ）
玉川大学学術研究所 教授　博士（理学）

鮫島 和行（さめじま　かずゆき）
玉川大学脳科学研究所 教授　博士（工学）

武井 智彦（たけい　ともひこ）
玉川大学脳科学研究所 准教授　博士（人間・環境学）

田中 康裕（たなか　やすひろ）
玉川大学脳科学研究所 准教授　博士（医学）

松田 哲也（まつだ　てつや）
玉川大学脳科学研究所 教授　博士（医学）

松元 健二（まつもと　けんじ）
玉川大学脳科学研究所 教授　博士（理学）

まえがき

　教養とは，その文化を生きる人間が身につけるべき知識や行動様式のことである。しかも，それはただの知識ではなく，その文化の中で創造的に行動することにつながらなくてはならない。時代や文化によって，教養の背景となる知識や理解は異なる。近年では人間自身の理解についての教養も変わってきた。特に心については，その背景となる知識は，これまで日常生活の中の経験やその文化で大きな影響力をもつ宗教などに限られてきた。

　心に関する理解を劇的に変えたのは，科学である。19世紀ドイツで始まった心理物理学，実験心理学は，心を実験によって測り，客観的に捉えようとした。これらの心に関する客観的事実としての知識は，やがて生理学や生物学の手法と結びつき，脳科学へと発展する。

　その脳科学がわれわれの文化に影響を与え始めたのは，ここ50年余りのことかもしれない。アメリカの神経科学者，精神科医ナンシー・アンドリセンによる次の言葉のように，心の理解は脳科学によって50年かけて劇的に変わってきた。彼女は著書『故障した脳 —脳から心の病をみる』[1]の中で，「精神疾患のために苦しんでいる人々は，意志が弱かったり，怠け者であったり，性格が悪かったり，生まれ育ちが悪いということではなく，病んだ，あるいは故障した脳のために苦しんでいるのである」と述べている。つまり，心は脳が作り出すものであり，祟りや呪いなど神秘的な力で動くものではないという理解である。これだけでも極めて重要な知識であるが，この言葉を裏付ける科学的な知見の数々が，現代社会・文化を発展的に創造しうる教養を織りなしている。

　動物は，文字通り動いて生きていく生物である。動物は，食べ物を得るため，生殖のため，敵から身を守るために空間内を移動する。神経系（脳）は，その動きを制御する。神経系（脳）の組成は，他の臓器と大きく変わらない。唯一といってもいい違いは，神経細胞（ニューロン）間でイオンを使って電気のやり取りをすることであろうか。繊毛や羽根，筋骨といった具合に，さまざまな仕組みを使って動物は移動するが，それらはすべて電気で動く。たとえ

1　ナンシー・C. アンドリアセン 著，岡崎祐士ほか 訳『故障した脳 —脳から心の病をみる』1986年，紀伊国屋書店，p.26 より。

ば，哺乳類では，脳から流れ出た電気が神経を通って筋肉に伝えられる。電気が流れてきた関節をまたぐ筋肉は収縮し，骨をひっぱり身体が動く（運動）。しかし，ただ動くだけでは，動物は死んでしまう。どこに動けばいいのかがわからなければ，食べ物は得られないし，敵から逃げることもできない。つまり，動いて生きていくと決めた瞬間，もう一つの大きな仕事，どこに動くのかを知るための仕組みが必要になってくる。外の世界と身体の状態を知る仕組み，感覚である。これによって，外界の中に移動の目標を定め，哺乳類であれば筋骨を動かして移動する。

　単純な神経系をもつ動物は，外界の刺激と運動が1対1に対応しているが，神経系が複雑になってくると動物は判断することができるようになる。つまり，カエルは目の前を動く小物体にすぐ飛びつくが，ヒトは目の前の食べ物に手を出すとは限らない。他人の食べ物かもしれないからだ。また，複雑な脳をもつ哺乳類のような動物は，選択することができる（意思決定）。選択のための指標が，価値（報酬あるいは罰の予測）である。哺乳類の脳には，価値を計算するための神経回路が複数あることもわかってきた。反射的に決める神経回路と思考して決める回路である。ともに，学習によって意思決定できるようになるのだが，前者は報酬ベースの強化学習，後者は目標指向的計算により実現される。

　このような心の理解を背景に『教養としての脳』，そして『教養としての心』の2冊の姉妹書の刊行を計画した。21世紀における新しい心についての考え方は，本書に次いで刊行予定の『教養としての心』の中で議論するが，まずは心を考える上でその科学的基礎となる脳の働きについて，本書の中で解説する。本書では，脳の物質的成り立ち（第1章），感覚（第3章，第4章，第5章），運動（第6章），学習（第7章，第10章），意思決定（第8章，第11章），動機づけ（第9章）の構成で，網羅的に脳の機能の説明を試みた。このような研究を行うための脳活動の記録の方法を，最新のものを含めて第2章にまとめた。また，脳の計算原理をAI（人工知能）に反映させたり，構成論的に検証してみたりするには，数理モデル化が不可欠になってくる。そこで，第7章，第10章，第11章，第13章では，数理モデル化を視野に入れた説明になっている。いまだに全く解決の糸口も見つかっていないのは，意識の問題である。どのように脳の電気が意識を生み出すのか，さっぱりわからないものの，意識が脳の情報処理に重要な役割を果たしていることも事実である。これについては，第12章で考える。生成AIなど，人工知能は人間の知能を超えていくような勢いを見せているが，巨大なコンピュータはとてつもなく複雑なハードウェアで膨大な電力を消費する。そのようななかで，動物の脳のコンパ

クトさ，省電力性が注目を集めるようになっている。哺乳類に比べてはるかに小さい脳で驚くべき「認知」能力・社会性を示す昆虫脳（微小脳）の仕組みも明らかになりつつある。そこで，第 14 章，第 15 章では，最新の昆虫脳研究を紹介する。コンパクトなサイズで実現する認知・社会機能の理解は，必ずや役立つときが来るだろう。

玉川大学脳科学研究所所長
坂上雅道

目　次

物質としての脳の成り立ち

第1章

田中康裕

　脳とはどのようなものだろうか。イラストでは丸っぽいものを描いて，「し
わ」を入れておけば脳らしく見えるような気がする。あの外側から見える「し
わ」の多い部分は大脳皮質といい，そして脳ではいろいろな部位がそれぞれに
違った役割を果たしている，というような話を見聞きしたことがあるかもしれ
ない。脳は「思考」を司る特殊な臓器であると漠然と思っている読者もいるか
もしれない。脳の力がなければ，この本を読むこともままならない。脳は私た
ちの一部であり，その機能を実感しやすい身近なものである。そのような脳
は，いったい何からできているのか。何が，脳を人体において特殊なものにし
ているのだろうか。たとえば，元素の違いだろうか。身体を構成する元素は，
炭素，水素，酸素，窒素，リンがほとんどを占め，これは身体中の組織のどこ
をとってもそれほど違いがない。構成元素という意味では，鉄を多く含む血液
や，カルシウムを多く含む骨の方が，ずっと特殊である。この章では，脳がモ
ノとしてどのように特殊であり，その特殊さがどのようにして脳機能の基礎と
なっているかを説明する。また，身体における脳の特殊さを理解した上で，脳
の大まかな構造について紹介して，続く各章の理解の助けとしたい。

1.1　動物の身体のミクロな成り立ち

　脳をもつのは動物である。そこで，まずは動物の身体のミクロな成り立ちを
見ながら，脳の特殊さについて考えてみよう。

1.1.1　タンパク質

　元素は多くの場合，いくつかが組み合わさり，分子となって化学的な性質を
発揮する。では，脳の特殊さは分子にあるのだろうか？

　動物の身体をつくる分子は，**タンパク質**，**核酸**，糖鎖，脂質などである。タ
ンパク質，核酸，糖鎖は，基本的な構造が似ている小さな分子（単量体）が多
数つながってできる高分子である。タンパク質は，多数の**アミノ酸**がペプチド
結合することによりつくられる。タンパク質をつくるアミノ酸配列を，タンパ
ク質の一次構造と呼ぶ（図 1.1A）。ヒトのタンパク質をつくるアミノ酸は 20
種類[1]あるが，それらのアミノ酸の並び方次第で，できあがったタンパク質

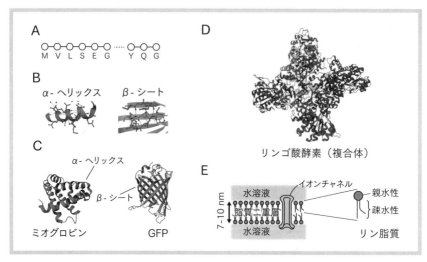

図 1.1　細胞を構成するタンパク質と膜の構造

A：タンパク質（ミオグロビン）の一次構造。始めに翻訳される、左端の M であらわされたメチオニン（アミノ酸のひとつ）は後に除去される。B：特定のアミノ酸同士の相互作用によってできる二次構造。らせん構造（α-ヘリックス），シート構造（β シート）が典型的。C：他のタンパク質に先駆けて決定されたミオグロビンの三次構造と，下村博士（2008 年ノーベル化学賞）が発見した緑色蛍光タンパク質（GFP）の三次構造。D：複数のタンパク質が複合した四次構造。さまざまな機能を発揮する。E：脂質二重層の構造とリン脂質の構造。B, C, D の立体構造は，RCSB（https://www.rcsb.org/）より。B の右は PDB ID 2CPG，左は PDB ID 1P4P，C の右は PDB ID 1MBN，左は PDB ID 1EMA，D は PDB ID 1EFK より引用。

は，分子構造上の制約からコイル状に巻いたり，折れ曲がりをもつシート状になったりする。このように，アミノ酸配列の性質として自然に決まってくるタンパク質の構造を，二次構造と呼ぶ（図 1.1B）。さらにこれらのタンパク質は，二次構造でできてきた部品を折りたたむようにして，複雑な立体構造をとる。この立体構造は，自然にできあがるものもあれば，他のタンパク質の助けを借りながら達成されるものもある。このようにしてできた立体構造を，三次構造と呼ぶ（図 1.1C）。こうして立体的な構造となったタンパク質は，たとえば，特定の物質と特異的に結合し，その影響で自らの構造を変えるといった機能をもつ。こうしてタンパク質はさまざまな化学反応において触媒として働いたり（酵素と呼ばれる），あるいは特定の部位で他のタンパク質を動かしたりする（モータータンパク質と呼ばれる）。複数のタンパク質が組み合わさって

1　システインには，硫黄元素が含まれているが，その硫黄元素がセレン元素に置き換わったセレノシステインというアミノ酸がある。このアミノ酸は，タンパク質をつくる 21 番目のアミノ酸であることが近年示され，その地位が確立しつつある。

大きな複合体として働くこともあり，このような複合体の構造を，四次構造と呼ぶ（図 1.1D）。

このようにして，生体分子機械として働くタンパク質がそれぞれ巧妙なメカニズムをもちながら集まり，生物の身体をつくる基本単位となっている「モノの塊」を，細胞と呼んでいる。植物と区別して動物の細胞を，動物細胞と呼ぶ。

1.1.2 細胞膜

動物細胞は膜で囲まれている。細胞膜と呼ばれるこの膜は，脂質（主にリン脂質など）でできている。リン脂質は，親水性（水になじむ）の部分と疎水性（水をはじく）の部分をもつ分子構造をしている（図 1.1E）。これらの脂質が疎水性の部分を内側に，親水性の部分を外側にするように並ぶと，脂質二重層という構造になる。また，脂質二重層は水の中では安定性を保つために，自然と閉じた構造になる。この 7 ～ 10 nm ほどの脂質二重層でつくられた細胞膜は，細胞にとっての「自分」と「それ以外」を区別する境界線を成している。

細胞膜は脂質でできており疎水性の高い層があるため，親水性の高いものは素通りすることができない。糖・アミノ酸・イオンなど水に溶ける（親水性の高い）ものは，膜タンパク質と呼ばれる細胞膜上に浮かぶタンパク質を介して膜を通過する。その中でもイオンチャネルと呼ばれる一群のタンパク質は，細胞内外のイオンが細胞膜を通過するために必要である（図 1.1E）。また，膜の表面で細胞外から届いた親水性の物質（たとえばアミノ酸）を受け取り，その存在を細胞内に伝えるタンパク質を，膜受容体（以下では単に受容体，レセプター）と呼ぶ。主に，これらのタンパク質を介して，細胞は細胞外の環境を感じ取っている。

1.1.3 セントラルドグマ

細胞膜で外と区切られた細胞の内部には，細胞小器官と呼ばれるさまざまな構造がある。ヒトを含む真核生物は，細胞内に核膜で包まれた核をもち，その中に DNA（デオキシリボ核酸）が格納されている。DNA とは特定の構造をもつ物質の総称に過ぎないが，すべての生物[2]はこれらの物質を用いて遺伝情報を保存し，伝えている。遺伝情報を伝えるものを遺伝子と呼ぶ。20 世紀中

2　遺伝情報に RNA を用いているウイルスを，RNA ウイルスと呼ぶ（インフルエンザウイルス，コロナウイルスも含まれる）。しかし，ウイルスは刺激に反応せず，他の生物の細胞に感染しなければ増殖できないため，通常は生物に含めない。

ごろまでに，遺伝子とは身体の構成要素であるタンパク質の設計図であり，その設計図は，DNA という高分子の構造，すなわち，DNA をつくる 4 種類の部品（単量体）の配列で表現されていることがわかった。現代では DNA のうち，タンパク質の設計情報に対応した部分を遺伝子と呼んでいる。真核生物の一つひとつの細胞の核には，身体全体をつくることができる遺伝子がほぼすべて格納されている[3]。そこで，たとえば頭から足が生えてこないように，どの遺伝子をいつ使うかは，細胞ごとに巧妙な制御を受けている。必要なときに，必要な細胞で適切な遺伝子配列から RNA（リボ核酸）を用いたテンプレートがつくられ，テンプレートの配列（RNA 配列）に従ってタンパク質がつくられる（このすべての過程もさまざまなタンパク質によって行われる）。

　このように，DNA 配列から RNA 配列を経てタンパク質（アミノ酸が配列された高分子）がつくられる。この仕組みは生物に共通する原理で，この過程を分子生物学のセントラルドグマ[4]という（図 1.2A）。核以外の細胞小器官（図 1.2B の小胞体，ゴルジ体，リソソームなど）では，これらのタンパク質を正

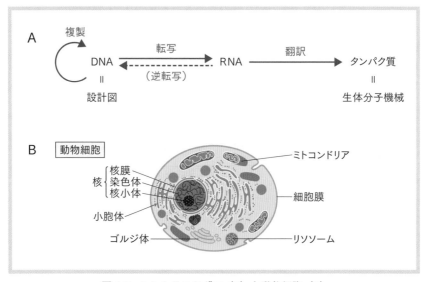

図 1.2　セントラルドグマ（A）と動物細胞（B）

3　後述するミトコンドリアは，今では細胞内にあるが，元々は細胞外にあり，進化の過程で細胞内に共生するようになったという説が有力である。ミトコンドリアは，核内の DNA とは独立して遺伝子（ミトコンドリア DNA）をもつ。この DNA は，核の DNA に比べると圧倒的に小さいが，ミトコンドリアの機能に重要なタンパク質の遺伝情報を格納している。

常につくり，時には違う部品（糖鎖など）で修飾し，適切な場所まで運び機能させ，古くなったら壊す（分解する）といった役割を連携しながら担っている。細胞小器官には，酸素のエネルギーをATP（アデノシン三リン酸）に変換するミトコンドリアもある。ATPは，細胞内でさまざまなタンパク質を動かすエネルギー源として使うことのできる分子であり，「エネルギーの通貨」とも呼ばれる。

　このように動物の細胞は，細胞膜に囲まれ，さまざまなメカニズムや構造を実現するタンパク質と，それらの情報を格納した遺伝子とによって維持されている。実は，脳にある細胞も肝臓にある細胞もおおむね似たような機構で維持されている。脳だけに秘密の遺伝子があったり，タンパク質以外の特殊な高分子がたくさんつくられたりしているわけではない。

1.2　脳の細胞

　脳は，他の臓器と同じように多くの細胞から成り，それらの細胞の基本的な仕組みは他の臓器とも共通している。一方，どのようなタンパク質をどのようなタイミングでつくるのかについては，細胞の種類ごとに精密に制御されているため，脳機能の発現に役立つ特殊な性質をもつ細胞があるのかもしれないという推論は妥当である。実際，脳（神経系）には，他の臓器にはない特別な細胞がある。神経細胞（ニューロン）とグリア細胞である。グリア細胞は，ニューロンをサポートする役割が主である。本節では，特にニューロンに焦点をあて，脳の特殊さにつながる仕組みを説明する。

1.2.1　神経細胞（ニューロン）

（1）静止膜電位

　細胞膜が隔てる液体は，当然ながら純水ではない。多くの無機イオン（ナトリウムイオン，カリウムイオン，塩化物イオンなど）や，アミノ酸などの小分

4　1958年に，Crickによって提唱された。字義的には「中心的な教義」という意味で，宗教的な言葉遣いは科学文献にそぐわない感もある。「基本原理」と訳すこともある。内容はともかく言葉に関して，同時代の生物学者からの反発も多かったようだ（『偶然と必然』でも有名なMonodが「ドグマという言葉の正しい使い方を理解していない」と指摘したらしい）。生物学者は日本語に訳さず，セントラルドグマと言うことが多い。1970年に，RNAがDNAに逆転写されることが発見され，現在ではRNAも翻訳前にさまざまに編集されることがわかっているため，常に真とは言えないまでも重要な概念である。1988年，Crickは回顧録においてセントラルドグマという言葉を，「もっともらしいが，実験的な直接の裏付けがほとんどない壮大な仮説」に対して使った，と述懐している。ちなみに，そのあと彼が出版した脳に関する本の題名は，"Astonishing Hypothesis"（驚くべき仮説）である。

子，水溶性タンパク質などの高分子が溶けた，複雑な組成の水溶液である。細胞内外を仕切る油のバリケードである細胞膜には**イオンチャネル**が無数に存在し，小さな無機イオンを通すことができる。イオンチャネルには，ナトリウムイオン（Na^+）を通しやすい Na^+ チャネルや，カリウムイオン（K^+）を通しやすい K^+ チャネルなど，さまざまな種類がある。

いまは K^+ のみに注意して細胞内外の状況を整理しよう。多くの細胞において，細胞内の K^+ 濃度は，大体 140 mM（モーラー，mol/L と同義）程度である。一方で，細胞外の K^+ 濃度は，3 〜 5 mM 程度と低い（図1.3A）。そして細胞膜には，K^+ を選択的に通し，かつ開きっぱなしのイオンチャネルがある（K^+ リークチャネルと呼ばれる。リークとは漏れているという意味である）。何が起こるだろうか。多い方から少ない方へ，つまり細胞内から細胞外へ K^+ が流れていって，そのうち細胞内も細胞外も同じ K^+ 濃度になってしまいそうなものである。ところが，実は K^+ はほとんど流れ出ない。これには，細胞膜の約 7 〜 10 nm という薄さが一役買っている。ほんの少量の K^+ が細胞外に出ると細胞膜近傍で内外の電気的な均衡が崩れてしまい，細胞の外側がプラスに，内側がマイナスに荷電した状態になる。こうなると，K^+ はプラスの電荷をもつため，細胞内へ引っ張られる。こうして，化学的勾配（濃度差）によってイオンが受ける力と，電気的勾配によってイオンが受ける力がつり合うのである（図1.3B）。ここで生じた電気的勾配は，中学理科でも習う V（ボルト）で表す電位差（電圧）である。このように，薄い膜を挟んでイオンの濃度差が

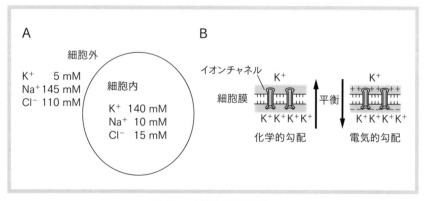

図1.3　膜電位の成り立ち

A：ニューロン内外のイオン構成。示した値は代表的なもので，細胞の種類や発達段階によっても変化することが知られている。また，図中に記載したイオン種以外にも特にタンパク質や核酸が主要な陰イオンとなって，細胞内，細胞外ともに電気的中性が保たれている。B：カリウムイオンの平衡電位が膜を挟んで生じる様子の模式図。

あり，かつイオンがその膜を通れる場合には，濃度差とちょうど拮抗するだけの電位差が，膜を挟んで生じる。この電位差を膜電位と呼ぶ。本当に K^+ しか膜を通れないとすると，膜電位は $-90\,mV$ 程度になることが理論的に知られている（これを K^+ の平衡電位という）。

実際の細胞内外には，K^+ だけでなく Na^+，塩化物イオン（Cl^-）といった多種の無機イオンがあふれ，水に溶けるタンパク質や核酸も，それぞれが電離してイオンとして存在している。なかでも，Cl^- は比較的膜の透過性が高く，また，Na^+ も多少は膜を透過する[5]。こういったさまざまな影響がつり合った結果，実際の膜電位は $-70\,mV$ 程度に保たれており，これを静止膜電位と呼ぶ。また，電気的な偏りがあることを，分極しているという。この静止膜電位は，ニューロンに特有のものだろうか。実は，状況は身体中の細胞で大体似たようなもので，ほとんどの細胞はそれぞれの（静止）膜電位をもっており，細胞内外で電位差が生じている（分極している）こと自体は，ニューロンの特殊さとはいえない。

(2) 活動電位

ニューロンの大きな特徴は，劇的に電位差を変化させる仕組みが備わっていることである（図1.4A）。ニューロンには，電位依存性チャネルという種類のイオンチャネルが備わっている。イオンチャネルは細胞膜にプカプカと浮いていて，電位依存性のチャネルとはその名の通り，膜電位が変化することで，イオンの通しやすさが変わる[6]チャネルである。特に重要なのは，電位依存性 Na^+ チャネルである。

このチャネルは静止膜電位付近ではほとんど開かず，膜電位が上がるほど開きやすくなる性質がある。Na^+ は K^+ とは逆で，細胞内が低く，細胞外が高いという濃度勾配をもっている。先ほど K^+ の平衡電位を説明したときのように，膜が Na^+ のみを通す場合を考えて Na^+ の平衡電位を計算すると，$+60\,mV$ 程度になる。したがって，Na^+ チャネルが開くと膜電位は上がっていく。何らかの理由で静止膜電位から少し電位が上がると，電位依存性 Na^+ チャネルがどんどんと開き始める。ある電位を超えると，K^+ リークチャネルにより膜電位が下がろうとする勢いよりも，電位依存性 Na^+ チャネルで膜電位が上が

---

5 細胞内外のイオン濃度を保つためには，細胞内から Na^+ を汲みだし細胞外の K^+ を取り込む Na^+-K^+ ポンプが必要であり，そのために Na^+ も一定量膜を通過している。Na^+-K^+ ポンプは，濃度勾配の逆向きの仕事をするため，ここにはエネルギーが必要で，ATP が使われる。

6 巨視的に見ると「イオンの通しやすさ」が変わるように見えるが，一つひとつのチャネルに着目すれば「チャネルの開きやすさ」が変わると表現した方がよいだろう。

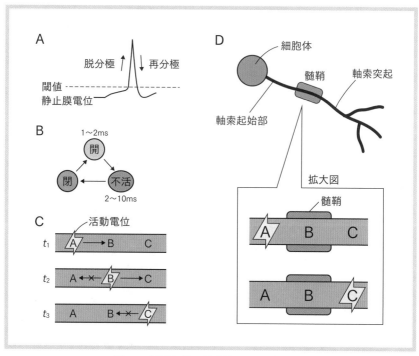

図 1.4　活動電位の発生機序と伝導の様子

A：活動電位の模式図。B：ナトリウムチャネルの状態変化。C：軸索内での活動電位の 1 方向性の伝導。D：軸索の構造。軸索起始部から少し離れたところから有髄線維となり，遠くの標的に向かって伸びていく。枝分かれの多い末端に近い部分は無髄線維になり，他の細胞への情報伝達を可能とする。拡大図には，髄鞘付近における活動電位の伝導の様子を模式的に示す。

ろうとする勢いが勝ってしまう（この電位を「閾値[7]」と呼ぶ）。そうなると，膜電位はさらに上がるため，ますます電位依存性 Na^+ チャネルが開き，電位はもう上がるしかなくなり，1 ms 程度で急激に膜電位が上昇する（分極がなくなる方向に変化するので，脱分極という）。K^+ リークチャネルは開きっぱなしなので，電位は $+60$ mV まで上がりはしないが，0 mV を超えて $+30$ mV 程度まで上がる。しかし，電位が上がりっぱなしかというと，そうではない。電位依存性 Na^+ チャネルはあまり長く開くことができず，一度開くとしばらく開かなくなる（不活性化状態）という性質がある（図 1.4B）。そのため，電位

7　「いきち」「しきいち」論争があるが，生物系の先生は「いきち」，工学系の先生は「しきいち」と読む人が多い。細かなことを言うと，「いき」が音読み，「しきい」が訓読みで，「ち」は音読みなので，湯桶読みが気持ち悪ければ，「いきち」と読めばよいが，要は文化の違いである。

上昇は数 ms 程度しか続かず，静止膜電位に戻ってしまう（再分極[8]）。また，Na^+ イオンチャネルが不活性化されるため，電位上昇を短い時間に繰り返すことができない（2 〜 10 ms 程度すれば回復するが，この期間を不応期と呼ぶ）。

　このような一連の電位変化を，活動電位という。活動電位にとって重要な 3 つの性質は，①急激ではっきりと区別できる電位上昇，②短い持続時間，③不応期である。①により，ほとんどデジタル（on か off か）とみなしてよい信号の頑健さを担保し，②により，時間的な解像度を高めている。③は，活動電位が細胞内で伝わる過程で役立つ。図 1.4C のように，初めに活動電位が起きる部位 A は通常，かなり限られた範囲である。A で電位上昇が起こると，隣の B まで電位上昇は弱まりながらも広がるため，A での活動電位が引き金となり，B でも電位が閾値を超えて活動電位が起こる。もし不応期がなければ，次の瞬間 B で起きた活動電位が引き金となり，B の両側にある A と C で活動電位が起きることとなる。しかし，A では活動電位が起きたばかりであるため，不応期により活動電位を起こすことができず，A とは反対側の C のみで，活動電位が起きることとなる。このように，活動電位が伝わっていくことを，活動電位の伝導と呼ぶ。さて，活動電位は，脳や神経に特有のものだろうか。活動電位は，確かにニューロンのもつ大きな特徴の 1 つだが，実はニューロンに限ったものではない。活動電位を起こす代表的な細胞として，筋肉や心臓の筋細胞がある。同じように活動電位が起こり，伝導し，それにより素早く筋肉全体が収縮するのである。

(3) 軸索突起

　活動電位は，ニューロンの中を一方向に広がる。ニューロンは，活動電位を伝導するための突起，すなわち軸索突起（あるいは単に軸索）をもっている。軸索突起は，それぞれのニューロンから 1 本だけ出ており，たくさんの枝分かれをもつ。ニューロンによっては，細胞体のごく近傍にのみ集中的に軸索を配すものもあれば，非常に長い枝を出して遠く離れた部位で多くの枝を伸ばすニューロンもある。軸索の根元には，電位依存性 Na^+ チャネルが集積する軸索起始部と呼ばれる部位があり，典型的には，そこで活動電位が起こり，軸索の隅々まで伝導する。

8　本文では触れられなかったが，K^+ チャネルにも電位依存性のものがあり，活動電位によってこのチャネルが稼働する。K^+ チャネルなので当然膜電位を分極させる電流が生じて，再分極が急速に進む。

(4) 跳躍伝導

　大きな動物は脳からの信号で，1 m 以上離れた手や足を動かさねばならない。活動電位は，どの程度の速さで伝わるだろうか。実は先ほど説明したような順々に近くのイオンチャネルが開いていく仕組みでは，チャネルが開くのに時間がかかるため，1 ms で 1 mm 程度しか進まないことが知られている。これだと 1 m を進むのに 1 秒かかる計算で，大きな動物がリアルタイムに身体を動かすことを考えると，少し遅すぎる。活動電位を格段にスピードアップする仕組みが，跳躍伝導である。図 1.4D のように，A から B へ電位変化が伝わるとき，B は膜が分厚くてチャネルが少なく，C は膜が薄くてチャネルを多くもつとする。この場合，B はあまり電位変化を起こさない膜となるため，B で起きていた電位変化は B を跳び越して C で起きてしまう。ちょうど B を跳び越して活動電位が伝わるように説明できるので，これを跳躍伝導と呼ぶ。軸索では実際に膜の抵抗が非常に高い部分があり，そこでは軸索の周りにグリア細胞の細胞膜が何重にも巻いてある。これを髄鞘と呼び，このように髄鞘を巻かれた軸索を有髄線維と呼ぶ（対照的に巻かれていない線維を，無髄線維と呼ぶ）。有髄線維の伝導速度は，無髄線維の 100 倍程度にも及び，信号伝達の速度を速めることに成功している。

(5) シナプス電位

　「思考」などの脳機能を生み出す上で，活動電位と異なるもう 1 つの重要な仕組みが関与する。軸索を伝わった活動電位は，軸索ブトンと呼ばれる部位で，化学信号に変換される（図 1.5A）。これらの部位には，神経伝達物質と呼ばれる物質が詰まった小胞（脂質二重層でできた小さな袋）が多く集まっている。活動電位が到達すると，それに伴うカルシウムイオン（Ca^{2+}）濃度上昇が引き金となり，巧妙な分子メカニズムで神経伝達物質が放出される。神経伝達物質にはさまざまなものが知られているが，ここではグルタミン酸と GABA（ガンマアミノ酪酸）という 2 種類のアミノ酸を紹介する。

　グルタミン酸は軸索ブトンから放出されると，近くにある他のニューロンの細胞膜上にある受容体に受け取られる。この受容体は，同時にイオンチャネルでもあり，グルタミン酸を受け取ると陽イオンを通すようになる。このような仕組みをもつ受容体を，イオン透過型受容体という。一方で，イオンチャネルであることに着目すれば，リガンド依存性イオンチャネル，ということもできる。リガンドとは，「受容体に特異的に結合する物質」を指す言葉である。グルタミン酸によって開くのは，Na^+ と K^+ の両方を通す陽イオンチャネルであり，おおむね 0 mV ほどを目指して膜電位を上げる（脱分極させる）。

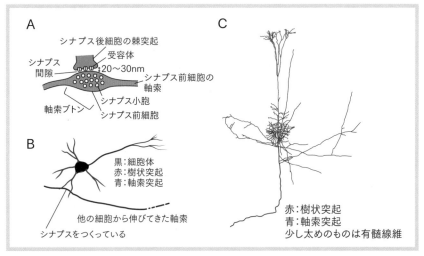

図 1.5　シナプスの拡大図（A），シナプスの模式図（B），ニューロンのスケッチ（C）

　GABA により開くのは，Cl⁻ を通すチャネルであり，これは多くの細胞で電位を下げる（より分極が進むため，「過分極させる」という）。先の活動電位の説明で，電位がある程度上昇すると，電位依存性 Na^+ チャネルが開きやすくなると述べた。グルタミン酸などの神経伝達物質によって，活動電位の引き金となる「ある程度の電位上昇」が起こる。そのため，「膜電位を上げて活動電位を起こしやすくする」という意味で，グルタミン酸を「興奮性」の神経伝達物質と呼び，「膜電位を下げるなど[9]により，活動電位を起こしにくくする」という意味で，GABA を「抑制性」の神経伝達物質と呼ぶ。

　化学物質を介した情報伝達は，神経活動に特有なものだろうか？　実はそうではない。たとえば，ホルモンと呼ばれる化学物質について聞いたことがあるだろう。さまざまな臓器で放出されたホルモンは，血液中をめぐり，身体にさまざまな作用を及ぼす。しかし，ニューロンでの化学物質による伝達において特徴的なことは，20 ～ 30 nm 程度のごく小さな細胞間隙を挟んで特異的に行われる点である。この細胞間隙を，シナプス間隙と呼び，間隙を挟んだ構造全体を，シナプス[10]あるいはシナプス結合と呼ぶ。2 つのニューロンがその間にシナプスをもち神経伝達を行う場合に，それらのニューロンは「シナプス結合

9　入力の電流が一定であれば抵抗を下げるだけでも電位変化を小さくすることができる。そのため，直接に電位を下げずとも抵抗を変化させることで，活動電位を起こしにくくすることができ，実際にそのような制御が知られている。

をもつ」，「シナプス（結合）している」などという。シナプス間隙は非常に狭いため，少ない量の伝達物質で間隙内の伝達物質濃度を局所的に高め，他のシナプスには影響を及ぼしにくい特異的な信号伝達を行っている。シナプスを挟んで信号を送る側（活動電位を起こし神経伝達物質を出す側）のニューロンをシナプス前細胞，受け手側をシナプス後細胞と呼ぶ。また，神経伝達物質が貯められている小胞を，シナプス小胞，神経伝達物質によってシナプス後細胞で起こる電位変化を，シナプス後電位と呼ぶ。

(6) 樹状突起

　軸索突起は，いわばニューロンの出力部位である。では，受け手側はどうなっているのだろうか。ニューロンの細胞体からは通常，樹状突起と呼ばれる突起が複数本出ている。それぞれの突起が，さらに枝分かれしてさまざまな形状をとるが，この樹状突起がニューロンの主な入力部位である。シナプスの多くは，この樹状突起上につくられる。一部のニューロンは，スパイン（棘突起）と呼ばれる，さらに小さな突起を樹状突起上にもつものもあり，一つひとつが入力部位となりうる。大脳皮質の典型的なニューロンは，数千もの入力を受けることが知られている。そのすべてが異なるニューロンからのものというわけではないが，幾千もの軸索から，空間的にも時間的にもバラバラと信号が入力してくることになる。ほとんどのニューロンでは，一つひとつのシナプス後電位は活動電位を起こすほどの電位上昇を起こさない。したがって，さまざまな部位にさまざまなタイミングで入力したシナプス後電位が樹状突起を伝わり，加算される。このことを空間的加算，時間的加算という。それらの結果として，最終的に軸索起始部での電位変化が閾値を超えると，活動電位が出力され，そのニューロンの軸索の至るところで神経伝達物質の放出が起こるのである。

(7) 可塑性

　神経の結合は，可塑性をもつ。可塑性とは難しい言葉だが，たとえばプラスチックを思い浮かべてほしい。ある種のプラスチックは常温では硬いが，温めると少し柔らかくなって形を変えることができる。このような性質を，（熱）可塑性という。「神経結合の可塑性」と一言でいえば，たとえば軸索が伸びて

10　現在ではシナプスの語義は若干広がり，ここで説明した化学的シナプス以外にも，電気的シナプスと呼ばれるものもある。これは2つの隣り合った細胞間に小分子が通れる穴ができているもので，このような結合があると片方の活動電位は減衰するが，化学的な信号には変換されず，電位として伝わる。

いき新しい結合ができることも含まれるが，すでにシナプス結合がある場合にも，そこでの伝達効率が変化しうる。シナプス前細胞が活動電位を出したときに，どれだけの影響（電位変化）をシナプス後細胞が受けるかという，その効率が変化するのである。このような可塑性が神経結合の性質として特に重要視されるのは，神経活動に依存した可塑性があるからだ。たとえば，シナプス前細胞が活動電位を発した直後にシナプス後細胞が活動電位を発すると，両者の間のシナプス伝達効率が上昇するというシナプス可塑性が知られている。神経結合はさまざまなレベルでの活動依存的可塑性をもち，この可塑性こそが動物が学習・経験することで脳に蓄えられる記憶の本体であると期待され，精力的に研究が進められている。

（8）神経ネットワーク

ニューロンは，その入力部位である樹状突起を広げてさまざまなニューロンから入力を集めるとともに，細く長い出力部位である軸索突起をさまざまな部位へ伸ばし，活動電位により遠くまで素早く信号を伝え，特定の相手へ化学物質を用いて信号を届けることで，速く，かつ特異的な信号伝達を実現している。このような複雑な入出力の結果としてできあがるニューロンのネットワークを神経ネットワークという。

神経ネットワークでどのような計算ができると考えられているかについては第13章を，また，実際に実現されている脳機能については，第2章以降を参照されたい。

1.2.2 グリア細胞

脳のグリア細胞には，少なくともアストロサイト，オリゴデンドロサイト，ミクログリアの3種類がある。アストロサイトは，さまざまな機能をもつが，血管からニューロンへの栄養の供給や，神経伝達物質の回収と分解・再合成などが特に重要である。オリゴデンドロサイトは，周辺の軸索へ自らの突起を伸ばし，それをグルグルと巻き付けることによって髄鞘をつくる。末梢神経系では，シュワン細胞という細胞が髄鞘をつくる。ミクログリアは，免疫細胞の一種である。このように，グリア細胞は脳組織が正常に機能し，その恒常性を保つ上で必須の役割を果たしている。グリア細胞は活動電位を出すことはないが，一部のアストロサイトは，グルタミン酸の受容体をもち，神経伝達物質を出すことがわかっている。また，学習によって髄鞘の厚みが変わるという可塑性が知られてきており，グリア細胞の脳機能への寄与はこれまで知られてきたものよりも，ずっと大きいのかもしれない。

1.3 脳の構造

1.2 節で見た通り，脳のモノとしての秘密はニューロンにあり，数多くのニューロンがそれぞれに素早く特定の相手と情報伝達を行うことで織りなす，複雑なネットワークにある。ニューロンが集まってできているのが脳であるが，それらニューロンはただ塊となっているわけではなく，肉眼的にもわかる構造に組織化されている。本節では，このあとの各章の理解を助けるために，脳の構造の概略を紹介する（図 1.6A, B）。

1.3.1 全体像

ヒトの脳を外側から見たときに目を引くのは，多くの溝をもつ大脳皮質である。脳を輪切りにすると，大脳皮質の内側に白質という白い部分があり，これよりも内側には大脳基底核などがある。「白質」は，線維（軸索）が集まった部分を指す言葉であり，特定の部位の名称ではない。対義語は「灰白質」であり，ニューロンが集まった部分を指す。どちらも脳の断面を肉眼的に観察した際の色味に由来している。大脳皮質などは灰白質が切れ目なく続いているように見えて，いかにも皮のようである。

「核」や「神経核」も灰白質である。これらは細胞や線維を染め上げる実験

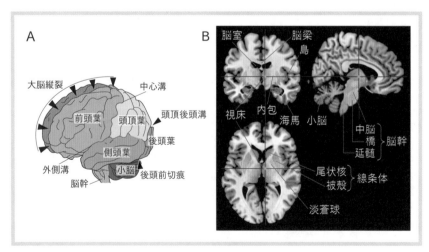

図 1.6　ヒトの脳

A：ヒトの脳の模式的な外観図。頭頂後頭溝や後頭前切痕は矢頭のあたりにある。大脳縦裂は，矢頭で示した部分の左右半球の間の裂け目である。この図では見切れているが，この裂け目は後頭葉まで続いている。
B：MRI（核磁気共鳴画像法）で得られたヒトの脳の断面図。

技法を使って，細胞の密度や細い線維束の走行の具合などにより区別されてきた。大脳皮質のニューロンから出る線維の一部は，大脳基底核を通りながら束ねられる。その束ねられた線維の内側には，視床・視床下部と呼ばれる神経核の集まりがある。それよりも下に降りていくと，脳幹を経て脊髄に至る。脳を外側から見ると，大脳の下側に，より細かなしわをもつ構造が見える。これが小脳であり，小脳は脳幹と太い線維でつながっている。脳の中心部には脳室と呼ばれる空洞があり，この脳室には，血液から透明な脳脊髄液をつくり出す機構がある。脳脊髄液は，脳室から小脳の下あたりにある孔を通って脳の外に流れ出て，頭蓋骨の内側を満たしている。通常，脳や脊髄は脳脊髄液の中にあり，その浮力に助けられて，重力で変形したり，引っ張られたりしないようになっている。

1.3.2　大脳皮質

　大脳皮質の溝は，口語的には「しわ」と表現されることが多いが，専門的には「溝」や「裂」と呼ばれる。特に，左右を分ける大きな裂け目を，大脳縦裂と呼び，左右それぞれを，大脳半球と呼ぶ。大脳半球は，皮質よりも奥の部分で左右がつながってはいるが，大脳皮質を外から見れば，左右2つの大脳半球は見事に分かれているように見える。

　それぞれの大脳半球は，大きな溝を境に，前頭葉，頭頂葉，側頭葉，後頭葉の4つに区分けされる。前頭葉と頭頂葉を分けるのが，中心溝で，前頭葉と側頭葉を隔てる深い溝が，外側溝である。頭頂葉と後頭葉の間には，頭頂後頭溝がある。また，外側溝は特に深く，この溝の中にあり外側から通常は見えていない部分の皮質を，島（とう）と呼ぶ。大脳皮質は場所によって役割分担をしていると考えられている。このような役割分担を，機能局在という。

1.3.3　海馬

　海馬は，側頭葉の内側の方に巻き込まれるような部位にあり，その名の通り，タツノオトシゴのような形をしている。この構造が特に注目されるようになったのは，ある神経疾患の治療のために両側の大脳半球で海馬を含む側頭葉の一部を切除された患者が，それ以降に起きたことを記憶できなくなるという事態が起きたからである。それ以来，海馬は記憶のメカニズムに重要であると考えられ，多くの研究がなされている（第7章参照）。

　海馬のすぐ前方には，扁桃体と呼ばれる構造がある。扁桃体は，恐怖や不安に対する全身の反応が起きるときに活動し，そういった刺激の記憶に関わることが知られている。

1.3.4 大脳基底核

大脳基底核には，線条体（ヒトやサルでは，被殻と尾状核に分かれる）や淡蒼球，視床下核などが含まれる。場所としては中脳に位置する核である黒質も，機能上の関連から大脳基底核に含めて議論することが多い。大脳基底核は，運動の開始や抑制に関わると説明されることが多い構造であるが（第5章参照），一方で，大脳皮質のほとんどすべての領域と結合をもち，運動以外にもさまざまな機能に関わると考えられている。学習の観点からは，強化学習への関与が提案されている（強化学習については，第7章，第8章，第11章参照）。

1.3.5 視床

視床は，大脳皮質への情報の入り口として重要な構造である。大脳皮質外から大脳皮質への入力は，ほとんどすべて[11]が視床を経由してくる。そのため，視床は単なる中継核と考えられたこともあるが，大脳皮質から視床への調節が働くことも知られている。また，寝ているときには視床のレベルで目や耳からの信号が遮断されていて，視床は少なくともゲートのような役割をしていると考えられている。

1.3.6 視床下部

視床下部（大脳基底核の視床下核とは別物なので要注意）は，ヒトでは4g程度で，脳重量のわずか1%以下の組織であるが，いわゆる「生理的な欲求」と関係する神経核が集まり，生きていく上で極めて重要な部位である。たとえば，お腹が空いたときに活動する神経核や，水を飲みたいときに活動する神経核がある。それ以外にも，ストレス応答，養育行動，体温調節，睡眠リズム，覚醒，攻撃行動，性行動などに関わる神経核（場合によってはニューロン群）が，それぞれ区別される。これらのニューロンは，機能ごとに特徴的なタンパク質やペプチド（短いアミノ酸配列）をもつことも多い。そこで，遺伝子に改変を加えて特定の細胞だけを光らせたり，外部から操作したりする技術（このような技術を遺伝子工学という）を用いて，特定の行動と関係するニューロン群が絞り込まれるなど，近年急速に研究が進んでいる。

---

11 嗅覚系では，嗅上皮からの信号が嗅球を経て梨状皮質へ到達する。また，広範に投射しペプチド・モノアミン系などの神経修飾物質を放出する視床下部や脳幹のニューロン群は，この限りでない。

1.3.7　脳幹

　脳幹は，中脳・橋・延髄に分かれる。これらの部位には，顔の筋肉を制御する神経核や，目や耳からの信号を受け取る神経核など頭の入出力に関する構造がある。また，呼吸のリズム，心拍や血圧の制御といった生命の維持に必要な神経核などもある。また，歩行のリズムや顔の表情など，決まりきった運動パターンも脳幹でつくられる（第6章参照）。

　直接のシナプス後電位としてはそれほど影響を与えないが，神経伝達の効率を変化させる神経修飾物質と呼ばれる一群の物質があり，たとえば，ドーパミン・ノルアドレナリン・セロトニン・ヒスタミンなどのモノアミンや，アセチルコリンがよく調べられている。脳幹の一部の神経核には，こういった神経修飾物質を産生する細胞（神経修飾物質の種類によりドーパミン細胞などと呼ぶ）が含まれている。これらのニューロンには，非常に長い軸索をもつものがあり，脳の広い範囲で神経修飾物質を放出する。こういった物質は脳の広域の状態を変えることが可能だと考えられ，覚醒状態や気分などに関わると考えられている。

1.3.8　小脳

　小脳は，大脳よりも小さいが，大脳の数倍のニューロンが詰め込まれている注目すべき構造である。多ければ良いというわけでもないが，それだけ多数のニューロンが必要な計算をしていると考えるのが妥当であろう。また，神経ネットワークの構造が比較的早くからわかっていたこともあり，その計算の仕組みも早くから研究されてきた（第7章参照）。特に運動に関して，その機能が調べられており，第5章で解説される。大脳基底核とも共通するが，小脳皮質（小脳も皮質と核に分かれている）は小領域に分かれており，その小領域は，いくつかのシナプスを介しながら，大脳皮質の対応する領域と相互の結合をもっている。そのため，運動のみに関与しているとも考えにくく，運動以外の研究も現在熱心に進められている。

1.3.9　脳構造をつなぐ線維

　上記のような神経核や皮質は，基本的にニューロンの細胞体の集まりである。樹状突起は核の近傍に収まるが，軸索は1.2節で説明した通り，非常に長い有髄線維を使って，遠隔の構造に素早く活動電位を伝えうる。そのような有髄の軸索線維が束になったものは，肉眼的にも観察できるほどの太さの線維（白質）となる。その中のいくつかの線維に触れていこう。

まず目につくのは，大脳皮質のすぐ下で左右の大脳半球をつなぐ脳梁である。この線維を離断すると，両半球間の情報のやり取りがしにくくなることがわかっている。大脳皮質から身体（脊髄）の方へ向かう線維はすでに述べたように，線条体を通りながら少しずつ束になり，視床や視床下部のあたりでは内包になる。これが中脳付近では，大脳脚という太い線維になる。大脳脚の一部の軸索は橋でシナプスをつくる。それ以外はそのまま脊髄へ向かい，他の脳幹から出た線維などと合流して，錐体路となる。橋で一度統合された大脳からの情報は，中小脳脚を通って小脳へ向かう。この中小脳脚は，脊髄へ向かう錐体路に負けず劣らず太く，それだけ大脳と小脳の相互作用が脳機能に重要だということをうかがわせる。小脳から大脳へ向かう線維は，上小脳脚で，視床へと入力する。他にもさまざまな構造をつなぐ多くの線維が，脳には張り巡らされている。

1.4　おわりに

　脳といえども身体の一部であり，基本的には他の臓器を構成するのと同じ仕組みで成立している。一方で，筋細胞のように活動電位を起こしたり，ホルモンのように物質による情報伝達を用いたりして，細胞体から遠く離れた多数かつ特定の相手にシナプスを介して信号伝達を行っている。つまり，他の臓器にも見られるような，さまざまな生物学的メカニズムをフル活用（あるいは改変）して複雑なネットワークを組織化し，「思考」「記憶」などの脳機能を実現する点が，他の臓器と異なっている。

　1.1 節〜 1.2 節で触れた細胞生物学の観点を詳しく学びたければ，章末の参考文献で挙げた Luo の教科書の第 1 〜 3 章をお薦めする。もちろん Kandel らの教科書の Part II〜III を参考にしてもよいが，一般的には大学院レベルとされ，相応の覚悟が必要である。1.2 節の「静止膜電位」や「活動電位」について，もう少し定量的（数理物理的）な説明が欲しい読者には，少し古いが Johnston の教科書をお薦めする。また，日本語で書かれた本では，宮川らの『ニューロンの生物物理　第 2 版』がお薦めである。神経生理学の広い分野にわたって，具体的な実験と対応しながら説明されている。1.3 節の「脳の構造」について深く学びたい読者には，図が美しく値段も手ごろな，『イラストレイテッドカラーテキスト神経解剖学　原著第 5 版』を挙げておく。

参考文献

Johnston, D. (1994) Foundations of Cellular Neurophysiology, A Bradford Book

Kandel, E. R., Koester, J. D., Mack, S. H., Siegelbaum, S. A. (2021) Principles of Neuroscience, 6th edition, McGraw-Hill

Luo, L. (2020) Principles of Neurobiology, 2nd Edition, Garland Science

水野昇・野村嶬 監修，翻訳（2017）『イラストレイテッドカラーテキスト神経解剖学 原著第 5 版』，三輪書店

宮川博義・井上雅司（2013）『ニューロンの生物物理 第 2 版』，丸善出版

第1章　物質としての脳の成り立ち

脳を観察する，脳を操作する

小口峰樹

　私たちが日々，感じ，考え，記憶し，さまざまな選択を行うことができるのは，私たち一人ひとりがその頭の中に「脳」という器官を有しているからである。仮に，頭蓋骨を開いて，膜組織の覆いを取り除き，脳を外側から眺めてみたとしよう。それは，どこをとっても均質な，灰白色の組織の塊に過ぎないように見える。この塊が，私たちの豊かな感覚経験や，精妙な身体運動や，多種多様な思考を生み出しているというのは，にわかには信じがたいようにも思える。

　脳がこうしたさまざまな機能を実現できるのは，それが膨大な神経細胞（ニューロン）を中心に構成されているからである。人間の場合，大脳・小脳を含む神経系全体で1000億個近くのニューロンが存在すると推定されている。ニューロンは互いに触手のように神経線維を伸ばし，「シナプス」と呼ばれる接続部位を形成して，電気的・化学的な信号を用いて情報処理を行っている。この神経ネットワークは単なる均質な網の目ではなく，さまざまな機能へと分化した異質な要素からなる構造体であり，それらの要素は複雑な回路をなして，ミクロからマクロへの多層的なスケールで絶えず相互連絡を行っている。

　こうした異質な要素のそれぞれがどのような機能をもっているのかを明らかにするために，脳科学はニューロンやその集合体の活動を「観察する」技術や「操作する」技術を発展させてきた。たとえば，人間が発話しているときにある脳部位で活発な活動が計測され（＝観察），その活動を人為的に抑制すると発話に影響が出る（＝操作）とすれば，その脳部位は発話という機能の実現に関与していると推測できる。

　近年，遺伝子組み換え技術を用いた強力な観察法や操作法が登場し，実験動物を使った研究から数々の目覚ましい成果が生みだされている。本章では，脳を観察し，操作する技術について，古典的なものからそうした最新のものまでを概観し，各々の原理や特徴について解説していく。

2.1　脳を観察する

　ニューロンは，活動電位と呼ばれる電気的なパルスによって他のニューロンや筋肉に情報を伝えている[1]。このとき，ニューロンやその周辺ではさまざ

な電気的・化学的な変化が起こっており，脳科学はそうした変化を可視化することで脳の機能を解明しようとしてきた。

2.1.1　侵襲的方法と非侵襲的方法

　脳活動を計測する方法には，大きく分けて，侵襲的な方法と非侵襲的な方法がある。侵襲的な方法とは，皮膚や身体開口部（咽頭など）を通じて，薬剤や器具，あるいは機器の挿入を必要とする方法を指す[2]。医療の場面でいえば，皮膚の切開を伴う外科手術はもとより，薬の注射や経口投与，血液検査や内視鏡検査も侵襲的な方法である。逆に，カウンセリング，尿検査や心電図検査，CT スキャンや MRI スキャンは非侵襲的な方法である。一般に，侵襲を伴う方法は健康上のリスクが高く，その運用においては特に慎重な扱いが求められる。以降，本項では脳活動の主な計測法を紹介する。

（1）細胞外記録

　古典的な脳活動の計測法としては，脳に金属製の針型電極を刺し，ニューロンに近づけて電気信号を記録する細胞外記録が挙げられる（図 2.1A）[3]。脳は頭蓋骨と頭皮に覆われており，細胞外記録を行うためには，それらを除去して電極を刺すという侵襲的な処置を必要とする。典型的なニューロンは，樹状突起上にあるシナプスを介して他のニューロンから入力を受ける。それによって，ニューロン内の電位が正の方向，ないしは負の方向に変化する。電位が一定の閾値以上に高くなると，ニューロンの細胞体付近で活動電位が生じる。活動電位は軸索と呼ばれる神経線維を伝わり，他の細胞へと出力される。

　細胞外記録では，これらの入出力を表す信号を区別して取り出すことができる（図 2.1B）。電極からは時々刻々と変化する電位が記録されるが，1 kHz 程度以上の信号を通すフィルター（ハイパスフィルター）をかけることで，出力となるパルス状の活動電位を取り出すことができる。逆に，1 kHz 程度以下の信号を通すフィルター（ローパスフィルター）をかけると，局所電場電位と呼ばれる信号を計測することができる。これは電極周辺においてシナプスに入力する信号の総和を主に反映していると考えられている。

　細胞外記録は侵襲的な方法であるため，ヒトやヒトと近縁の類人猿に対して

1　活動電位の生じるメカニズムについては，第 1 章参照。
2　侵襲性は，このように技術的にのみではなく，介入によって与えるリスクの程度を考慮して定義されることもある。
3　広義には，細胞外記録には化学的信号を記録するボルタンメトリーなどの手法も含まれる。

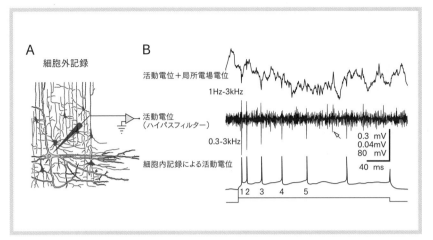

図 2.1　細胞外記録における活動電位と局所電場電位
A：針形電極を用いた細胞外記録。B：細胞外記録によるワイドバンド信号（上），ハイパスフィルターで抽出した活動電位（中），同時に細胞内から記録した活動電位（下）。Henze *et al.* (2000) より改変。

は適用できない。例外は，てんかん等の患者に対する外科手術である。てんかんの手術前検査では，特に脳深部に問題部位がある場合，切除範囲を確定するために記録電極を刺すことがある。脳を覆う膜組織や大きな血管は痛みを感じるが，ニューロンが存在する脳実質には痛みの受容器が存在しないため，電極を刺しても痛みは感じない。そのため，こうした手術は，局所麻酔を用いた覚醒下で，記録電極を刺して患者の反応を確認しながら行われることもある。また，このときに，患者の同意のもと，何らかの認知課題を行ってもらい，研究目的での細胞外記録を行うこともある。

　ニューロンの出力である活動電位は，電位の急激な上昇が瞬間的に起こるスパイク状の信号である。ニューロンは，このスパイクがどの程度の頻度で生じるか（発火頻度と呼ばれる）によって情報を伝えていると考えられている。たとえば，霊長類の研究から，前頭前野にある前頭眼野という脳部位には，眼球運動に関与する細胞群が存在することが明らかにされている。これらの細胞から活動電位記録を行うと，サルが特定の方向に目を動かしたとき，まさにそのタイミングで発火頻度が増加する。このように，生体がどのような活動を行っているときに発火頻度が変化するかを調べることで，そのニューロンの機能を探ることができるのである。

（2）脳波計測

　脳波の計測では，典型的には，頭皮上に皿状電極や円盤電極を配置して記録する（図 2.2A）。脳波の成分は，電極下の多数のニューロンの電気的活動を反映したものである。頭皮上記録の場合には非侵襲であるが，頭蓋骨や頭皮を通過することで信号が拡散・減弱することから，ノイズの影響を受けやすく，また，空間分解能（どの程度細かな範囲を区別して計測できるか）も高くない。医療的に必要性のある患者に対しては，開頭手術を行って，硬膜上や皮質上に電極シートを留置して脳波計測を行うことがある。この場合，頭皮上計測に比べてノイズの影響は軽減され，空間解像度も向上するが，健康上のリスクが大きく高まる。

　脳波は，実質的に局所電場電位と同じ成分である。これらの信号を解析する際によく用いられる方法の 1 つは，フーリエ変換という数学的な操作を利用して，信号を異なる周波数の波へと分解する時間周波数解析である。分解した信号をデルタ波（1 〜 3 Hz），シータ波（4 〜 7 Hz），アルファ波（8 〜 12 Hz），ベータ波（13 〜 24 Hz），ガンマ波（25 Hz 〜）と呼ばれる周波数帯域へまとめ，それぞれの信号強度の時間変化が調べられる。ある周波数帯域での信号強度がピークのときには，記録している細胞群がその周波数帯域で同期して活動していると推定される。生体がある課題を行っているときの信号周波数成分を調べることで，記録部位における信号周波数成分が，どのような機能に関係しているかを探ることができる。

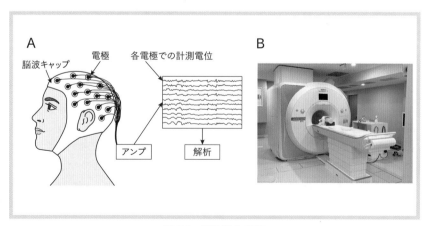

図 2.2　脳波計と MRI
A：脳波計を用いた記録。B：MRI 装置。

(3) 脳スキャン

　ニューロンが活動するとき，その部位では電気的活動が生じるだけでなく，それに付随するさまざまな変化が生じる。たとえば，ニューロンが活動するためにはグルコース（ブドウ糖）などのエネルギー物質を必要とするため，活発に活動するニューロンではエネルギー代謝が増加する。また，そうしたエネルギー物質や酸素を運ぶために血流量も増加する。これらの付随現象を利用して脳活動計測を行う手法が，PET や fMRI と呼ばれる脳スキャンである（図2.2B）[4]。

　PET は，陽電子断層撮影（positron emission tomography）の略称である。PET は大きな筒形の装置であり，この中に被験者が仰向けの状態で入ることで脳活動の読み取り（スキャン）が行われる。PET スキャンでは，たとえば，放射性同位体を組み込んだグルコースを注射する。活発に神経活動が行われている部位では，グルコースが流れ込んで放射線量が増加する。被験者を囲むように配置された検出器でこの放射線を拾うことで，脳のどこが活発に活動しているのかが計測される。

　PET は深部も含めた脳全体の活動を3次元的に解析可能である。だが，その時間分解能は低く，分単位での脳活動の変化しか調べることはできない（細胞外記録や脳波計測はミリ秒単位の時間分解能を有している）。また，空間分解能は頭皮上脳波よりは高いが，後述する fMRI に比べると低い。エネルギー消費の測定以外にも，ドーパミンやアセチルコリンといった神経伝達物質の測定を行うための薬剤も開発されており，脳科学における PET の用途は多様である。

　fMRI も，PET と同様に脳活動を3次元的に計測することのできる手法である。fMRI は，機能的磁気共鳴画像法（functional magnetic resonance imaging）の略称である。MRI は強力な磁場を利用して身体内部の組織構造を調べることのできる手法であり，医療現場では CT スキャンとともに広く普及している。fMRI はこの MRI の原理を応用して，脳の構造ではなく機能を計測する手法である。ある脳部位でニューロンが活発に活動すると，そこへ流入する血液が増加し，酸素をもった酸化ヘモグロビンと酸素を渡した脱酸化ヘモグロビンの割合が変化する。fMRI では，この酸化ヘモグロビン／脱酸化ヘモグロビン割合の変化から，血流量の変化が推定される。

　fMRI は，PET に比べて時間分解能・空間分解能がともに高い（標準的な磁

4　脳スキャンは神経活動を間接的に計測したものであるという点には，注意が必要である。

場強度の装置では，時間分解能は 2 ～ 3 秒，空間分解能は 2 ～ 3 mm³ 程度）。fMRI は侵襲性を伴わずにヒトの脳全体の活動を計測できる手法であり，その登場以降，ヒトを被験者とした脳科学研究の飛躍的な発展をもたらした。

　fMRI は高い空間分解能を誇るとはいえ，その画像単位（ボクセルと呼ばれる）の中には膨大な数のニューロンが含まれている。fMRI の信号はそれらの神経活動の平均でしかないため，個々のニューロンはもとより，類似した機能のニューロンが集まった集団（クラスター）についてさえ，細かな情報を読み解くことはできない。しかし，近年では，この欠点を補うため，多数のボクセルの活動パターンから情報を解読する脳情報デコーディングと呼ばれる解析手法が開発されている。脳情報デコーディングでは，見ている夢の内容を解読したり，想像したイメージを可視化したりなど，興味深い研究が行われている。

2.1.2　顕微鏡で神経活動を見る

　ニューロンにおける活動電位の発生には，チャネルやポンプといった輸送体を通じて行われる細胞膜の内外におけるイオンの交換が，重要な役割を果たしている。通常のニューロンでは，膜の外側に比べて内側の電位が低い状態に保たれており，これを静止膜電位と呼ぶ。他の細胞からの入力を受けて，細胞内の電位が正の方向に一定の値を超えて変化すると，膜の外側のナトリウムイオン（Na^+）が一気に細胞内に流れ込み，活動電位が発生する（第 1 章参照）。このとき，電位に依存して，カルシウムイオン（Ca^{2+}）のためのチャネルも開口し，その細胞内濃度は急激に上昇する。流入した Ca^{2+} は細胞内のさまざまな生理学的反応を促進する役割を果たす。活動電位の発生に連動するこの Ca^{2+} 濃度の変化を利用して，ニューロンの活動を文字通り「可視化」しようとする方法が，カルシウムイメージング法である。

　カルシウムイメージングには，主に，Ca^{2+} と結合することで蛍光強度を変化させるセンサータンパク質が用いられる（図 2.3A）。このセンサータンパク質は，外部から注入するのではなく，遺伝子組み換え技術を用いてニューロン自身につくらせる。センサータンパク質の導入には，霊長類やげっ歯類では，ウイルスベクターが用いられる。ウイルスベクターは，宿主の遺伝子を組み換えるウイルスの性質を利用し，特定のタンパク質をコードした配列をウイルスに組み込み，感染した細胞にそのタンパク質を発現させるものである。ウイルスの多くは毒性を有しているが，ウイルスベクターは無毒化されている。脳の特定の部位にウイルスベクターを注入することで，その部位にある細胞にのみ，標的遺伝子を導入することができる。

　蛍光顕微鏡を使って，センサータンパク質に特定の波長の光を当て，発生す

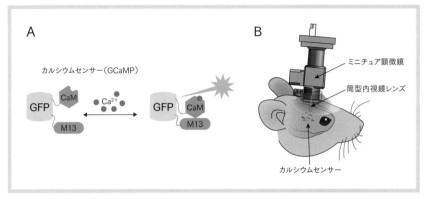

図2.3　カルシウムセンサーと微小内視鏡ミニチュア顕微鏡

A：カルシウムが結合すると，蛍光タンパク質の形態が変化し，蛍光を発するようになる（GFP：緑色蛍光タンパク質，CaM：カルモジュリン，M13：ミオシンのカルモジュリン結合部位）。B：微小内視鏡カルシウムイメージング。Liang *et al.* (2018) より改変。

る蛍光を検出することで，ニューロンの蛍光像を得ることができる。ニューロンが活動すると Ca^{2+} 濃度の上昇により蛍光が強くなるため，顕微鏡で得られた動画上では，ニューロンが瞬間的に強い光を放つように見える。カルシウムイメージングでは，多数のニューロン内にカルシウムセンサーを生じさせることで，顕微鏡の視野内にある多くのニューロンの活動を同時に可視化でき，細胞集団の活動を局所的に計測する上で非常に強力な手段を与えてくれる。近年では，線虫やショウジョウバエなどの無脊椎動物から，げっ歯類を中心とした脊椎動物まで，動物実験で広く用いられるようになっている。

　カルシウムイメージングには，蛍光顕微鏡の対物レンズを脳の表面に近づけて観察する方法と，特殊な筒形の微小レンズ[5]を脳内に埋め込み，その筒型レンズの上部に対物レンズを近づけて脳深部を観察する方法がある。後者は微小内視鏡法と呼ばれる（図2.3B）。この方法を用いてマカクザルの一次視覚野からの計測も行われている（Oguchi *et al.*, 2021a）。

　微小内視鏡法は，数グラムの小さな蛍光顕微鏡（ミニチュア顕微鏡）でイメージングを行うことができ，自然な状態に近い自由行動下での神経活動計測が可能である。最近では，コウモリに微小内視鏡を適用し，データを無線で飛ばして，飛行中の脳活動を計測するといった試みも行われており，実現可能な実験の幅が大きく広がっている。

5　屈折率分布型（GRIN）レンズと呼ばれる。通常の凸型レンズは，空気とレンズの屈折率の違いで光を屈折させるが，GRINレンズは，レンズ内部で屈折率を変化させて光を屈折させる。

2.1.3 神経活動記録の大規模化

　ここまで，古典的な細胞外記録からカルシウムイメージングまで，脳科学で用いられている神経活動の観察法（のごく一部）を概観してきた。一度の実験で計測できる細胞数は，黎明期には多くても2，3個だったが，いまや技術的発展によってその数は飛躍的に増大している。

　たとえば，細胞外記録では，多数の記録箇所をもつ電極が次々と開発されてきている。通常の針形電極は先端からのみ記録が可能だが，側面に多数の記録点が配列された針形電極や，剣山型に電極が配置されたアレイ型電極などが開発され，1個の電極を使って数十個のニューロンの活動を同時に計測することが可能となっている。最新の「ニューロピクセルズ」と呼ばれる電極は，4本並んだ軸に5120個もの記録点が配列されており，数千個のニューロンの活動を同時に計測することができる。

　カルシウムイメージングも，多数のニューロンを同時に観察できる手法である。特に2光子顕微鏡と呼ばれる高性能の顕微鏡を用いると，深さの異なる複数の観察平面から，多数のニューロンをほぼ同時に計測することができる。近年では，マウスの脳から1万個を超えるニューロンが同時に観察できるようになってきており，その様子はあたかも夜空に瞬く無数の星々を見ているような壮麗さである（図2.4）。

　こうした記録可能な細胞数の飛躍的増大は，脳の機能を明らかにするというそもそもの目的にどの程度貢献しうるのだろうか。膨大な量の神経活動データを手に入れたとしても，それでただちに脳の機能に関して新しい知見が得られるわけではない。脳機能の解明には，これらのデータから脳の働きに関する新たな原理を見出すための，優れた理論的な考察や解析上の戦略が必要である。そうした方向での発展も，近年の人工知能や機械学習を取り込みながら同時に進められている[6]。

2.2　脳を操作する

　脳科学においては，不幸にして脳の一部に損傷を負った患者が示す特有の症状から，その部位の機能解明につながる研究が行われてきた歴史がある。たとえば，ブローカが1862年に報告した患者は，言語の理解や他の認知機能には問題がなかったが，言語の発話機能に特異的に障害を負っていた。その患者の

6　解析方法の発展については，第13章参照。

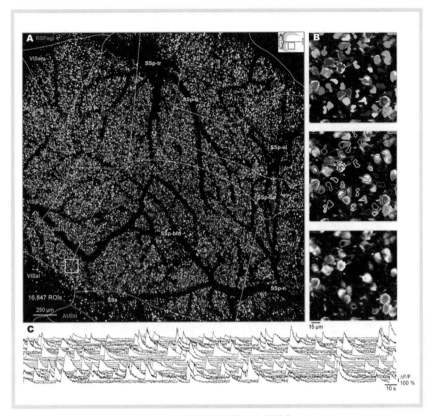

図 2.4 神経細胞記録の大規模化
2 光子顕微鏡 FASHIO-2PM を用いた大規模神経細胞イメージング。Ota *et al.*（2021）より改変。

死後に脳を解剖すると，左前頭葉の下前頭回付近に損傷が見つかった。また，ウェルニッケは，1874 年に別の患者について報告している。その患者は，言語の発話は流暢に行うことができるが，言語の理解に問題があった。この患者では，左側頭葉にある上側頭回付近に損傷が見つかった。ブローカとウェルニッケの研究は，脳が部位ごとに異なる機能を担うという機能局在説を決定づけ，その後の言語中枢に関する研究の端緒を開くものであった。

　このように，脳機能を解明するためには，神経活動の観察だけではなく，特定の脳部位や回路における変化から何が起こるかを調べることも重要である。これから紹介するように，脳科学では，特定の部位や回路における神経活動を人為的に操作するさまざまな手段が用いられている。神経活動操作を用いることで，神経活動を観察するだけではわからない因果関係に迫ることができる。

たとえば特定の脳部位の神経活動を操作することで発話などの機能に変化が生じた場合，その部位の神経活動はその機能を実現する上で実質的な役割を担っていることが示唆されるのである。

　ここでも，遺伝子組み換え技術を用いることで，近年，従来ではなしえなかったさまざまな形での神経活動操作が可能となっている。特に重要なのは，ある部位に存在する特定の種類のニューロンや，特定の神経経路に関わるニューロンに対して，選択的に操作を行うことが可能になった点である。

2.2.1　古典的な神経活動操作法

　まずは，古典的に行われてきたいくつかの神経活動操作法を見ていこう。

(1) ニューロンに電気を流す——微小電気刺激

　動物に対しては，脳の一部を切断したり吸引したりする損傷実験が古くから行われてきた。しかし，脳部位の損傷は不可逆的であるため，その部位の機能を補う代替回路が形成されたり，他の部位での副次的な組織形態の変化が生じたり，周辺部位での血流変化が生じたりするおそれがある。こうした場合，結果として生じる行動変化が標的部位の損傷それ自体によるものなのか，副次的な変化によるものなのかが不明になる。そこで，ニューロンに損傷を与えない，可逆的な方法が考案されてきた。

　その1つは，ある脳部位に刺した電極を通じてごく弱い電気刺激を与えるというものである。強い電気刺激を与えると周辺の細胞群が焼けてしまうが，微弱な電気刺激であれば，細胞にダメージを与えることなく，強制的に膜電位を変化させ，活動電位を生じさせることができる。この微小電気刺激を動物に用いることで，数多くの機能研究が行われてきた。たとえば，サルの前頭眼野に電極を刺して $50\mu A$ 程度の電気刺激を与えると，サッケードと呼ばれる特定の方向への急速な眼球運動が誘発される。これによって，前頭眼野が眼球運動に関係していることがわかる。

　前頭眼野では，微小電気刺激を用いて，より捉えがたい心理的機能に関する実験も行われている。私たちは，ある対象に注意を向けるとき，多くの場合はその対象に視線を向ける。一方で，実際に視線を向けなくとも，その対象に注意を向けることができる（たとえば，気になる相手を視界の端で捉えながら，視線を向けずに注意だけを向けた経験はないだろうか）。前者を顕在的注意，後者を潜在的注意と呼ぶ。こうした注意は，対象の検出精度や識別精度を向上させる。実験では，サルに対して，あらかじめ前頭眼野の微小電気刺激で眼球運動を誘発し，眼球運動の向かう先を特定した。その後，サルにまっすぐ目の

前を見つめさせたまま，眼球運動が誘発されない程度のごく微弱な電気刺激を同じ部位に与えた。すると，眼球運動が向かう先に呈示された視覚刺激の検出精度が上がった（図2.5）。これは，前頭眼野が眼球運動を伴わない空間的注意にも関与していることを示している。

　ヒトに対しても，非侵襲的に電気刺激が行われる方法が開発されている。経頭蓋直流電気刺激（tDCS：transcranial direct current stimulation）は，頭皮上に貼り付けた電極から微弱な電流を流す方法である。また，磁気刺激を用いた経頭蓋磁気刺激（TMS：transcranial magnetic stimulation）という方法もヒトに対して用いられている。これはコイルを用いて磁気パルスを発生させるものであり，磁気パルスによる誘導電流がニューロンに影響を与えると考えられている。TMSは，うつ病などの精神疾患の治療法としても効果が期待されている。

(2) ニューロンを冷却する——局所冷却法

　微小電気刺激は，ニューロンに活動電位を生じさせる操作だが，活動電位の発生を抑制することのできる逆方向の操作もある。たとえば，脳の溝（しわ）の中や表面にごく小さなループ状のパイプを接触させて，その中に冷却液を流すと，周囲のニューロンの温度が下がり，一時的に活動が低下する。冷却を止めると，徐々にニューロンの活動は元に戻る。この局所冷却法は，ニューロンに損傷を生じさせることなく，一時的に機能不全の状態にすることのできる方

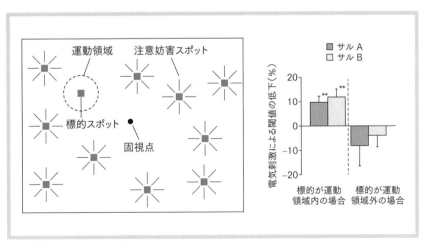

図 2.5　前頭眼野での微小電気刺激による潜在的注意の操作
Moore & Fallah（2001）より改変。

法であり，サルを用いた研究では，大脳皮質のさまざまな部位の機能を調べる方法として古くから利用されている。

(3) ニューロンの受容体に作用する——作動薬・拮抗薬

ニューロン同士をつなぐシナプスにはわずかな隙間（シナプス間隙）があり，ここで電気的な信号がいったん化学的な信号に変換され，その後ふたたび電気的な信号に変換される。具体的には，まず，出力側のニューロンの軸索を伝わってきた活動電位が末端（軸索終末と呼ばれる）に到達すると，グルタミン酸やアセチルコリンなどの神経伝達物質がシナプス間隙に放出される。放出された神経伝達物質が，入力側のニューロンの膜表面にあるその物質専用の受容体（レセプター）に結合する。それによって，膜内外でのイオンの出入りや，細胞内での生理学的反応が生じ，入力側のニューロンの膜電位が変化する。

通常，受容体は生体内でつくられる特定の神経伝達物質と結合するが，体外から入ってきた物質によっていわば「乗っ取られる」ことがある。たとえば，タバコに含まれるニコチンは，脳内の腹側被蓋野という部位にあるアセチルコリン受容体の一部に結合し，別の神経伝達物質であるドーパミンの放出を促す。結合することで細胞の受容体の働きを促進する物質を，作動薬（アゴニスト），抑制する物質を，拮抗薬（アンタゴニスト）と呼ぶ。

これらの作動薬や拮抗薬も神経活動操作のために用いられている。代表的な薬物としては，ガンマアミノ酪酸A（$GABA_A$）受容体の作動薬であるムシモールが挙げられる。$GABA_A$受容体は抑制性であるため，ムシモールが注入されるとその周辺のニューロンの活動が低下する。ムシモールは，脳の局所の神経活動を一時的に抑制するために動物実験で広く用いられている。

2.2.2 経路選択的な神経活動操作法

ここまで紹介してきた古典的な神経活動操作は，いずれも介入部位に存在するニューロン群に対して，特に選り分けせずに効果を及ぼすものである。しかし，どの脳部位も，他のさまざまな脳部位と連絡し，協働しながら情報処理を行っている。たとえば，ある部位Aには，部位Bに投射する（＝軸索を伸ばす）細胞もいれば，部位Cに投射する細胞も，あるいは部位Dに投射する細胞もいる。これらは，実際にはそれぞれ異なる機能に従事しているかもしれない。これらの異なるニューロンを区別するためには，特定の神経経路に関わる細胞のみに，選択的に効果を及ぼすことのできる方法が必要となる。

近年における遺伝子組み換え技術の発展，特に光遺伝学および化学遺伝学と

いう新しい操作法の開発によって，こうした経路選択的な操作を行うことが可能になってきた。以下，これらの手法を順を追って説明しよう。

(1) 光遺伝学での操作

　光遺伝学では，ニューロンの活動を操作するために，光によって活性化する受容体を遺伝子操作によって細胞自身に発現させる。発現した受容体は，細胞膜でチャネルやポンプを形成し，特定の波長の光を受けることで駆動される。光受容体の種類によって，細胞が光で興奮する場合もあれば抑制される場合もある（図2.6A）。光（opto）＋遺伝学（genetics）で，光遺伝学（optogenetics）と呼ばれる。

　光遺伝学を用いた実験では，たとえば，ウイルスベクターを使ってある脳部位に光受容体を発現させ，その部位に光ファイバーを埋め込む。そして，光刺激を与えることで神経活動をON/OFFにする。光遺伝学での操作は，高い時間分解能を備えており，数ミリ秒単位でON/OFFを切り替えることができる。それゆえ，動物に行わせている行動課題の中の特定のタイミングで操作を行うことも可能である。

　光遺伝学では，発現する細胞をさまざまな手法で限定することで，特定の種類の細胞のみを操作することができる。たとえば，ウイルスベクターのプロモーターと呼ばれる配列を変えることによって，標的とする細胞種にだけ光受容体を発現させることができる。これによって，ある脳部位に存在するニューロンの中で，たとえばドーパミン細胞だけを操作することが可能となる。

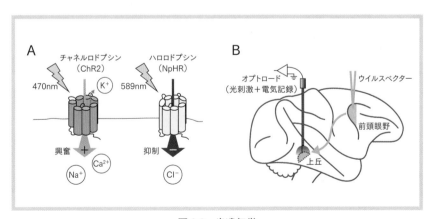

図2.6　光遺伝学

A：代表的な光受容体。B：光遺伝学を用いた経路選択的な操作。Inoue *et al.* (2015) より改変。

この光遺伝学を用いて，どのように特定の経路に関わる細胞のみを操作することができるだろうか。最もよく用いられているのは，以下のような手法である。まず，ある部位 A の細胞群に，ウイルスベクターで光受容体を発現させる。このとき，光受容体は細胞全体（細胞体から軸索終末まで）に発現する。その後，部位 A から別の部位 B に伸びた軸索終末に光刺激を行う。これによって，部位 A から別の部位（C や D）に投射する細胞に影響を与えず，部位 B に投射する細胞のみを操作することが可能となる。

　この手法は，げっ歯類を中心にさまざまな経路の機能を明らかにするために用いられているが，サルでもいくつかの適用例がある。たとえば，Inoue らは，前頭眼野に興奮性の光受容体を発現させ，そこから投射のある上丘という部位で軸索終末の光刺激を行った（図 2.6B）（Inoue *et al.*, 2015）。結果，この経路を選択的に刺激することで，刺激部位に対応する場所へ向かう眼球運動を誘発することができた。

(2) 化学遺伝学での操作

　経路選択的操作を実現する別の方法に，化学遺伝学という手法を用いるものがある。化学遺伝学においても，人工受容体を遺伝子操作によって細胞自身に発現させる。光遺伝学では光刺激が用いられたのに対し，化学遺伝学では通常は生体内に存在しない薬剤（化学物質）を投与することで人工受容体を活動させる。それゆえ，化学（chemo）＋遺伝学（genetics）で，化学遺伝学（chemogenetics）と呼ばれる。

　最も広く使われている化学遺伝学の受容体は，DREADDs（designer receptors exclusively activated by designer drugs）と呼ばれるものであり，ヒトムスカリン受容体を変異させ，クロザピンという薬剤の代謝物[7]を受容するようにしたものが代表的である。使用する変異型によって，発現したニューロンの活動を薬剤で興奮させることもできれば，逆に抑制させることもできる（図 2.7A）。

　化学遺伝学は，薬剤を用いて神経活動操作を行うものである。光遺伝学に比べると時間分解能が低く，薬剤投与後に効果が表れるまでに数十分程度かかり，その後数時間にわたって効果が持続する。しかしながら，脳内への光ファイバー等の埋め込みを必要とする光遺伝学とは異なり，いったんウイルスベクターを用いて DREADDs を発現させてしまえば，エサに薬剤を混ぜて与えた

7　クロザピン -N- オキシド（CNO）やデスクロロクロザピン（DCZ）といった物質である。

り，静脈や筋肉から注射で投与したりといった形で，侵襲性の低い方法によって神経活動操作を行うことができる。

　筆者らは，こうした化学遺伝学の強みを生かして経路選択的な操作を実現するために，2種類のウイルスベクターを用いる「2重遺伝子導入法」を用いて実験を行った（図2.7B）（Oguchi *et al.*, 2021b）。この実験では，サルの前頭前野から脳の深部にある線条体という部位への投射経路を選択的に抑制し，行動や神経活動への影響を調べた。線条体には，軸索終末から細胞内に侵入して感染し，軸索を逆行するベクターを注入した。前頭前野には，注入部位周辺の細胞の細胞体から感染するベクターを注入した。これらのベクターには，両方に感染した細胞でのみ DREADDs が発現する特殊な配列（Cre-loxP システム）が組み込まれており，これによって，前頭前野から線条体に投射する細胞にのみ DREADD が発現する。そして，クロザピン代謝物を注射することで，この経路を選択的に抑制することができる。抑制下での行動や神経活動の変化を調べた結果，この経路が「抑制コントロール機能」（我慢）に関与していることを示唆する知見が得られている。

　化学遺伝学を用いた経路選択的操作は，装置の埋め込みを必要としないことから，ヒトでの臨床応用も期待されている。特に，統合失調症やうつ病などの精神疾患では，脳内の複数の神経経路における機能異常が指摘されている。経路選択的操作によってこうした神経回路の機能異常の改善を図ることができれば，特に難治性の患者において，より有効な治療法への道が開けるかもしれない。そうした新規治療法の開発へつなげるためには，こうした経路選択的操作の基礎研究をさらに進展させてゆくことが重要であろう。

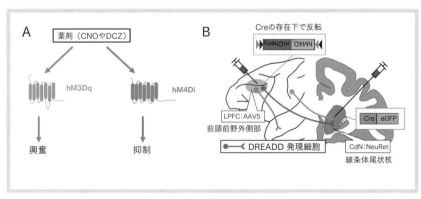

図2.7　化学遺伝学

A：代表的な DREADDs。B：化学遺伝学を用いた経路操作。Oguchi *et al.* (2021b) より改変。

2.3　おわりに

　本章では，脳を観察する技術と脳を操作する技術について，さまざまな手法の原理や特徴，具体的な応用例などを紹介してきた。特に，遺伝子組み換え技術を中心とした技術開発によって，同時に計測可能な細胞数は飛躍的に増大し，神経回路への操作的介入はより精緻化してきた。こうした技術的発展は，脳による情報処理の理解やその異常への対処に関して，新たな可能性を開くための契機となることが期待される。

参考文献

紺野大地・池谷裕二（2021）『脳と人工知能をつないだら，人間の能力はどこまで拡張できるのか ―脳 AI 融合の最前線』，講談社

高橋宏和（2016）『メカ屋のための脳科学入門 ―脳をリバースエンジニアリングする』，日刊工業新聞社

高橋宏和（2017）『続メカ屋のための脳科学入門 ―記憶・学習／意識編』，日刊工業新聞社

マット・カーター，ジェニファー・C・シェー 著，小島比呂志 監訳（2013）『脳・神経科学の研究ガイド』，朝倉書店

引用文献

Henze D. A., Borhegyi, Z., Csicsvari, J., Mamiya, A., Harris, K. D., Buzsáki, G. (2000) Intracellular features predicted by extracellular recordings in the hippocampus in vivo. *Journal of Neurophysiology*, **84**, 390-400.

Inoue, K., Takada M., Matsumoto, M. (2015) Neuronal and behavioural modulations by pathway-selective optogenetic stimulation of the primate oculomotor system. *Nature communications*, **6**, 8378.

Liang, B., Zhang, L., Barbera, G., Fang, W., Zhang, Jing., Chen, X., Chen R., Li, Y., Lin D. (2018) Distinct and dynamic ON and OFF neural ensembles in the prefrontal cortex code social exploration. *Neuron*, **100**, 700-714.

Moore, T., Fallah, M. (2001) Control of eye movements and spatial attention. *Proceedings of the National Academy of Sciences of the United States of America*, **98**, 1273-1276.

Oguchi, M., Jiasen, J., Yoshioka, T. W., Tanaka, R., Inoue, K., Takada, M., Kikusui, T., Nomoto, K., Sakagami, M. (2021a) Microendoscopic calcium imaging of the primary visual cortex of behaving macaques. *Scientific Reports*, **11**, 17021.

Oguchi, M., Tanaka, S., Pan, X., Kikusui, T., Moriya-Ito, K., Kato, S., Kobayashi, K., Sakagami, M. (2021b). Chemogenetic inactivation reveals the inhibitory control function of the prefronto-striatal pathway in the macaque brain. *Communications Biology*, **4**, 1088.

Ota. K., Oisi, Y., Suzuki, T., Ikeda, M., Ito, Y., Ito T., Uwamori, H., Kobayashi K., Kobayashi, M., Odagawa, M., Matsubara, C., Kuroiwa, Y., Horikoshi M., Matsushita J., Hioki, H., Ohkura, M., Nakai, J., Oizumi, M., Miyawaki, A., Aonishi, T., Murayama, M. (2021) Fast, cell-resolution, contiguous-wide two-photon imaging to reveal functional network architectures across multi-modal cortical areas. *Neuron*, **109**, 1810-1824.

第3章 脳と外界

小松英彦

　モンシロチョウやアゲハチョウは紫外線を感じることができるが，ヒトは感じることができない。そのため，チョウが見分けられる花の模様を，ヒトは見ることができない（図3.1A）。動物の種はそれぞれ見ている世界が違う。それぞれの種は，自分の身の回りの世界（外界）についての情報を，感覚器官を通してさまざまな刺激として取り入れる。取り入れた刺激は神経の信号に変換され，脳で処理を受け，その結果，世界の知覚が生じる。知覚された世界は，それぞれの種が固有の仕方で環境に適応して生存できるように，感覚刺激や記憶された情報をもとに脳がつくり上げたものである。知覚された世界は外界とは違うものだが，両者の間には生物にとって意味のある対応関係が存在するのである（図3.1B）。この章では，物理的な世界と，脳がつくり出す知覚される世界の関係を視覚を例にとって見ていくことにする。2つの世界をうまくつなぐことは簡単な作業ではないのだが，脳がいかにしてその作業をうまくこなしているかも合わせて見ていきたい。

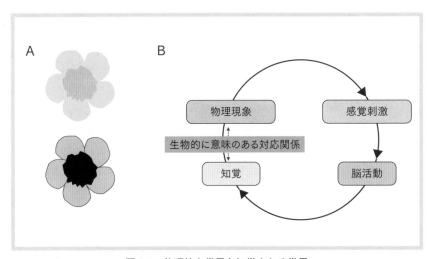

図3.1　物理的な世界と知覚される世界
A：上はヒトが見た花（ウマノアシガタ），下は紫外線で見た花。
B：物理的な世界と知覚される世界のつくる円環。

3.1 視覚の成り立ち

3.1.1 さまざまな感覚

　感覚は，世界で起きている物理現象の情報を生体が取り入れる働きである。感覚の種類によって，利用する物理現象が異なり，外界の情報を神経の信号に変換する感覚受容の仕組みや，感覚を受容する細胞が集まってつくる感覚器官が異なる。表3.1は，ヒトの五感についてそれらをまとめている。五感の中で嗅覚，聴覚，視覚は，身体から離れた場所の情報を取り入れるリモートセンシングな感覚である。では，これらの感覚のうち，視覚がもつ特徴とは何だろうか？

　光は，空気中を直進して進むことができる。そのため，それぞれの光線は，環境のどの方向からやってきたのかという情報をもっている。それぞれの方向から来た光線を違う感覚受容細胞に導くことができれば，身体から離れた場所で起きている現象についての情報を手に入れることができる。光を受け取る感覚器官である目には，そのための仕組みが備わっている。

表3.1　さまざまな感覚

物理的な現象	感覚器官	感覚
光	目	視覚
空気の振動	耳	聴覚
身体への接触	身体表面	触覚
匂い分子	鼻	嗅覚
味分子	舌	味覚

3.1.2 目の仕組み

　目の中には，光を受け取って神経の信号に変換する光受容細胞が2次元のシート状に並んだ網膜がある。別々の方向から来た光線を，網膜上の別の光受容細胞に導くためのさまざまな仕組みが進化の過程で生み出された。単純なやり方は，光を遮蔽する組織に穴を開けることである（図3.2A）。ピンホールカメラと同じように，離れた場所の像が網膜上に映し出される。しかし，小さな穴を光が通るため，像が暗く，また，シャープな像が得られない。レンズや角膜が進化の過程で発明されると，環境の同じ場所からやってきたたくさんの光線を曲げて1つの光受容細胞に集めることが可能になり，明るくシャープな網膜像が得られるようになった（図3.2B）。

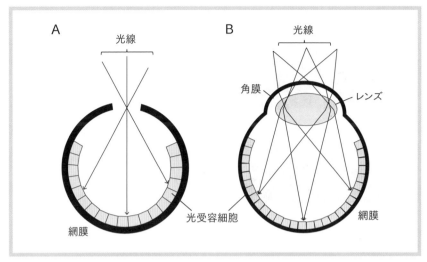

図 3.2　オウムガイの目（A）と哺乳類の目（B）

　網膜上の各場所には，外界の特定の方向からやってきた光線がぶつかり，場所ごとに規則正しく方向が変わる。そのため，自分と離れた空間の位置関係の情報が，網膜像として写し取られていることになる。このように，広い範囲の空間の情報を，正確にしかも同時に得ることができることは，視覚だけがもつ優れた性質である。

3.1.3　ヒトの視覚の特徴と両眼立体視

　ヒトの祖先である霊長類は，樹上生活に適応して進化してきた。樹上の空間で移動するためには，奥行きの情報がとても大事である。またヒトや近縁の霊長類は手指の精細な運動能力や，さまざまな物を区別する認知能力が発達しており，そのような能力を生かして環境の中の多様な物体を認識したり，手で操作したりすることができる。ヒトに固有の環境は，奥行きをもつ空間において多様な物体と相互作用して生活する環境として特徴づけることができる。

　視覚では，自分から離れた空間の情報を得られるが，奥行きについては次元が足りないという弱点がある。網膜像は，2 次元の光受容細胞シートの上に並んだ光の配列である。したがって，網膜像は上下方向と左右方向の 2 つの次元で位置を表すが，3 次元世界の奥行きを表すためには次元が 1 つ不足している。正確な奥行き情報が生活に重要な役割を果たす霊長類や肉食動物では，両眼立体視によってこの問題を解決している。図 3.3 で，ニホンザルとプレーリードッグの目の付き方を見比べてほしい。ニホンザルは 2 つの目が正面を

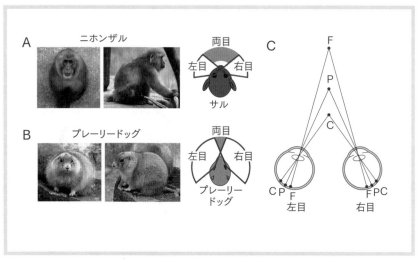

図 3.3　異なるタイプの視覚：両眼視とパノラマ視

向いており，左目と右目の視野の重なりが大きい（図 3.3A）。一方，草食動物
のプレーリードッグは 2 つの目が左右に離れており，左目と右目の視野の重
なりは小さい。しかしながら，全体として広い視野をカバーしたパノラマ視を
もち，捕食者の接近をいち早く検知しやすい（図 3.3B）。ニホンザルの 2 つの
目は，左右に少し離れた場所から世界を見ている。そのため，環境の同じ場所
からやってくる光線が網膜にぶつかる位置が目からの距離に応じて少しずれる
ことになる（図 3.3C）。このずれの大きさは両眼視差と呼ばれ，脳が奥行きを
知る大事な手がかりとして使われる。

3.2　無意識の推論としての視覚

3.2.1　網膜像の形成過程——順光学

　われわれは，網膜像から外界に存在するさまざまな物体や現象を理解し，生
活に役立てる。そのために脳は空間の位置や奥行きだけではなく，物体や現象
について意味のあるあらゆる情報を取り出さなければならない。図 3.4 には，
網膜像をつくり出すことに関わる 3 つの要因を示している。1 つ目は，物体の
3 次元形状である。形状には物体表面の場所ごとの位置や表面の向きの情報が
含まれる。光が物体表面で反射されるときに，光線が当たった場所の表面の向
きによって反射する光の方向や量が変化する。2 つ目は，物体表面が光をどの

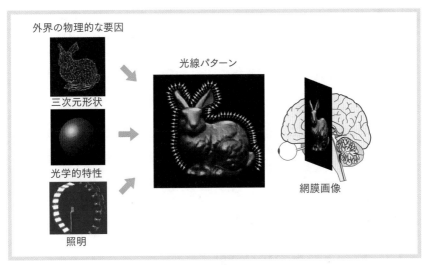

図 3.4　網膜像の形成過程（順光学）

ように反射するか，あるいは透過させるかといった光学的特性である。3つ目は，照明である。多くの物体は自分で光を放たず，環境から降り注ぐ光を反射することで見ることができる。これら3つの要因が相互作用することで，物体表面から反射する光線のパターンが形づくられる。そして，その一部が目に入り，網膜像が形成される。これは網膜像が形成されるときに自然に起こる過程であり，順光学と呼ばれる。

3.2.2　網膜像の原因の推測——逆光学

　脳が網膜像から情報を取り出すときには，この過程を逆にたどって網膜像のもとになる要因を特定しないといけない。このように，結果から原因を推測する過程は，一般に逆問題と呼ばれる。網膜像からそのもとになる外界の原因を推測する過程は，逆光学と呼ばれる。逆問題は多くの場合，答えが1つに定まらない。それは，異なる要因の組み合わせによって，同じ結果が生じうるからである。

　視覚の場合には，物体の形状と光学的特性と照明の3つの要因の効果が網膜像に入り混じっており，これらの要因のさまざまな組み合わせで同一の網膜像が生じるため，ある網膜像に対して無数の解釈が可能である。しかし脳は，何でもないかのように要因を分離してしまう。図3.4の場合，うさぎの形（3次元形状）のつるつるした表面（光学的特性）の物体が目の前にある，という知覚が生じる。無数の可能な解釈の中から，脳は1つの解釈を選びとり，

しかも驚くべきことに，多くの場合，正しい解釈を選びとっている。どのようにしてそのようなことが可能になるのだろうか？　これは視覚の働きの最大の謎である。すべての答えはまだわかっていないが，理解につながる多くのヒントが得られている。さまざまな現象において共通したキーワードは，世界がもつ規則性である。世界がもつ規則性によって，網膜像の中に生まれるさまざまな特徴を利用することで，脳は答えを選びとっているようだ。ヘルマン・フォン・ヘルムホルツは，このような知覚の働きを，無意識の推論と呼んでいる（グレゴリー，2001）。以下の節で，視覚がどのような規則性を利用して無意識の推論を行っているかを見ていくことにしよう。

3.3　輪郭から形がわかる

3.3.1　輪郭と形をつなぐ法則

　図 3.5A を見てほしい。屋根の上の不思議な形をした排気塔の写真だが，下の方がふくれて，上の方がくびれているデコボコのある形であることが見てとれる。それでは，図 3.5B はどうだろうか？　図 3.5A の塔の輪郭が描かれただけの単純な絵だが，やはり下の方はふくれて，上の方がくびれた形に見えるだろう。また下半分には盛り上がったところが左に 1 つ，右に 2 つあるように見える。実は，輪郭の形と物の 3 次元形状には規則的な関係が存在する。物体の表面がふくれて出っ張っているところが網膜像の上で物体の輪郭になったとすると，輪郭のその部分は正の曲率[1]をもつ。物体の表面がくびれたところでは，輪郭は負の曲率をもつ。図 3.5B の輪郭の数か所にその部分の輪郭の曲率という網膜像から得られる情報のみから，物体の表面がふくれているのか，くびれているのかという 3 次元形状を知ることができるのである。

3.3.2　図と地

　しかし，上で書いた規則により形がわかるためには，輪郭のどちら側が物体なのか，という問題を解決しないといけない。輪郭のどちら側が物体かによって曲率の符号は逆転し，表面がふくらんでいるのか，それともくびれているの

1　曲率は，輪郭の曲がり方を数値で表したもので，接線の向きの変化の仕方で定義される。まっすぐな輪郭は曲率がゼロ，物体の内側に向かって曲がる輪郭は曲率が正，逆に曲がる輪郭は曲率が負の値をもつ。

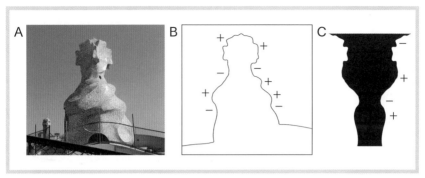

図 3.5 輪郭と形の関係

A：アントニオ・ガウディ設計のカサ・ミラの屋上の排気塔の写真。

か，という解釈が変わってしまう。図 3.5C を見てほしい。黒い物体の右側の輪郭の形は，図 3.5B の左側の輪郭と全く同じである。しかし，輪郭のどちら側が物体かが変わったために，輪郭の符号が逆転している。物体の側は図，背景の側は地と呼ばれる。脳は輪郭から物体の形を解釈するときに，視野のどの部分が図で，どの部分が地かも見分けているのである。

3.4 輪郭は物体に属する

3.4.1 一般的視点の原理

図 3.6A の a を見てほしい。陶器のカップが，皿の上に置かれているように見えるだろう。ここで，2 次元の画像では 3 次元を解釈するときに次元が不足しているという視覚の弱点を思い出してほしい。カップを少し持ち上げてみよう。b のように丸い皿が現れるかもしれない。c のように一部がくびれた図形が現れるかもしれない。どちらも a の可能な解釈なのである。しかし，われわれは普通は b を期待し，c は予想しない。それはなぜだろうか？　その理由は次のように考えられている。b のように予想する場合，a で見たシーンではカップが皿を遮蔽して，皿の一部しか見えていなかったと解釈する（解釈 1）。このように，手前の物体が後ろの物体を遮蔽することは，3 次元の世界で常に起きている。見る位置が多少変わったり，カップと皿の位置が変わっても，a のシーンの構造は大きくは変わらない。一方，c のように予想する場合，a で見たシーンではカップと一部ぽんだ変な形の皿がたまたま接していたと解釈する（解釈 2）。この場合，目の位置やカップの位置が少し変わっただけで，

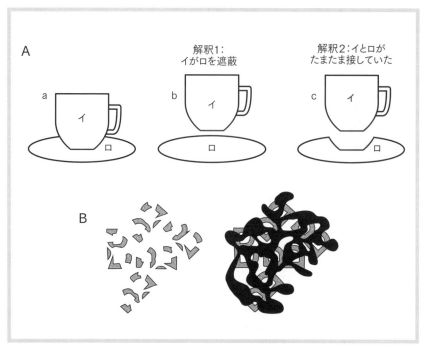

図3.6 輪郭の帰属とまとまり
B：Nakayama & Shimojo（1990）より。

シーンの構造は大きく変化してしまう。脳は2次元の網膜像を解釈するとき
に，このように偶然にしか起きないような解釈は選ばず，高い確率で起きる解
釈を選んでいるのである。このような脳の働き方は「一般的視点の原理」と呼
ばれる（北崎，1997）。

3.4.2　輪郭の帰属とまとまり

　図3.6Aのaをもう一度見てほしい。カップの下の方の線の一部に赤い色が
付けてあるだろう。この赤い線の部分はカップの輪郭の一部だろうか？　それ
とも皿の輪郭の一部だろうか？　b（つまり解釈1）の場合，赤い線はカップ
の輪郭の一部である。c（つまり解釈2）の場合，赤い線はカップの輪郭の一
部であるとともに，くぼんだ皿の輪郭の一部でもある。普通は解釈1を選ぶ
ので，この場合は赤い線はカップの輪郭の一部であり，皿とは無関係というこ
とになる。このように，輪郭は手前にあると判断される物体（つまり図）に属
するという性質をもつ。シーンの中にたくさん存在する輪郭の一つひとつにつ

いて，脳はそれが輪郭のどちら側の物体に属するのかという判断を行っている。

　今度は図3.6Bの左の絵を見てほしい。どんなシーンに見えるだろうか？おそらく小さな灰色の破片が散らばっているようにしか見えないだろう。それでは，図3.6Bの右の絵を見てほしい。今度は，黒く流れたインクのようなものに覆われて，ローマ字のBがいろんな向きで5つあるのが見えるだろう。大事なことは，左と右で灰色の破片の形も数も全く同じであるにもかかわらず，Bの文字は右側でしか見えないことである。その違いには，上で述べた**輪郭の帰属**という問題が関わっている。左側の図では，灰色の破片はそれぞれ完結した図形なので，輪郭はすべて灰色の破片に属して閉じている。一方，右側の図では黒いインクが灰色の図形を**遮蔽**している。すると，灰色の破片と黒いインクが接する場所の輪郭は，インクの方に属することになる。別の言い方をすれば，その部分の輪郭は，灰色の破片とは無関係になる。そのために，灰色の破片の輪郭は不完全で開いた輪郭となる。脳はそのような開いた不完全な輪郭を見つけると，別の不完全な輪郭からスムーズにつながりそうなものを選び出して完全な図形をつくろうとするのだ。その結果，右側ではBの文字が知覚されるのである。3次元の世界では，さまざまな奥行きに物が存在し，手前の物が奥の物を遮蔽するために，輪郭の一部が途切れて不完全にしか見えないことは頻繁に生じる。そのような環境で物の形を正しく認識するために，不完全な輪郭をつなげる脳の働きはとても重要である。

3.5　照明は上からくる

3.5.1　陰影による形の知覚

　身の回りの物を1つ選んで，表面の明るさの変化に注意してほしい。表面の場所によって明るさが変化し，陰影が付いているだろう。つやのない物体の表面では，表面の向いた方向が照明光のやってくる方向と一致していると一番明るくなり，方向がずれるに従って徐々に暗くなる。そのため，陰影の付き方は，表面の向きを知る大事な手がかりになる。しかし，網膜像は次元が足りないという問題がここでも再び顔を出す。明るい場所と暗い場所の表面の向きが違うことはわかるが，表面がふくれているのか，それとも凹んでいるのかは明るさだけからはわからない。具体的な例を見るとそのことが実感できる。図3.7Aの左と右を見比べてほしい。右の方は，バナナやネジやレゴブロックなどの形をした出っ張りが見えるが，左の方は，同じ形をした凹みが見えるだろ

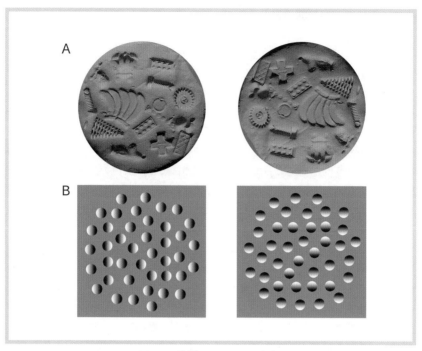

図 3.7　陰影からの凹凸の解釈
A：紙粘土にさまざまな物体を押し当てて写真を撮ったもの。

う。実は右と左は，同じ写真を 180 度回転したものである。このように，陰影から形を解釈するときには，あいまいさがつきまとっている。それでは，なぜ右の方では出っ張っていて，左の方では凹んでいるように見えるのだろうか？

3.5.2　クレーター錯視

　陰影から形を知覚するときに，脳は照明光がもつ規則性を利用して，網膜像を解釈している。自然環境でも室内環境でも，照明は上の方にあることが多い。太陽は 1 日の間で高さを変えるが，地面の上の空から光が降り注ぐ。室内照明も天井など高いところに多い。このように照明は上の方に多いという規則性が，網膜像の解釈に利用されている。図 3.7A の右と左で，陰影がどのように付いているかを見比べてほしい。右側では，各物体は上が明るく下が暗い。一方，左側では，下が明るく上が暗い。照明が上からきているという制約条件をつけると，上が明るく下が暗い物体はふくれているが，逆に，上が暗くて下が明るい物体は凹んでいる，と解釈することが可能になる。巨大な隕石が

46

当たってできた大きなくぼみ（クレーター）の写真も，上下反転すると凸凹が逆転する。そこで，画像を反転すると凸凹が逆転する陰影画像は**クレーター錯視**と呼ばれる。

このように，脳は陰影の上下方向には敏感だが，左右方向には鈍感である。図 3.7B の左側のパターンを見ても，文字が隠れていることには気がつかない。しかし，右側のパターンを見るとローマ字の Z がただちに知覚される。左と右のパターンは，90 度回転した同じ画像である。左側では，陰影は左右方向に付いているが，右側では，上下方向に付いている。上で述べたように，陰影の上下方向が逆転すると，凹凸が反転するという大きな変化が生じる。特徴がはっきりとするので，右側では同じ陰影をもつ円がグループ化されやすくなる。しかし，陰影の左右方向についてはそのような変化は起きない。そのため，左側では違う陰影をもつ円が分かれることなく混じり合ってしまうのである。

3.6 表面反射特性の手がかり

3.6.1 照明と反射の分離

図 3.8 の 2 つの玉を見比べてほしい。左は，鏡のようなつるつるの表面の玉に，風景が映り込んでいるように見える。右は，ぼんやりとした，真珠と似た光沢をもつ表面で，光の反射の仕方が左とは全く違って見える。もし鏡のようにつるつるの表面をもつ玉が，一面霧がかかった環境に置かれれば，ぼやけた景色が映りこんで右の玉のようになってしまうはずだが，脳はそのようには解

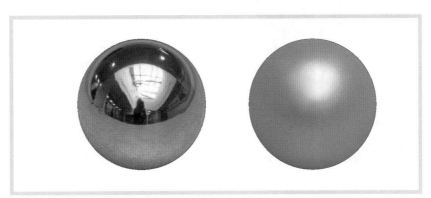

図 3.8　鏡のような表面とぼやけた表面
Fleming *et al.* (2003) より。

釈しない。この場合にも，いくつもの可能な解釈から，脳が自動的に1つの解釈を選びとっているのである。霧で埋め尽くされて周りの物体の輪郭が何も見えない状況に出会うことはめったにない。くっきりとした輪郭の無い物体表面に出会ったときには，そのような見え方の原因は，照明環境ではなく，物体表面の光の反射の仕方にあると解釈した方が正しい確率がずっと高い。脳はそのような解釈を，自動的に選びとっているのである。

3.6.2 鏡面反射とハイライト

図3.9Aの2つの壺を見比べてほしい。左の壺にはつやがあり，右の壺にはつやがないように見える。つやの印象の違いを生み出しているのは，左の壺の表面のところどころにある白く明るい部分だ。このような部分は，**ハイライト**と呼ばれる。物体表面のハイライトは，光沢を感じる手がかりになる。ためしに左の壺のハイライトの部分だけを隠してやると（いくつもあるのでちょっと面倒だが），右と同じようにつやのない壺に見える。つるつるした表面に入射した光線は，1つの方向（具体的には，物体表面に垂直な方向，つまり法線をはさんで照明と逆向きで同じ角度だけ離れた方向）に強く反射される（図3.9B左）。このような**反射**は，鏡面反射と呼ばれる。鏡面反射と一致する方向から表面を見る場合には反射光が目に入るが，少しでも目の位置がずれると反射光が目に入らなくなる。そのため，このような物体の表面には，照明と表面の方向と目の位置が特別な関係を満たす限られた場所付近で急激な明るさの変化が

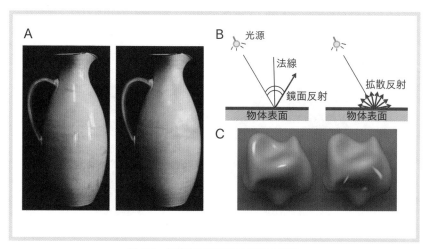

図 3.9　物体表面での光の反射と光沢
A：Beck & Prazdny（1981）より。C：Todd *et al.*（2004）より。

起き，ハイライトが生じることになる。一方，つやのない表面はすべての方向に均等に光を反射する（拡散反射と呼ばれる）のでハイライトは生じない（図3.9B 右）。脳は，ハイライトを手がかりに表面のつやを見分けている。

3.6.3　反射と形状の関係

　画家は，絵の具と筆を使ってさまざまな質感の物体をキャンバスの上に描くことができる。つやのある物体表面のハイライトには，白く明るい絵の具が使われる。しかし，白く明るい絵の具を使うだけでハイライトに見えるわけではない。図 3.9C の左と右を見比べてほしい。左の物体はつやのある表面に見えるが，右の物体はそのように見えない。白く明るい絵の具が物体表面の適切な場所に置かれていないとハイライトには見えず，つやも感じないのである。前項に書いたように，ハイライトが生じるためには，表面が適切な方向を向いている必要がある。脳は網膜像の中の輪郭や陰影の情報を使って物体の 3 次元形状の解釈を行うが，表面の明るい場所をハイライトとして解釈したときに，形状と矛盾しないかどうかも同時に判断している。矛盾しない場合には，つやのある物体表面のハイライトとして知覚されるが，矛盾する場合には，つやのない物体表面に白い絵の具のようなものが付着していると知覚される。このような処理は，生後早期に始まると考えられている。生後 7 〜 8 か月の赤ちゃんは光沢のある物体を好んで注視するが，明るい場所が形状と矛盾する場合には，注視は起きないのである（Yang *et al.*, 2011）。

3.7　照明の効果を差し引く

3.7.1　2 種類の明るさ

　明るさという言葉は普段の生活の中でもよく使う言葉だが，視覚においては注意して使う必要がある。それは明るさという言葉には，2 つの異なる意味があるからだ。1 つは光の強さそのもの，もう 1 つは物体の表面が光を反射する割合を意味する。具体的な例を挙げると 2 つの違いがわかりやすいだろう。新聞紙や本のように，白い紙に黒い活字が印刷されたものを想像してほしい（図 3.10A）。白い紙は 90 ％の光を反射して，黒い字は 10 ％しか光を反射しないとしよう。また，屋内の照明の強さが 100 で，屋外の太陽光の強さが 10000 とする。すると，屋内では白い紙が跳ね返す光の強さは 90（100×0.9），黒い字は 10（100×0.1）となる。一方，屋外では白い紙が 9000（10000×0.9），黒い字が 1000（10000×0.1）となる。これらの数値が 1 つ目の明るさの意味に対

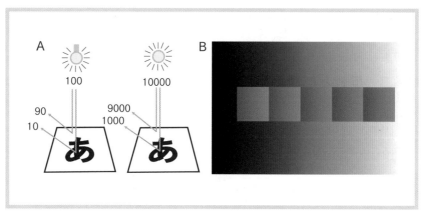

図 3.10　光の明るさと知覚される明るさの違い

応する。気をつけてほしいのは，屋内で白い紙が跳ね返す光よりも，屋外で黒い字が跳ね返す光の方が強いことだ。しかし，いずれの場合でも白い字は明るく，黒い字は暗く感じる。つまり，われわれが感じる明るさは，光の強さそのものではなく，光を反射する割合に対応している。これは，物体の性質を知るという視覚の働きから考えると理屈に合っている。なぜなら，光を反射する割合（これを反射率という）は物体の表面に固有な性質だが，光の強さは照明に依存して変わってしまうため，物体の性質を知る上ではあまり参考にならないからである。

3.7.2　反射率の推定

　われわれが感じる物体の明るさは反射率に対応することを述べたが，それでは脳はどのように反射率を知るのだろうか？　網膜像として得られるのは，物体の表面の各場所からやってくる光の強さだが，これには照明の強さと反射率の両方の効果が混じっている（光の強さ＝照明の強さ×反射率）。そこから反射率を知るには，照明の影響を差し引く必要がある。そのために脳がとっている1つの方法は，物体の表面と周囲との間で，光の強さの比較を行うことである。隣り合った物体に当たる照明の強さは，一般にはそんなに大きくは変化しない。そのため，隣り合った物体の表面からやってくる光の強さの比率を計算すると，多くの場合，照明の影響を取り除くことができるのである。隣り合う場所の明るさが表面の明るさの知覚に影響することは，図3.10Bを見るとよくわかる。5つの正方形が並んでいるが，どれも全く同じものである。しかし周りの明るさが右から左に向かって暗く変化しているために，左端の正方形は

明るく，右にいくに従って暗い正方形に知覚される。5つの正方形以外の部分を覆ってみると，同じ四角が並んでいることがわかる。

3.7.3 照明の差し引き方の個人差

　光にはさまざまな波長の成分が含まれており，赤っぽい照明では長い波長の成分が，青っぽい照明では短い波長の成分が多く含まれる。そのため，同じ物体であっても，反射される光の波長成分は照明の色に伴って変化することになる。しかし，照明の色が変わってもイチゴは赤く，バナナは黄色というように，物体の色はあまり変わって見えない。これには，上で述べた照明光の影響を差し引いて明るさを計算する脳の処理が関係している。赤っぽい照明の下では，長い波長成分を多く差し引き，青っぽい照明の下では，短い波長成分を多く差し引く計算が脳で行われる。その結果，照明の色が変わっても物体の色はあまり変わって見えない。色覚のこのような働きは，色の恒常性と呼ばれる。

　しかし2015年に，照明光の色の差し引き方に無視できない個人差があることを示す1枚の画像が，世界中の視覚研究者を驚かせた。図3.11Aがその画像である。この画像に写ったドレスは何色に見えるだろうか？　一部の人には，黒いレースの付いた青いドレスに見える。他の一部の人には，金色のレースの付いた白いドレスに見える。図3.11Bは多くの人にドレスの色を答えてもらった結果を示している。半分以上が「青/黒」と答えたが，約30％の人は「白/金色」と答え，約10％の人は「青/茶色」と答えた。スコットランドの

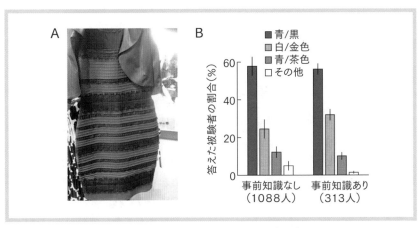

図3.11　"The Dress"：人によって色の見え方が変わるドレス
A：https://en.wikipedia.org/wiki/The_dress より。
B：異なる色の見え方の割合。Lafer-Sousa *et al.* (2015) より改変。

ある女性がこの写真を Tumblr（ブログサービス）に上げてすぐに世界中に拡散したので，答えた人の多くはすでにこの画像のことを知っていたが（右側のグラフ），結果は知らない人（左側のグラフ）と変わらなかった。つまり，色の見え方は知識によるものではない。われわれは物体の色を判断するときに，無意識のうちに照明光の色を差し引いている。しかし，照明光の真の値を知ることは難しいので，個人ごとに照明光の色の内的な基準値をもっているらしい。その基準値が赤っぽい照明なのか，それとも青っぽい照明なのかによって，知覚される物体の色が変わりうる。"The Dress" と呼ばれるようになったこの画像は，脳が解かないといけない視覚の問題の難しさを表しているのである。

3.8　おわりに

　この章では，ヒトが環境に適応して生活していくために，物理的な世界のもつさまざまな規則性をうまく利用して環境を知覚していることを，多様な例を通して見てきた。ヒトと近縁の霊長類においても，ここで取り上げた知覚の仕組みは概ね当てはまると考えてよいだろう。しかし，もっと離れた種の場合はどうだろうか？　生物にとっての世界は種ごとに異なっており，離れた種がどのような世界に生きているかを知ることは難しい。しかし，生きる世界が異なっていても，物理的な世界がもつ何らかの規則性を利用して，必要な情報をうまく取り出し，環境に適応していることは共通している。この章では，ヒトや近縁の種の視知覚に関わる問題を取り上げたが，これらの問題はいずれも，生物と環境の関わりについての普遍的な原理の，ある断面を表しているのである。

column

さまざまな感覚

　本章では，もっぱら視覚について述べているが，他の感覚についても簡単に触れておく。

　表 3.1 に，ヒトの五感のそれぞれが，どのような刺激を通して外界の情報を取り入れているかをまとめている。外界からの刺激を受けとり，神経の信号に変える働きをする細胞は感覚受容細胞と呼ばれ，それぞれの感覚器官に存在する。感覚受容細胞には，外界からやってきた刺激，すなわち光，空気の振動，匂いや味の分子などをキャッチする仕組みと，キャッチ

した情報を感覚受容細胞の膜電位の変化に変換する仕組みが備わっている。感覚受容細胞が適切な刺激をキャッチすると、これらの仕組みが働き膜電位が上昇して神経伝達物質が放出され、次の神経細胞の活動を引き起こし、感覚の信号は脳の中枢に向けて伝えられていく。ほとんどの感覚信号は、視床で中継されて大脳皮質に伝えられるが、嗅覚にのみ、視床で中継されず、直接大脳皮質に伝えられる経路が存在する。

　何種類の感覚受容細胞をもつかは感覚の種類により異なっている。たとえばヒトの場合、視覚の感覚受容細胞（光受容細胞）は暗いところで働く桿体が1種類と、明るいところで働く錐体が3種類の計4種類が存在する。3種類の錐体は、どのような波長の光に強く応答するかが異なっている。一方、味覚では、現在5種類の基本味（塩味、酸味、甘味、苦味、うま味）に対応する味覚受容細胞が知られている。嗅覚には、約400種類の匂い受容体のいずれかを発現する嗅覚受容細胞が存在する。感覚受容細胞の種類の数は、種によっても異なる。たとえばアゲハ蝶は、強く応答する波長が異なる5種類の光受容細胞をもつ。また多くの哺乳類の種（イヌ、ネコ、ネズミなど）は、錐体を2種類しかもたない。味覚についても動物種によって異なり、たとえばネコは、甘味受容体をもたない。このような感覚受容細胞の違いは、種に固有な世界をつくり出す基礎となる。

参考文献

Newton 別冊（2016）『感覚 —驚異のしくみ』、ニュートンプレス

Yang, J., Otsuka, Y., Kanazawa, S., Yamaguchi, M. Motoyoshi, I. (2011). Perception of surface glossiness by infants aged 5 to 8 months, *Perception*, 40, 1491-1502.

北崎充晃（1997）視知覚研究における一般的視点の原理アプローチ．*VISION*, 9, 173-180.

小松英彦 編（2016）『質感の科学』、朝倉書店

藤田一郎（2007）『「見る」とはどういうことか』、化学同人

リチャード・L. グレゴリー 著、近藤倫明、中溝幸夫、三浦佳世 訳（2001）『脳と視覚 —グレゴリーの視覚心理学』、ブレーン出版

引用文献

Beck, J., Prazdny, S. (1981) Highlights and the perception of glossiness. *Perception & Psychophysics*, 30, 407-410.

Fleming, R.W., Dror, R.O., Adelson, E.H. (2003) Real-world illumination and the perception of surface reflectance properties. *Journal of Vision*, 3, 347-368.

Lafer-Sousa, R., Hermann, K.L., Conway, B.R. (2015) Striking individual differences in color perception uncovered by 'the dress' photograph. *Current Biology*, 25, R545-R546.

Nakayama, K., Shimojyo, S. (1990) Toward a neural understanding of visual surface representation. *Cold Spring Harbor Symposium on Quantitative Biology*, 55, 911-924.

Todd, J.T., Norman, J.F., Mingolla, E. (2004) Lightness constancy in the presence of specular highlights. *Psychological Science*, 15, 33-39.

第
4
章

視
覚
の
仕
組
み

第4章

視覚の仕組み

小松英彦

　想像してみてほしい。学校の門を出ると，道路があり，歩行者信号は赤，右の方から黄色いポルシェが走ってきて通り過ぎる。道路の向こう側には，信号が青になるのを待っている人たちがいる。その中に，友人がいるのを見つけてお互いに目が合い，笑顔で挨拶した。

　このようなシーンは誰にでも身に覚えがあるだろう。この数秒のシーンの中には，視覚の情報が豊富に含まれていて，見る人の頭の中に意味のある情景が形づくられる。環境から目に入ってくる光に含まれる情報が脳で分析されて，物やその状態（信号，赤が点灯，黄色いポルシェ，左向きに走る，など）が認識される。その過程では，脳に蓄えられている記憶との照合もなされている（車はポルシェ，友人の顔がわかる，など）。視覚は，見て知覚するだけでは終わらず，さまざまな効果を心や身体にもたらす。情動が呼び起こされ（気持ちのよい笑顔），行動の決定がなされ（赤信号なので止まる），運動が引き起こされる（表情筋を収縮させて笑顔をつくる）。この章では，このような視覚の仕組みを見ていこう。

4.1　見るために何が必要か

4.1.1　目と脳

　視覚の出発点は，目である。眼球の内側の表面を覆う網膜は，3層からなる神経細胞（ニューロン）のシートである。このシートの一番外側，つまり角膜から遠い側の層に，光受容細胞が2次元的に配列している。瞳孔を通って目に入った光は，光受容細胞でキャッチされ，神経の信号に変換される。そして，網膜の神経回路で処理された後，3層の一番内側，つまり角膜に近い側の層をつくるニューロンの活動電位として網膜から出ていく。この層のニューロンの軸索が集まって視神経をつくり，網膜からの信号は，視神経を通って脳に送られる。

　光受容細胞の感度は極めて高く，暗闇に順応した状態では数個の光子をキャッチしただけで，光を感じるのに十分な応答が生じる。それでは，光受容細胞の応答が脳の中でどのように処理されて光を感じるのだろうか？　光を感

55

じるときには，「光が見える」という意識的な体験が心の中で起きる。実はこの意識的な体験が，脳のどのような働きで生じているのかは，まだよくわかっていない。研究の積み重ねでわかってきた視覚についての最も重要な事実は，大脳皮質一次視覚野（V1とも呼ばれる）が意識的な体験に必要であることだろう。一次視覚野は，大脳皮質の一番後ろを占める領域であり（図4.1A），その表面には視野の正確な地図が存在する。一次視覚野が事故や病気で損傷されると，損傷された部位に対応する視野に現れた視覚刺激を知覚できなくなる。最初に書いたようなシーンが見えるためには，一次視覚野の働きが必要不可欠である。

4.1.2　ブラインドサイト

一次視覚野が損傷されても，実は視覚の機能がすべて失われるわけではない。たとえば，画面のどこかに光点を出して，そのような損傷をもつ人に「どこに光点が出ていますか？」と聞くと，その人は「光点は見えません」と答える。しかし，「当てずっぽうでよいので，どこに出ていると思いますか？」と答えるようさらに強制すると，高い確率で正しく答えることができる。つまり，意識にはのぼらないが，目に入った視覚情報が何らかの処理を受けて，正しい答えを導いているのである。このような現象は，ブラインドサイト（盲視）と呼ばれる。ブラインドサイトの存在は，一次視覚野を含まない仕組みが存在し，視覚情報を処理して行動に結び付けていることを示している。

4.1.3　2つの視覚経路

目から出た視神経が脳に入った後，経路はいくつかに分かれる。瞳孔の調節や概日リズムの調節に関係する経路を除くと，2つの視覚の経路が存在する。1つの経路は，視床の外側膝状体で中継された後，一次視覚野に向かう（図4.1A）。この経路を，膝状体-V1経路と呼ぶ。この経路が，意識にのぼる視覚の体験に関わっている。もう1つの経路は，網膜からの信号が中脳の上丘（じょうきゅう）と呼ばれる場所にまず入る。次いで，上丘の神経細胞からの信号が視床に存在する視床枕（ししょうちん）と呼ばれる場所で中継された後，大脳皮質で一次視覚野の前方に存在する視覚前野に向かう（図4.1B）。この経路を，上丘-視床枕経路と呼ぶ。視覚前野からの信号が，目の動きや指差し行動などに関わる場所に送られることで，ブラインドサイトとして観察された現象が生じる。

健常な人が恐怖を感じる画像が現れると，一次視覚野を損傷した人でも，恐怖の情動反応が生じる。第二の視覚経路に含まれる視床枕は，情動反応に深く

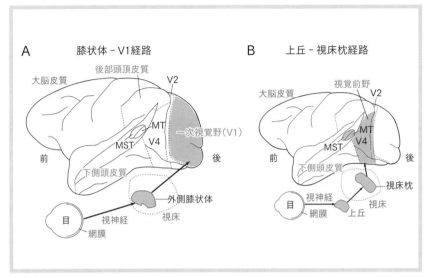

図 4.1　2 つの視覚経路

関わる扁桃体と呼ばれる脳の領域とつながっている。目で見たイメージを細か
く分析する働きは，膝状体－V1 経路が司る。しかし，上丘－視床枕経路も画
像を粗く処理する能力をもち，ヘビの画像や恐怖の表情をある程度識別するこ
とで，このような情動反応が可能になると考えられている。上丘－視床枕経
路は，健常な人にも備わっている。この経路での画像処理は，粗っぽいが素早
く行われる。そのため，健常な人では，目の前に現れた物が何であるかを理解
するより早く，その物に対する情動反応の方が先行して起きることが見られる
のである。

4.2　シーンの分析

　網膜に映ったシーンを分析して，どのようなシーンかを理解するためには，
膝状体－V1 経路が必要である。この経路で行われる視覚情報の処理の特徴を
表すキーワードは，階層性と並列性の 2 つである。この経路は複数の領域が
つながって構成され，階層的にシーンに含まれる特徴が取り出される。また，
並列にシーンの処理が行われ，異なる種類の情報が別の領域で取り出される。
まず階層的な特徴抽出について述べ，次に処理の並列性について述べる。

4.2.1 階層的な特徴抽出

(1) 一次視覚野での特徴抽出

　一次視覚野のそれぞれの細胞は，視野の小さい部分を担当しており，網膜像のその担当する部分にどのような特徴が含まれるかを分析する。この視野の部分を，受容野と呼ぶ。受容野は，特定の特徴に対するフィルター，あるいは鋳型として機能する。それぞれの鋳型は，特定の特徴に対応する。網膜像がそのニューロンのもつ鋳型に合った特徴を含んでいると，ニューロンは強く応答する。鋳型に合った特徴を含んでいなければ応答しない。図4.2Aは，輪郭の向き（方位）の鋳型をもつニューロンの例を示している。受容野（円形の領域）の中に，垂直の線分が出たとき，このニューロンは強く応答する。しかし，水平の線分が出たときには全く応答しない。このように，特定の向きの線分に対して応答する性質は，方位選択性と呼ばれる。

　同じ視野の場所に受容野をもつニューロンはたくさん存在するが，特徴の鋳型はニューロンによって異なる。輪郭について見ると，水平や斜めの輪郭など，あらゆる向きの方位に選択性をもつニューロンがそろっている。そして，そのようなセットは，視野の場所ごとに用意されている。一次視覚野がもつ特徴の鋳型には，方位以外に，空間周波数（視野上の明暗の変化の細かさ），運動方向，両眼視差，色相彩度などさまざまなものがある。一次視覚野では，目で捉えたシーンを視野の場所ごとに単純な特徴の集まりに分解しているのである。

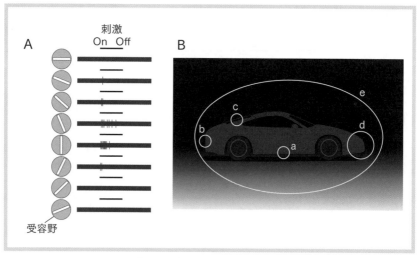

図4.2　方位選択性と形の検出

(2) 輪郭の検出と物の形の分析

　方位選択性をもつニューロンは，輪郭の向きの検出に役立つ。ポルシェを見たとしよう（図 4.2B）。a の丸のところでは，ポルシェのボディの下のラインが横切っている。すると，一次視覚野でこの場所に受容野をもち，かつ水平の方位選択性をもつニューロンが応答する。b と c では，それぞれこれらの場所に受容野をもち，垂直（b）および右斜め（c）に方位選択性をもつニューロンが応答する。このように一次視覚野の方位選択性ニューロンは，場所ごとの輪郭の向きの集まりとして，物の形を分析している。

　図の d には，a〜c に比べて大きな丸が描いてある。この場所には，車のボディの先端のカーブした輪郭が存在する。輪郭のカーブを把握するためには，輪郭の向きに比べて，広い視野の情報が必要である。このような分析は，視覚前野の V2 野や V4 野（図 4.1）で行われる。視覚前野のニューロンは一次視覚野に比べて大きな受容野をもち，広い範囲の情報を分析できる。そのため，広い視野の分析を必要とする輪郭の曲率（第 3 章脚注 1 参照）や，テクスチャ（物体表面の模様）など，より複雑な特徴の鋳型をもつニューロンが存在するのである。

(3) 特徴抽出の仕組み

　一次視覚野の方位選択性ニューロンには，2 つのタイプが存在する。1 つのタイプは受容野の幅が狭く，最適な向きの線分でも位置が少し横にずれると応答がなくなる。このタイプは，単純型細胞と呼ばれる。もう 1 つのタイプは受容野の幅が広く，最適な向きの線分の位置を横にずらしても応答する。このタイプは，複雑型細胞と呼ばれる。受容野が横にずれた複数の単純型細胞の信号が集まることで，複雑型細胞の受容野は形づくられる。ある特徴の鋳型となる細胞が形成された後，その細胞の信号を集めて位置ずれを許容する 2 段構えの仕組みは，シーンを分析する上でとても有効であることが知られている。近年劇的に発展した AI 技術の出発点は，畳み込みニューラルネットワークで高精度な画像認識に成功したことである。そこで用いられたニューラルネットワークは，そのような 2 段構えの仕組みの繰り返しで特徴抽出を階層的に行っている。

　一次視覚野で処理された情報は，前方の視覚前野に送られ，さらに処理された後，下側頭皮質と後部頭頂皮質に伝えられる（図 4.1）。この過程で，一次視覚野で視野の局所ごとに分解された特徴が組み合わされ，より複雑な特徴が検出される。図 4.3A は，このような階層的なシーン分析のモデルを示している。図 4.3A では，牛が草を食んでいるシーンの情報が一次視覚野に伝えられ

る。円の中の線の向きは，方位選択性を示す。横に並んだセットは，視野の異なる場所を担当する。下の段は単純型細胞，上の段は複雑型細胞を表す。一次視覚野からの信号は矢印で，視覚前野，下側頭皮質を表す上方の段に伝えられ，さらなる処理を受ける。この過程で複雑な特徴が取り出され，最後に見ている対象が動物か非動物かといった判断が前頭前野で行われる。物体識別を行う人工的なニューラルネットワークも，これと同様な構造をもっている。ニューラルネットワークでは，正答か誤答かに応じて，細胞素子間の結合の強さを特定のアルゴリズムで調節してネットワークを学習させる。2012年に発表されたAlexNetは，そのような畳み込みニューラルネットワークとしてよく知られている。数多くの物体を識別できるニューラルネットワークの第1層には，図4.3Bで示されたように，一次視覚野で見られるのと類似したさまざまな特徴に対する鋳型が並んでいるのである。

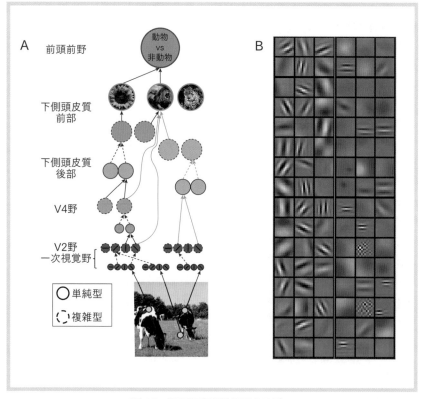

図4.3　脳の画像認識処理のモデル
A：Serre *et al.*（2007）より改変。B：Krizhevsky *et al.*（2012）より。

4.2.2　並列性と機能の局在

　一次視覚野から下側頭皮質への経路は脳の下方に向かい，**腹側経路**と呼ばれる（図 4.4A）。一方，後部頭頂皮質への経路は脳の上方に向かい，**背側経路**と呼ばれる（図 4.5A）[1]。下側頭皮質と後部頭頂皮質では，損傷時に異なる機能が障害される。

(1)　腹側経路と物体認識

　下側頭皮質が損傷されると，形や模様，色などに基づく物体の区別が困難になる。図 4.4B に，マカクザルの実験で用いられた課題の例を示す。模様と形の違う 2 つの物体が左右に置かれている。どちらの物体の下にも小さな凹みがあり，一方の下にだけサルの好物の餌が置かれている。正しい物体を動かすと餌を食べることができる。2 つの物体の位置は毎回ランダムに決める。すると，健常なサルはすぐに正しい物体を選ぶようになる。しかし，両半球の下側頭皮質が損傷されたサルでは，課題の学習が困難になる。

　下側頭皮質には輪郭やテクスチャや色が組み合わされた複雑なパターンに対

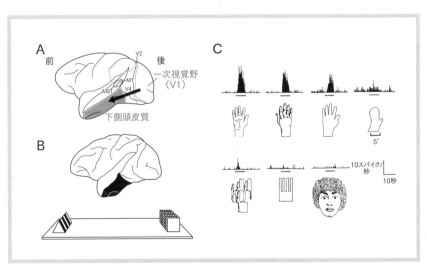

図 4.4　腹側経路と物体認識

B：Ungerleider & Mishkin（1982）より。C：Desimone *et al.*（1984）より改変。

1　ヒトの脳でイメージすると，腹側，背側という呼び方はピンとこないかもしれない。ヒト以外のほとんどの哺乳類の種は四つ足であり，脳の下の方は体の腹側と一致し，上の方は背側と一致する。そのため，脳の方向を示すために，腹側・背側という呼び方が用いられる。

して選択的に応答するニューロンが多数存在し，物体を見分けることに役立っている。図4.4Cに，そのようなニューロンの一例を示す。このニューロンは手の画像を見たときに強く応答するが，手のパターンをバラバラにして組み合わせた刺激（下の左端）やフォークのようなパターン（下の中央）のように，似た特徴を備えているが手には見えない画像には応答しない。

(2) 背側経路と空間的処理

　一方，後部頭頂皮質が損傷されると，空間的な位置関係の把握が困難になる。図4.5Bに，マカクザルの実験で空間的な位置関係の認知を調べた課題の例を示す。図4.4Bと異なり，左右に置かれた物体は同じである。餌の手がかりとなるのは円柱の位置で，円柱に近い方の物体の下に餌が置かれている。健常なサルはすぐに正しく反応できるが，後部頭頂皮質が損傷されると課題の学習が困難になる。同様の損傷で，視覚を運動に結び付ける機能にも障害が生じる。たとえば，丸い物体と平たい物体を掴むときには手や指の開き方を変える必要があるが，そのような運動がうまくできなくなる。

　後部頭頂皮質には，物の形によって応答の仕方が異なるニューロンが存在する（図4.5C）。それらの中には，物体を見ているときに応答する細胞や掴む前

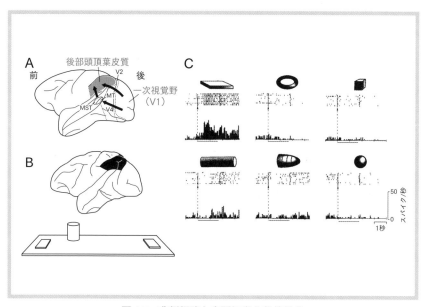

図4.5　背側経路と空間知覚と物体操作
B：Ungerleider & Mishkin（1982）より。C：Sakata *et al.*（1997）より改変。

に応答する細胞が存在し，視覚情報から手の運動への変換に関わっていると考えられる。

(3) 機能モジュール

視覚皮質には，特定の特徴を取り出す細胞が集まったモジュール構造が存在する。モジュール構造のサイズは，数百ミクロン程度の微小なものから，数ミリメートルの大きさのものまでまちまちである。いずれの場合でも，特定の情報を表現するニューロンが近傍に存在することで，効率よくその情報を処理できると考えられる。微小なスケールのモジュール構造の例としては，同じ特徴に選択性をもつ細胞が皮質と垂直な方向に並んだコラム状の構造が挙げられる。コラム状のモジュール構造は，さまざまな皮質で見つかっている。

側頭葉と頭頂葉の境に位置する MT 野，MST 野（図 4.1 参照）は，大きなスケールのモジュール構造の例である。これらの領域には，動きの方向に選択性をもつ運動方向選択性ニューロンが高い割合で存在する。図 4.6A は，サルの MT 野で記録された運動方向選択性ニューロンの例を示している。受容野（ひし形で示す）の中を線分が左下に動くとこのニューロンは強く応答する。しかし，右上に動いたときには全く応答しない。MT 野のそれぞれのニューロ

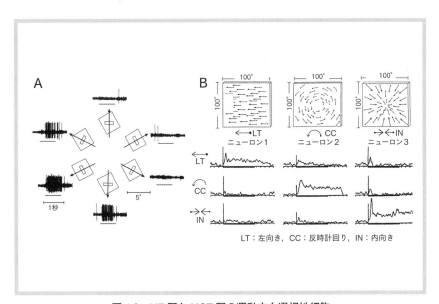

図 4.6 MT 野と MST 野の運動方向選択性細胞
A：Maunsell *et al.* (1983)より改変。B：Duffy & Wurtz (1991) より改変。

ンは，視野の特定の場所における刺激の動きの方向や速度を分析している。MST 野のニューロンは，MT 野よりも広い受容野をもち，視野の広い範囲にまたがる複雑な動きのパターンの処理を行う。図 4.6B は，サルの MST 野で記録された 3 つのニューロンの応答を示している。ニューロン 1 は左方向に動く刺激，ニューロン 2 は反時計回りに回転する刺激，ニューロン 3 は内向きの放射状の動きに強く応答する。ヒトで MT 野／MST 野付近の部位が脳梗塞で損傷された結果，動きが知覚できなくなった症例が報告されている。この患者では，動いている物が静止した絵の集まりのように知覚されるため，遠くに見えた車が，次の瞬間には自分のすぐ近くに見え，日常生活に支障をきたした。このような症例は，特定の視覚情報の処理に関わるモジュールが，機能的な役割を果たしており，その情報が関係する知覚に関わっていることを示している。

（4）顔の処理と色の処理

　下側頭皮質には，顔のパターンに選択的に応答する細胞（顔ニューロン）が存在する（図 4.7A）。顔ニューロンは，下側頭皮質の複数の場所に固まって存在する（顔パッチ）（図 4.7B 黄色の領域）。個々の顔パッチの大きさは，数ミ

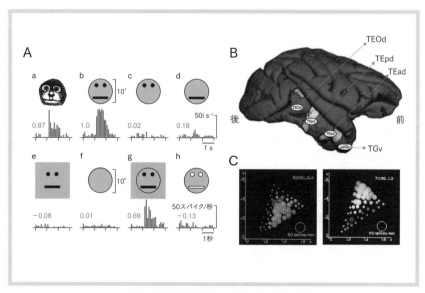

図 4.7　サルの下側頭皮質における色と顔の機能局在
A：Kobatake & Tanaka（1994）より改変。B：Lafer-Sousa & Conway（2013）より。
C：Komatsu *et al.*（1992）より。

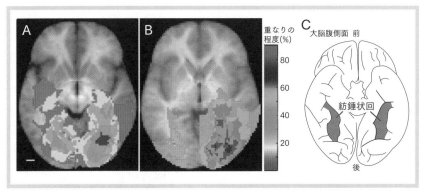

図 4.8　大脳性色覚異常（A）と相貌失認（B）に関係する脳部位
A，B：Bouvier & Engel（2006）より。

リメートルである。異なる顔パッチは，顔の向き，表情，個人の識別など顔処
理の異なる側面の処理を行う。また下側頭皮質には特定の色に選択的に応答す
る細胞が存在する。図 4.7C に，さまざまな色の刺激に対する 2 つのニューロ
ンの応答の強さを円の大きさで示している。左のニューロンはピンクに強く応
答し，右のニューロンは緑に強く応答している。このような色選択性ニューロ
ンは，下側頭皮質内で複数の色パッチに固まって存在する（図 4.7B 青色の領
域）。これらは，物体認識の中枢である下側頭皮質に見られる機能モジュール
の例である。

　サルの下側頭皮質に対応する脳部位は，ヒトでは大脳皮質の腹側面から外側
にかけて広がるが，ヒトの大脳腹側面皮質が事故や脳梗塞で損傷されると，顔
の識別ができなくなる相貌失認や，世界が色づいて見えなくなる大脳性色覚異
常が生じる。図 4.8 は，大脳性色覚異常（A）と相貌失認（B）の多数の症例
について，大脳皮質腹側面の損傷部位の重なりの程度を色で示している。いず
れも，重なりの大きい部分が紡錘状回（図 4.8C）付近に存在する。下側頭皮
質ニューロンの活動が，顔や色の知覚に必要であることをこれらの症例は示し
ている。

4.3　意識的な視知覚の仕組み

4.3.1　視知覚に相関する脳の活動

　ここまで，一次視覚野から大脳皮質の高次視覚野にいたる視覚情報の処理を

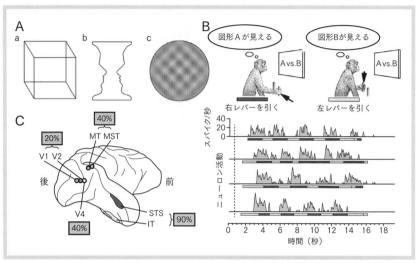

図 4.9　ニューロン活動と意識的な視知覚の対応
A：https://bsd.neuroinf.jp/wiki/ 意識 より。B, C：Leopold & Logothetis（1999）より改変。

眺めてきた。物が見えたという意識的な体験が生じるためには，この経路での
情報処理が必要不可欠である。それでは，この経路のニューロンはどのように
視知覚の意識的な体験に関わっているのだろうか？　この問題を調べるため
に，多義図形を用いた実験が多く行われている。図 4.9A に多義図形の例を示
した。a はネッカーキューブ，b はルビンの壺と呼ばれる図形であるが，いず
れも複数の見え方が存在し，それらが自動的に交替する。c は両眼視野闘争の
刺激である。両眼視野闘争では，左右の目に同時に異なる図形刺激を与える。
すると，どちらか一方の図形が知覚され，そのうち知覚が自動的に切り替わ
り，もう一方の図形が知覚される。時間とともに知覚の交替が繰り返される。
c の例では，直交する緑の縞模様と赤の縞模様を左右の目に与えた様子を模式
的に表している。多義図形では，刺激は一定であるにもかかわらず，知覚され
る内容が変化する。もし，ある脳部位のニューロン活動が知覚の切り替わりに
相関して変化すれば，その活動は知覚の体験と関係していることになる。
　Logothetis らは両眼視野闘争のパラダイムを用いて，サルの視覚野のニュー
ロン活動と知覚の関係を調べる一連の研究を行った。図 4.9B は，視知覚に相
関した活動を示したニューロンの活動例を，図 4.9C は，そのようなニューロ
ンが視覚皮質の異なる場所にどのように存在したかを示している。彼らは知覚
される内容に応じて左右のレバーを引くようにサルを訓練して，2 つの図形を

左右の目に同時に与えたときのニューロン活動とサルのレバー引き行動の関係を調べた。すると，下側頭皮質の大部分（90％）のニューロンは，図4.9Bの例のように知覚内容と相関して活動が変化した。そのようなニューロンの割合は初期視覚野（一次視覚野，V2野）では低く20％程度しか見られず，より高次の視覚野（V4野，MT野，MST野）では40％と中程度であった。この結果は，高次の視覚野のニューロン活動が意識的な視知覚の成立と密接に関わることを示唆している。一方，多義図形を用いてヒトの脳活動と視知覚の関係を機能的磁気共鳴画像法（fMRI，第2章参照）で調べた研究では，一次視覚野の活動が視知覚と相関して変化する結果も報告されている。視覚皮質のニューロン活動が視知覚とどのように関係しているのかは，まだ結論が出ていない未解決の問題なのである。

4.3.2　フィードバック投射の役割

　大脳視覚野で情報処理が階層的に行われ，複雑な特徴が抽出される過程では，低次（初期）の領野からより高次の領野に信号が送られる。これは，図4.3Aで各段階をつなぐ矢印が示す情報の流れである。このように，より低い階層から高い階層に向けて信号を伝える神経連絡はフィードフォワード投射と呼ばれる。本章では，もっぱらフィードフォワード投射による情報処理について述べてきたことになる。しかし，実は逆向きの信号の流れが大脳皮質には豊富に存在する。つまり，より高い階層から低い階層に向けて信号が送られているのである。このための神経連絡はフィードバック投射と呼ばれる。それでは，フィードバック投射はどのような役割を果たしているのだろうか？

　広く受け入れられている仮説では，低次の視覚野で検出される特徴が置かれた視覚的な文脈についての情報をフィードバック投射が与えると考える。高い階層の領野では，低い階層の領野より受容野が一般に大きく，広い範囲の視野の情報をもつ。図4.2Bのポルシェの例で考えると，一次視覚野の細胞は視野の局所の輪郭の向きを検出するが，その輪郭が集まってどのような物体を形づくるのかについては，目から入ってきた信号だけでは知ることはできない。しかし，高次視覚野からフィードバックの信号を受け取ることで，車の輪郭の一部であるという情報を手に入れることができる。また，輪郭のどちら側が物体（図）でどちらが背景（地）なのかを知ることができることになる。実際に一次視覚野の細胞は受容野内の刺激が同じでも，受容野が図に含まれるときに，より強く活動することが観察されており，フィードバック投射による効果と考えられている。またフィードバック投射は，特定の空間の位置や物体の特徴に注意を向ける働きにも関わっている。注意を向けられた位置や特徴の処理を行

う低次の視覚野の応答が，フィードバック投射により強められる。このような応答は，再びフィードフォワード投射で高次領野に送られる。フィードフォワード投射とフィードバック投射のループ回路の働きにより，複雑なシーンを効率よく分析する仕組みは，視知覚における無意識の推論（第3章参照）を行う上で重要な役割を担うと考えられる。

4.3.3　フィードバック投射と意識的知覚

フィードバック投射が意識的な知覚に重要な関わりをもつ可能性が，Pascual-Leone と Walsh によって示されている。彼らは経頭蓋磁気刺激（TMS：transcranial magnetic stimulation）と呼ばれる方法で，健常なヒトの大脳視覚野を刺激して視知覚への影響を調べた。TMS では，通常8の字状のコイルを頭に接するように置いて，パルス状の強い電流をコイルに流す。すると，コイルに磁場が発生し，コイルの真下に存在する大脳皮質の細胞を一過性に活動させることができる。この方法で一次視覚野や MT 野の刺激を行うと，**フォス**

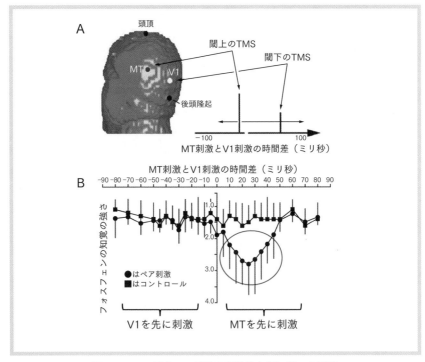

図 4.10　MT 野と V1 刺激の意識的な視知覚への影響
Pascual-Leone & Walsh（2001）より。

フェンと呼ばれる光点が知覚される。彼らは MT 野にフォスフェンを引き起こすのに十分な（閾上の）刺激を与えるとともに，さまざまな時間間隔をおいて一次視覚野にも刺激を行った（図 4.10A）。ただし，一次視覚野の刺激はフォスフェンを引き起こさない程度の（閾下の）弱い刺激である。一次視覚野をMT 野よりも先に刺激したときには影響は見られず，フォスフェンは普通に知覚された（図 4.10B の左半分）。しかし，MT 野を一次視覚野より 20 〜 40 ミリ秒先に刺激したとき（図 4.10B の赤丸の部分）には，フォスフェンの知覚が著しく低下した。この結果は，MT 野から一次視覚野にフィードバック投射で戻ってきた信号が，一次視覚野の刺激で妨害を受けたことで，フォスフェンの知覚の低下が生じたと解釈されている。つまり，一次視覚野へのフィードバック投射が，視知覚の意識的な体験を生じるためには必要なのかもしれない。

4.4　おわりに

　本章では，あるシーンを見たときに，大脳皮質でどのようにシーンの情報が分析され，情景が頭の中で理解されるかを見てきた。しかし，未解決な問題も多く残っている。知覚の意識的な体験がその例であることは述べたが，それ以外にも多くの問題がある。たとえば，黄色のポルシェが左方向に走っていくのを見るときに，それが黄色いポルシェであることは下側頭皮質のニューロンの活動からわかるだろう。一方，左方向に高速で移動していったことは MT 野や MST 野といった別の領域のニューロンの活動を見なければわからない。これらの別々の場所で処理された特徴が，どのように結びつけられて，まとまりをもった物体の知覚が生じるのか，その仕組みはよくわかっていない。近年の研究で，脳内のさまざまな領域がダイナミックに相互作用しながら情報処理を行っている様子が急速に明らかになりつつある。視覚の仕組みの未解決な問題への回答の糸口は，そのような相互作用を詳しく調べていくことで見出されるかもしれない。

参考文献
小松英彦（2002）「視覚における脳内表現」，『脳の情報表現』銅谷賢治・伊藤浩之・藤井宏・塚田稔 編，朝倉書店
花沢明俊（2007）「神経生理 I, II」，『感覚・知覚の科学　視覚 I』篠森敬三 編，朝倉書店
藤田一郎（2007）『「見る」とはどういうことか』，化学同人
日本視覚学会 編（2000）『視覚情報処理ハンドブック』，朝倉書店
村上郁也他（2010）「視覚」，『イラストレクチャー認知神経科学』村上郁也 編，オーム社

引用文献

Bouvier, S.E., Engel, S.A. (2006) Behavioral deficits and cortical damage loci in cerebral achromatopsia. *Cerebral Cortex*, **16**, 183-191.

Desimone, R., Albright, T.D., Gross, C.G., Bruce, C. (1984) Stimulus-selective properties of inferior temporal neurons in the macaque. *Journal of Neuroscience*, **4**, 2051-2062.

Duffy, C.J., Wurtz, R.H. (1991) Sensitivity of MST neurons to optic flow stimuli. I. A continuum of response selectivity to large-field stimuli. *Journal of Neurophysiology*, **65**, 1329-1345.

Kobatake, E., Tanaka, K. (1994) Neuronal selectivities to complex object features in the ventral visual pathway of the macaque cerebral cortex. *Journal of Neurophysiology*, **71**, 856-867.

Komatsu, H., Ideura, Y., Kaji, S., Yamane, S. (1992) Color selectivity of neurons in the inferior temporal cortex of the awake macaque monkey, *Journal of Neuroscience*, **12**, 408-424.

Krizhevsky, A. Sutskever, I. Hinton, G.E. (2012) ImageNet classification with deep convolutional neural networks. *Advances in Neural Information Processing Systems*, **25**, 1097-1105.

Lafer-Sousa, R., Conway, B.R. (2013) Parallel, multi-stage processing of colors, faces and shapes in macaque inferior temporal cortex. *Nature Neuroscience*, **16**, 1870-1878.

Leopold, D.A., Logothetis, N.K. (1999) Multistable phenomena: changing views in perception. *Trends in Cognitive Sciences*, **3**, 254-264.

Maunsell, J.H,, Van Essen, D.C., (1983) Functional properties of neurons in middle temporal visual area of the macaque monkey. I. Selectivity for stimulus direction, speed, and orientation. *Journal of Neurophysiology*, **49**, 1127-1147.

Pascual-Leone, A., Walsh, V., (2001) Fast backprojections from the motion to the primary visual area necessary for visual awareness. *Science*, **292**, 510-512.

Sakata, H., Taira, M., Kusunoki, M., Murata, A., Tanaka, Y. (1997) The parietal association cortex in depth perception and visual control of hand action. *Trends in Neurosciences*, **20**, 350-357.

Serre, T., Oliva, A., Poggio, T. (2007) A feedforward architecture accounts for rapid categorization. *Proceedings of the National Academy of Sciences of the United States of America*, **104**, 6424-6429.

Ungerleider, L.G., Mishkin. M. (1982) Two cortical visual systems. in Analysis of Visual Behavior. (eds. Ingle, D.J., Goodale, M.A., Mansfield, R.J.W.) pp.549-586, MIT Press.

第5章

身体知覚の仕組み

武井智彦

　私たち動物が生き抜くためには，周りの環境や自分自身の状態を正しく認識し，それに基づいて適切な行動をとる必要がある。そのため動物はさまざまな感覚器官を通じて，外部環境や身体内部の情報を絶えず入手している。しかし，個々の感覚器官を通じて得られる情報は，1つの筋肉の長さであったり，皮膚のある部分への圧力であったり，とても断片的なものである。したがって，状況を正しく判断して行動するためには，これらの断片的な情報を統合して，実空間上での環境や身体の状態を脳の中で再構成することが必要である。このように再構成して得られた身体状態についての知覚を，身体知覚と呼ぶ。この再構成が実空間とずれてしまうことによって生じるのが，身体に関する錯覚である。この章では，身体に関する感覚情報が脳の中でどのように処理されて身体知覚が生み出されているのか，また，身体錯覚がどのようなメカニズムで起こるのかを見ていこう。

5.1　目を閉じていても身体の位置がわかる

　人差し指で自分の鼻を触ってみてほしい。問題なく鼻を触ることができるだろう。では，同じことを目を閉じてやってみると，どうだろうか？　多くの人は目を閉じていてもピタリと指先を鼻の位置に合わせることができる。これは，私たちは視覚を使わなくても，身体の空間的な位置を捉える能力をもっていることによる。身体の情報を伝えるセンサーである受容器は，筋肉や皮膚に存在していて，それぞれの受容器は個々の筋肉の長さや皮膚のごく狭い範囲への圧力を伝えている。ところで，目を閉じて自分の鼻を触ったときに，一つひとつの筋肉の長さや関節の角度を意識しただろうか？　おそらくは「指先の位置がどこにあるか」や「指がどこかに触れたかどうか」だけに注意していればよかったのではないだろうか。どうやら私達の頭の中には，個々の感覚受容器の情報を統合して，身体がどのような状態にあるかを再現するコピーのようなものが存在しているようである。

　一般に，このような対象物や事象の脳内におけるコピーのことを表象と呼び，特に，身体状態の脳内での表象を，身体図式または身体像と呼ぶ。両者の使い分けは必ずしも明確ではなく，運動などに使われる場合は身体図式と呼

び，より視覚的なイメージに注目する場合は身体像と呼ぶことが多い。

　さて，もう少し身体図式の不思議さを体験してみよう。今度はキャップをしたペンを手に持ってから，再び目を閉じてペンの先で自分の鼻を触ってみてほしい（くれぐれも尖った物は使わず，目を突かないように）。最初は恐る恐るペンを動かすことになるが，数回繰り返すうちにすぐにペンの先で鼻を触れるようになるだろう。ここで興味深いことに，一度鼻を触れるようになると，そのままペンの先で他の身体の部位（たとえば反対側の手のひらなど）に触れることもさほど難しくない。このときも自分の筋肉の長さや指先の位置を意識することはなく，いつの間にかペン先の位置だけに注目している。ペンの先に感覚の受容器は存在しないのに，あたかも自分の身体が拡張した気分になる。このように，身体図式の特徴として，道具を使用したり身体の状態が変わったりした場合でも，柔軟に変化することが挙げられる。このような身体図式の柔軟性のおかげで，私たちは生まれてから成長にともなって，絶えず身体の大きさが変化しているにもかかわらず，何の苦労もなく身体の状態を知覚することができ，新しい道具も使いこなせるのである。しかし一方で，このような柔軟さが思わぬ形で働くと，自分の身体ではないものを自分の身体だと思ったり，逆に自分の身体なのに自分の身体ではないように感じてしまったりすることがある。

　いったい，私たちの脳の中で身体図式はどのようにつくられているのであろうか？　次の節からは，まず身体の感覚情報処理に関わる神経メカニズムについて概観し，そのあとにこれらの感覚情報を用いて，脳内で身体知覚がつくられるメカニズムについて見ていくことにする。

5.2　体性感覚の神経メカニズム

　動物がもつ感覚のうち，身体に関する感覚は体性感覚と呼ばれる（図 5.1）。体性感覚は情報を受け取る場所に応じて，触覚，温度感覚，痛覚などの皮膚感覚と，筋や腱，関節などの固有感覚に分けることができる。皮膚感覚が皮膚表面にある感覚受容器から生まれるのに対し，固有感覚は身体の内部にある筋受容器や関節受容器からの情報により生まれ，身体の動きや姿勢の情報を伝える。このように身体の深部の受容器を使っているため，固有感覚は別名，深部感覚とも呼ばれる。

5.2.1　皮膚感覚

　目を閉じて目の前にある机を触ってみると，そこに机があることがわかるだ

けでなく，どのような形か，どのような材質かなど，多彩な情報が文字通り「手にとるよう」にわかる。これは皮膚にある**機械受容器**によって，触覚の情報が伝えられることで実現している。機械受容器には4つの種類があり，感覚情報を受け取る範囲（受容野）の大きさと刺激への順応の速さの違いによって，それぞれ異なる種類の触覚を伝えている（図5.1A）。

　マイスネル小体（RA1）は接触した物体のエッジの鋭さ，点字のようなわずかな盛り上がりの検出に優れている。メルケル盤（SA1）は小さな受容野をもつが，垂直方向の変形によく応答して，皮膚に接触した物体の材質や形を検出するのに適している。パチニ小体（RA2）は大きな受容野をもち，物体の振動情報を伝える。ルフィニ終末（SA2）は圧迫や皮膚の引っ張りに応答し，姿勢の情報を伝える。たとえばマッチ箱からマッチを1本取り出そうとしたとき，これらの機械受容器がマッチ棒の形や力の入り具合の情報を伝えてくれるため，たとえ目を閉じていてもスムースにマッチ棒を取り出すことができる。もしゴム手袋をつけてこれらの触覚を鈍らせてしまうと，いくら目で見ていてもマッチ棒を取り出すことはとても難しくなってしまう。

5.2.2　固有感覚（深部感覚）

　多くの人は，目を閉じていてもピタリと指先で自分の鼻を触ることができる。これは，身体の位置や動きに関する感覚である固有感覚（深部感覚）をもっているためである。固有感覚を伝える感覚受容器は，主に筋肉や腱に存在している（図5.1B）。筋肉にある**筋紡錘**は，筋肉が伸ばされる速度（伸長速度）や長さを検出して中枢に伝える。一方，腱にある**ゴルジ腱器官**は，筋肉が骨を引っ張る力（張力）を検出する。これらの情報は，異なる末梢神経線維によって中枢に伝えられる。筋の伸張速度は筋紡錘からのIa群線維，筋の長さは筋紡錘からのII群線維，筋の張力はIb群線維が中枢へと伝えている。

　筋紡錘からの信号が筋肉の長さの情報を伝えていることは，簡単な方法で確かめることができる。目を閉じて椅子に座り，他の人に手伝ってもらいながら，手首の背側の筋肉の腱にマッサージ器などを使って40〜100 Hzほどの振動を与えてもらう。すると振動刺激により筋肉が細かく連続的に伸ばされるため，筋紡錘が持続的に活動する。この筋紡錘がIa群線維を介して筋肉が伸びている情報を中枢に伝えるため，実際には手は動いていないにもかかわらず，あたかもその筋肉が伸ばされ続けている感覚が生じ，結果として手首が手のひら側に曲がっていく錯覚（振動錯覚）を感じる。しかも刺激を受けている間中ずっと手首が曲がる情報が伝わるため，手首の可動域を越えても手首が曲がり続ける錯覚を感じ，なんとも不思議な感覚が味わえる。

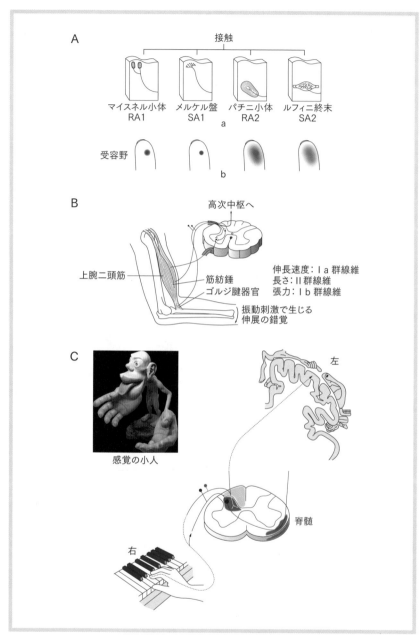

A

接触

マイスネル小体　メルケル盤　パチニ小体　ルフィニ終末
RA1　　　　SA1　　　　RA2　　　　SA2

a

受容野

b

B

高次中枢へ

上腕二頭筋

筋紡錘
ゴルジ腱器官

伸長速度：Ⅰa 群線維
長さ：Ⅱ 群線維
張力：Ⅰb 群線維

振動刺激で生じる
伸展の錯覚

C

感覚の小人

左

脊髄

右

図 5.1　体性感覚の情報処理

A，B，C：村上郁也 編『イラストレクチャー認知神経科学』，オーム社，p.129 より改変。感覚の小人の画像：「Sensory Homunculus Figure」by Mpj29, CC BY-SA 4.0, https://commons.wikimedia.org/wiki/File:Side-black.gif より。

5.2.3　一次体性感覚野

　触覚や固有感覚の受容器からの信号は，脊髄の後索を通って上行し，延髄後索核と視床でシナプス伝達を行ってから，反対側の一次体性感覚野（S1 野）へと伝わる（図 5.1C）。S1 野は中心溝の後壁と中心後回に位置して，ブロードマンの 3 野，1 野，2 野に相当する。1950 年代にアメリカの脳外科医ペンフィールドは，S1 野に電気刺激を与えると指先などに「ピリピリした感覚」を生じさせると報告した。さらに脳の上部から下に向かって，足，胴体，腕，顔といった具合に，実際の体と対応した S1 野の部位が並んでいることがわかった。このような対応を体部位再現性と呼び，これをつなげると脳の中に逆立ちした小人（ホムンクルス）がいるように見える（図 5.1C）。このホムンクルスは異様に大きな手，顔，口をもっている。これらの部位では，相対的に多くのニューロンが感覚の処理に関わっていることになり，他の身体の部位に比べてより繊細な感覚情報処理が行われていることを物語っている。実際にコンパスのようなもので皮膚の 2 か所を同時に刺激して，押された場所が「2 つ」と感じるか「1 つ」と感じるかを尋ねるテストを行い，2 つの点を別々に感じる最小の距離を調べると，背中では 40 mm ほど離さないと 2 つに感じないのに対して，指先では 2 mm ほどの距離でも十分に 2 つと識別することができる。

　S1 野の中で，最初に末梢からの感覚情報を受け取るのが，一番前側の 3 野である（図 5.2A）。3 野はさらに 3a 野と 3b 野に分かれていて，それぞれ固有感覚と皮膚感覚を別々に受け取っている。これらの情報がより後方の 1 野，2 野へと伝達される過程で，徐々に個々の受容器からの感覚が統合されていき，それに伴い各ニューロンの受容野も大きく，複雑になる（図 5.2B）。3 野のニューロンの受容野が小さく個々の指に限局しているのに対して，2 野のニューロンでは複数の指への触覚刺激に応じるものが存在する。ちなみに，このように個々のニューロンがどのような刺激に応じるかを調べるためには，電極などを脳に刺入して一つひとつのニューロン活動を記録する必要がある。しかし，ヒトでは特殊な場合を除いて，このような記録を行うことはできない。そのため，身体知覚やその他の高次機能の神経メカニズムに関する知見の大部分は，ヒトと似た身体構造や認知機能をもつとされるサルを対象とした研究により得られている。

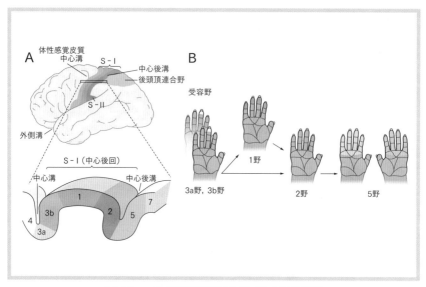

図 5.2　一次体性感覚野での階層的な情報処理
A：エリック・R. カンデルほか 編『カンデル神経科学』, メディカルサイエンスインターナショナル, p.370 より改変。B：同書, p.506 より改変。

5.2.4　頭頂連合野

　S1 野で処理された情報は，より後方の頭頂連合野へと伝わり，ここでさらなる体性感覚の処理や，他の感覚（視覚，聴覚）との統合が行われる。頭頂間溝より上部は上頭頂小葉，下部は下頭頂小葉と呼ばれ，サルではそれぞれブロードマンの 5 野と 7 野に当たる。5 野では S1 野で行われた体性感覚の統合がさらに進み，別名，体性感覚連合野と呼ばれることもある。受容野の重なりが一層大きくなり，右手と左手など身体の両側の刺激に応じるものも現れる（図 5.2B）。特に複数の関節を組み合わせて特定の姿勢を取らせたときだけに反応するようなニューロンが多く見つかり，たとえば左右の手のひらをすり合わせる「合掌」のような姿勢を取るときに活動するニューロンなどが見つかっている。

　サルの頭頂間溝付近では，体性感覚に反応して，かつ視覚刺激にも応答するバイモーダルニューロンも見つかっている。このタイプのニューロンでは，体性感覚の受容野付近に視覚刺激を提示した場合にも神経応答が生じる。たとえば，額の触覚刺激に応じるニューロンは，同じく額に向かってくる視覚刺激にも応答する。これらのバイモーダルニューロンは体性感覚と視覚といった複数

の感覚情報を統合して，身体図式をつくり出すのに関わっていると考えられる。

　このような複数の感覚を統合した結果，頭頂連合野では身体図式を皮膚や関節といった身体座標上ではなく，3次元の空間座標上で表現していると考えられている。身体図式が空間座標上で表現されていることを示す興味深い実験結果がある（図5.3）（Yamamoto & Kitazawa, 2001）。被験者に目を閉じてもらった状態で実験者が被験者の左右の手を連続してタップし，被験者にどちらの手が先にタップされたかを答えてもらうという実験である。この際，両方の手をまっすぐ前に出した状態でタップすると，両手の刺激の時間差が0.1秒ほどであってもほぼタップされた順序を間違えることはない。しかし，手を身体の前で交差した状態で同じことを行うと，時間差が0.2秒より短くなったあたりで刺激の順序を逆に答えたり，判断が曖昧になったりしてしまう（図5.3）。この結果を，「身体図式が表現されている座標」という観点から解釈してみよう。もし触覚刺激が皮膚座標上で処理されているとしたら，手の位置を交差させても順序判断が逆転することはないはずである。一方，もし身体図式が3次元の空間座標上で表現されていたら，手の位置を普段と逆転させることで身体図式が反転したり表現が曖昧になってしまうと考えられる。つまりこの実験結果は，身体の感覚情報は，脳のどこかで皮膚座標から空間座標へ変換されて処理されていることを示していたのである。さらに，このような時間順序判断を行っている際の脳活動を機能的磁気共鳴画像法（fMRI，第2章参照）で調

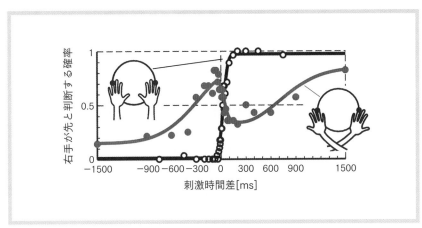

図5.3　触覚の順序判断が腕の姿勢によって変化する
Yamamoto & Kitazawa（2001）より改変。

べたところ，運動前野，中前頭回などのほかに，下頭頂小葉が活動することが判明した（Takahashi *et al.*, 2013）。この領域はサルにおける頭頂間溝腹側部に相当し，先ほどのバイモーダルニューロンなどが見つかる部位である。そのため体性感覚野において皮膚座標で表現された情報が，頭頂連合野において空間座標へ変換されて，身体図式が表現されていると考えられる。

5.3　身体図式は柔軟に変化する

　先ほどペンで鼻を触れてもらったときのように，道具を使用した際に身体図式は柔軟に変化する。ペンを持つとすぐにペンの先の位置を自由自在に把握できるようになるし，車を運転すれば車の側面と家の塀との距離がわかるようになる。ここでは身体図式の柔軟性を示す 2 つの例を見てみよう。

　5.2.2 項で，筋肉に振動刺激を与えると関節が曲がるように感じる振動錯覚について述べた。ここでさらに，次のような状況を想像してもらいたい。もし右手を左手の甲の上に重ねた状態で，右手首の背側の筋に振動刺激を受けるとどう感じるだろうか？　振動刺激を受けることで筋紡錘からは「右手首が曲がっている」という感覚情報が入ってくるが，一方で，右手の手のひらからは「左手の甲に触れている」という触覚情報が入ってくる。その結果，人によって感じ方は変わるが，左手と右手が一緒に曲がる感覚や，左手に右手がめり込んでいく感覚など，現実ではありえないような身体状態が知覚される。ほかにも，鼻をつまんだ状態で肘の筋肉を刺激すると，鼻が伸びたり逆に鼻が顔にめり込んだりするような錯覚を感じる（図 5.4）。このように，私たちが普段変わらないと信じている身体の知覚も，実は受容器を通じて得られた感覚情報に基づいて，脳が都合よく解釈して得られたものなのである。そのため，この例で挙げたように固有感覚と触覚から矛盾する感覚情報が得られると，それらを無理やり解釈することで現実ではありえないような身体知覚が生じる。

　頭頂連合野では自分の身体だけではなく，使用する道具も表現されている。サルに対して手が届かないところに餌を置いて，その横に熊手のような道具を置いておくと，サルはその道具を上手に使って餌を引き寄せて取るようになる。このとき，頭頂連合野のニューロンがどのような活動をするのかを調べた研究がある（Maravita & Iriki, 2004）。特にこの研究で注目したのは，先に述べた体性感覚と視覚刺激の両方に応じるバイモーダルニューロンである（図5.5）。最初は自分の手の先に向かう視覚刺激に応じていたニューロンが，サルが道具を使うようになると，道具に向かう視覚刺激にも応じるようになったのである。つまりこれは，自分の手にあったニューロンの受容野が，道具全体に

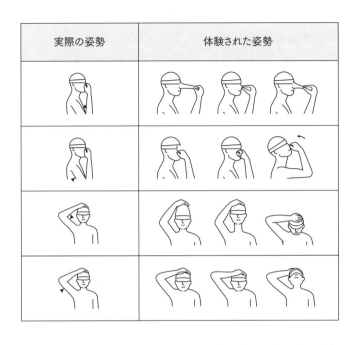

| 実際の姿勢 | 体験された姿勢 | | |

図5.4　振動錯覚により引き起こされる身体図式の変容の例
岩村吉晃 著『タッチ』，医学書院，p.193 より改変。

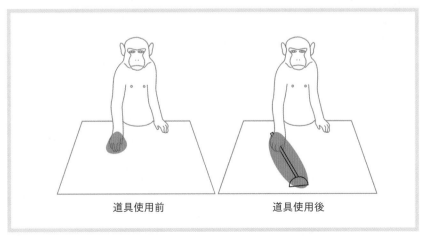

道具使用前　　　　　　　道具使用後

図5.5　道具使用による頭頂葉ニューロンの受容野の変化
Maravita & Iriki（2004）より改変。

広がったことを示している。この結果から，道具の使用によって，サルの手先の身体図式が使っている道具まで拡張することがわかる。

このような身体図式の柔軟性は何を意味しているのだろうか？　身体の大きさは，生まれてから成長にともなって絶えず変化する。また道具を使用することで，実効的な「身体」は突然変化することもある。このように「どのような感覚神経の活動がどのような身体の状態を表しているのか」は一定ではなく，常に変化する。そのため，脳の中で感覚情報と身体状態の関係を常に更新する必要がある。頭頂連合野では，この身体図式の更新が行われていると考えられる。実際に Wolpert らは，左上頭頂小葉の障害により右半身の身体図式が維持できなくなるという珍しい症例を報告している（Wolpert *et al.*, 1998）。この患者は，右手が見えているときには右手の知覚に問題は生じないが，目を閉じると右手に触覚刺激を与えていてもその感覚が徐々に薄れて，最終的には知覚できなくなってしまうと報告している。このことから Wolpert らは，時々刻々と入ってくる感覚情報によって，身体図式は常に更新・維持されているのだろうと述べている。このように，身体図式の更新と維持には，頭頂連合野が重要と考えられる。

5.4　身体知覚の計算論モデル

視知覚が解くべき問題とは，網膜に投射された2次元の情報から3次元の実世界の状態を再構成することであった（第3章参照）。この際，網膜に投影された時点で実世界の情報の多くが失われてしまい，再構成する際に答えが一意に決まらないという問題が生じる。このような問題を不良設定問題と呼び，脳がどのように問題を解くのかは神経科学の大きなテーマとなっている。

身体知覚についても同様の問題が生じる。皮膚上で検出された皮膚感覚情報や，個々の筋で検出された深部感覚情報から，3次元空間座標上での身体図式を再構成しないといけない。しかし，一つひとつの受容器から得られる感覚情報は断片的であり，どのような身体状況を表しているのかは一意に決まらないことがある。そのため，脳は何らかの基準に基づいて複数の可能性の中から，1つの「解釈」を導いていると考えられる。それではいったい，脳はどのように身体知覚における不良設定問題を解いているのであろうか？

このような脳の仕組みを理解する道標となるのが，最適推定という計算論的な枠組みである。最適推定とは端的にいうと，「これまでの経験や感覚情報といったそれぞれは不確実な手がかりを組み合わせることで，実際の状態がどのようになっている可能性が高いかを推定する」という統計的な手法である。こ

れまでの行動学的な研究から，人間やその他の動物の知覚や行動が最適推定に従うことが示されている。

5.4.1　最尤推定による多感覚統合の理解

身体図式は，体性感覚や視覚など複数の感覚情報を統合することで得られていると述べた。このように複数の感覚情報を統合することを多感覚統合と呼び，その感覚情報を統合する統計的手法のモデルの1つが，**最尤推定法**である。ここでは，指でつまんだ対象物の厚みを推定する課題を例にとって考えていく（図5.6）（Ernst & Banks, 2002）。

被験者にバーチャルリアリティ空間内で提示された物体を人差し指と親指でつまんでもらい，どれくらいの厚みであるかを推定して答えてもらう。このとき実験者は，バーチャルリアリティを使うことで触覚と視覚で異なる厚みの物体を提示することができる。これにより，被験者が視覚と触覚の情報をどのように統合して，最終的な物体の厚みを推定するのかを調べた（図5.6A）。

この統合過程を考えるときに重要な点は，それぞれの感覚情報は異なる信頼度をもっているということである。たとえば5 cmの厚みの物体を視覚的に提示した場合，4.9 cmに見えることもあれば5.1 cmに見えることもある。また

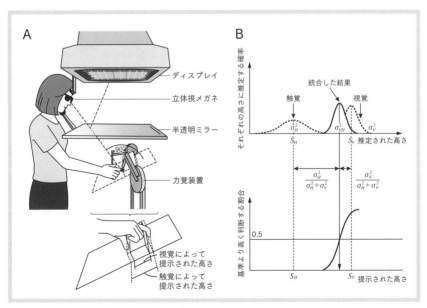

図5.6　視覚と触覚情報の統合
Ernst & Banks（2002）より改変。

第5章　身体知覚の仕組み

目を閉じて指で箱をつまんだ場合，触覚による観測にもばらつきが生じる。そのため，それぞれの感覚のうち観測のばらつきがより小さい方が，より信頼度の高い情報源だとみなすことができる。そこで，それぞれの感覚に基づく「観測のばらつき（分散）の逆数」を，それぞれの感覚情報の「信頼度」として表現する（図5.6B）。

このように信頼度の異なる2つの情報源から厚みの手がかりを得たとき，どのように実際の厚みを推定するのが良いだろうか？　1つの方法は，より信頼度の高い（つまり分散が小さい）感覚情報だけを使って，もう1つの情報は使わないという方法である。通常，物体認識においては，視覚が体性感覚に比べて高い信頼度（少ない分散）をもっているため，今回のケースだと対象物の厚みを推定するのに視覚情報だけを使い，より不確実な触覚情報は使わないという方法である。また別の方法は，それぞれの信頼度（分散の逆数）に応じて重みをつけて2つの感覚情報を足し合わせて統合して使うという方法である（図5.6B）。このように，複数の情報をそれぞれの信頼度を加味して足し合わせて真の値を推定する方法を「最も尤もらしい値を推定」するという意味で，最尤推定と呼ぶ。実は，このように両者の情報をそれぞれの信頼度に応じて足した方が，1つの情報だけを使うよりも最終的な推定の分散が小さくなることが知られている。実際に被験者にヘッドマウントディスプレイを装着してもらい，視覚にさまざまなノイズを加えて，異なる信頼度の視覚刺激と触覚刺激を与えたときにどのように物の厚みを推定するのかを調べたところ，ノイズの大きさ，すなわち視覚の信頼度に応じて，視覚と触覚情報を足し合わせていることがわかった。このことから，脳が最尤推定と同様の推定を行っていることが示されたのである。

5.4.2　ラバーハンド錯覚とベイズ推論

このように脳が体性感覚と視覚を統合する機能を利用した面白い錯覚として，ラバーハンド錯覚がある（図5.7A）。自分の手が見えない状態で，目の前にある模型の手（ラバーハンド）と自分の手を他の人に筆で同時に撫でてもらうと，あたかもラバーハンドが自分の手のように感じられる。さらに目を閉じて，自分の手がどこにあるのかを報告してもらうと，実際よりもラバーハンドに近づいたところに自分の手が置かれているように錯覚する。つまり，目に見えない自分の手ではなく，目に見える偽物の手を自分の手のように感じてしまうのである。

このような錯覚は，ベイズ推論によって説明できる（図5.7B）（Samad *et al.*, 2015）。ベイズ推論とは因果推論の一種で，得られた感覚情報が同一の信

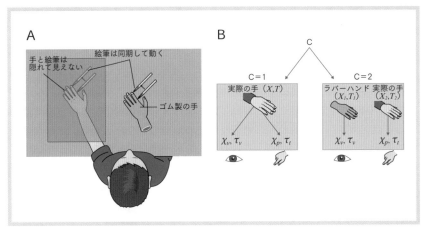

図 5.7　ラバーハンド錯覚とベイズ推論

A：ニール・R. カールソン，メリッサ・A. バーケット 著『カールソン神経科学テキスト：脳と行動 第 4 版』，丸善出版，p.8 より改変。B：Samad *et al.*（2005）より改変。

号源から来るのか，それとも異なる信号源から来るのかを確率的に推論する手法である。ラバーハンド錯覚の場合，「手の位置に関する空間情報」と「筆で撫でられるタイミングの時間情報」が，視覚，固有感覚，触覚によって与えられる。これらの情報が別々の情報源から与えられると解釈する場合，すなわち実際の手とラバーハンドが別々に存在すると感じる場合（図 5.7B，C=2）と，同一の情報源から得られると解釈する場合，すなわちラバーハンドが自分の手と感じる場合（図 5.7B，C=1）の条件付き確率を求め，より確率が高い方をより妥当な解釈だと選択するのである。実際に被験者にラバーハンドを見せて筆を同期させる場合と同期させない場合で，錯覚の起こりやすさに差が出ることが示されている。ベイズ推論の考えから，固有感覚の信頼度を実験的に下げる（手の位置を普段とは異なる位置に置く）と，筆で手を撫でなくても錯覚が生じるという新しい条件での結果を予想し，見事に被験者たちがそのような錯覚を得ることを実験的に確かめたのである。このように身体知覚において脳は，信号源を推定するベイズ推論と同様の推定を行っているようである。

5.5　おわりに

　本章では，身体知覚は感覚情報を受動的に分析する過程ではなく，得られた感覚情報から身体の状態を推定するという能動的な過程であることを見てきた。特にこれまでの研究から，さまざまな感覚情報や自分の運動といった，身

体の状態の手がかりが複数得られる場合，それらをそれぞれの信頼度に応じて統合して身体状態を推定していることがわかってきた。このように，感覚情報をどのように解釈するかによって身体図式は柔軟に変化でき，われわれの成長や道具使用を支えているのである。一方，この解釈が現実とずれると身体に関わるさまざまな錯覚が生じる。ヒトの脳機能イメージングや動物の電気生理学的実験から，頭頂連合野をはじめとしたさまざまな脳領域が，これらの身体図式の神経メカニズムに関わっていることがわかってきた。しかし，これらの脳領域でどのように身体図式がつくられているのかは，未解明な部分が多い。特に，最適推定のような複雑な計算が，神経回路でいったいどのように解かれているのかは，まだ大部分が謎のままである。動物にとって断片的な感覚情報から身体状態を推定することは適切な行動を行う上での重要な機能であり，この神経メカニズムが解明されれば，より自然な質感をもったバーチャルリアリティの開発，感覚や運動障害の理解など，多くの応用につながると期待される。

引用文献

Ernst, M.O., Banks, MS. (2002) Humans integrate visual and haptic information in a statistically optimal fashion. *Nature*, **415**, 429-433.

Maravita, A., Iriki, A. (2004) Tools for the body (schema). *Trends in Cognitive Sciences*, **8**, 79-86.

Samad, M., Chung, AJ., Shams, L. (2015) Perception of body ownership is driven by bayesian sensory inference. *Plos One*, **10**, e0117178.

Takahashi, T., Kansaku, K., Wada, M., Shibuya, S., Kitazawa, S. (2013) Neural correlates of tactile temporal-order judgment in humans: an fMRI study. *Cerebral Cortex*, **23**, 1952-1964.

Wolpert, DM., Goodbody, SJ., Husain, M. (1998) Maintaining internal representations: the role of the human superior parietal lobe. *Nature Neuroscience*, **1**, 529-533.

Yamamoto, S., Kitazawa, S. (2001) Reversal of subjective temporal order due to arm crossing. *Nature Neuroscience*, **4**, 759-765.

岩村吉晃（2001）『タッチ（神経心理学コレクション）』，医学書院.

エリック・R. カンデルほか 編，金澤一郎・宮下保司 日本語版監修（2014）『カンデル神経科学』. （17章，22章，23章），メディカルサイエンスインターナショナル

北澤茂（2010）「8章 体性感覚・運動」，『イラストレクチャー認知神経科学』村上郁也 編，オーム社

ニール・R. カールソン，メリッサ・A. バーケット 著，中村克樹 監訳（2013）『カールソン神経科学テキスト —脳と行動 第4版』，（1章），丸善出版

第6章 運動の仕組み

武井智彦

「机の上のコーヒーカップを持ち上げる」「地面に落ちたコインを拾う」——普段私たちが何気なく行っている動作も，実は精巧な中枢神経メカニズムの働きによって実現されている。そのため，ひとたび病気や交通事故で神経系の一部に障害が生じると，協調したシステムはバランスを失い，さまざまな運動障害が生じてしまう。この章では，動物が身体を動かすときにどのような中枢神経メカニズムが働いているのか，またそのメカニズムに障害が起きたときに何が起こるのかを見ていこう。

6.1　日常動作は難しい

　2015年，災害時に人間に代わって救助活動を行う人型ロボットの開発コンテストが，アメリカ国防総省の機関である国防高等研究計画局（DARPA）主催で行われた（DARPA Robotics challenge 2015）。ロボットたちに課された課題は，ドアを開けて建物に入る，バルブを締める，でこぼこ道を歩くといった，人間にとっては簡単な日常動作である[1]。このコンテストには世界中の大学や研究所が参加し，課題遂行の時間を競った。しかし，いざコンテンストが始まってみると，ほとんどのロボットは途中で次々と倒れてしまい，すべての課題を達成できたのはわずか数チームだけであった。しかも優勝したチームであっても，成人であれば数分でできる課題に，ロボットでは1時間近くかかったのである。これはいったい何が原因なのだろうか？　私たちの普段の何気ない動作でも，これをロボットに行わせようとすると，複雑な力学的な計算が必要であることに気づかされる。またロボットの場合，ちょっとした段差につまずいたり，足元に石ころが転がったりしただけでも，それをセンサーで検知して素早く修正をしないといけない。このような処理をリアルタイムで行おうとすると，高性能のコンピュータでも計算が追いつかず，ロボットは倒れてしまうのである。一方，動物は簡単にでこぼこ道を歩いたり，物を掴んだりすることができる。これは，動物の身体や神経系には円滑に身体運動の制御を行うた

1　実際のコンテストの様子は，下記のURLより見ることができる。
https://www.youtube.com/watch?v=QauIL-TKvYU

めの仕掛けが仕組まれているからである。次の節からは，動物が身体を動かすときにどのような難しさが存在し，脳がどのような仕組みで身体運動の難しさを解決しているのかを見ていこう。

6.2　運動は目的を達成するために行われる

　運動を行う上で一番大切なことは，「運動は目的を達成するために行われる必要がある」ということである。目的を何ももたずに腕をバタバタさせたり筋肉をバラバラに収縮させたりすることは，特に難しくはない。目的を達成するために，適切なタイミングと適切な組み合わせで個々の関節や筋肉を動かすことが必要である。このように，目的に応じて筋肉の活動や関節の動きを適切に組み合わせることを，運動の協調と呼ぶ。

　それでは協調した運動を行うためにどのような計算が必要なのだろうか？運動制御の分野では図 6.1 のように「軌道決定」「座標変換」「制御」の 3 段階に分けて考えることが一般的である（川人，1996）。例として目の前のカップに手を伸ばす場面を考えてみよう。まず最初に，目標となるカップの空間的な位置を視覚情報として捉えることが必要である。次に，目標に対して手を届かせるための手先の動き，すなわち手先の軌道を決める必要がある（軌道決定）。この際，目標の位置や手先の軌道は，身体の外にある空間を基準とした空間座標で決められると考えられる。ただ，身体を動かすためには関節を動かす必要があり，手先の軌道を空間座標から関節座標に変換しなければならない（座標変換）。そして最後に，計画した通りに関節を動かすために必要な筋張力を決定して筋肉へと伝えることで，目的の運動が達成される（制御）。

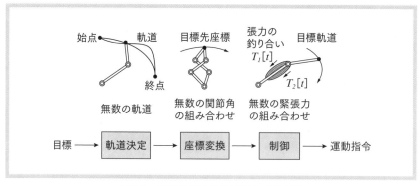

図 6.1　運動する時に脳が解くべき問題
川人光男 著『脳の計算理論』，産業図書，p.80 より改変。

　この3段階の計算を行うことが，どうしてそんなに難しいのだろうか？　まず，コップの位置まで手を伸ばす軌道を決定するとき，コップまでの軌道の候補は無数に存在し，その中から適切なものを1つ選ばないといけない。また，空間座標で決定した軌道を関節座標に変換する際も，肩，肘，手首，指の関節まで考えると，1つの手先の位置を達成する関節角度の組み合わせは無数に存在してしまう。そして最後に目的とする関節の力（トルク）をつくる筋活動を決める際にも，1つの関節には通常2つ以上の互いに引っ張り合う筋肉が付いているため，目標を達成する筋活動の組み合わせが無数に存在してしまう。このように，解くべき問題に対して解が1つに決まらない問題は，不良設定問題と呼ばれ，通常，このようなたくさんの候補の中から1つの解を求めるためには，複雑な最適化計算が必要となる（第7章参照）。脳はこれらの問題に対し，何らかの基準を設けて最も良い解を選んでいると考えられる。脳がどのようにこれらの問題を解決しているのか，さらにそれが脳のどこで行われているのかが，運動制御の神経メカニズムを明らかにする上で，最大のテーマなのである。

　ここで1つ注意したいことは，脳の中ではこれらの3つの段階がきれいに分かれて，順番通りに解かれているとは限らないということである。目標から直接運動指令を計算している可能性もある。実際にこれらの過程がどのように脳内で処理されているのかは，研究者の間で議論の真っ最中である。しかしこのように問題を整理すると，感覚入力から運動出力に至る基本的な情報処理の過程をわかりやすく示すことができるため，これらの順序を足がかりとして，運動に関わる脳の仕組みが調べられている。

6.3　運動制御に関わる中枢神経機構

　運動制御に関わる脳の全体像を概観してみよう（図6.2）（丹治，1999）。運動を行うためにはまず，感覚情報を使って外界の環境や自分の身体の状態がどのようになっているのかを把握する必要がある。図6.2を見ると，感覚入力から運動出力に至る経路が，いくつも重なっていることがわかる。このように運動系では，感覚から運動に至る複数の経路が階層的に働いて，それぞれが異なる機能を担うことで，結果として素早く，かつ複雑な運動を可能にしている。

　この階層的なシステムの中で最も下位にあるのが，脊髄や脳幹の神経回路を介した経路である。この経路は主に反射や歩行や咀嚼といった，自動運動をつくり出すセンターである。

　一方，一番上位にある経路が大脳皮質を介した経路で，こちらは随意運動の

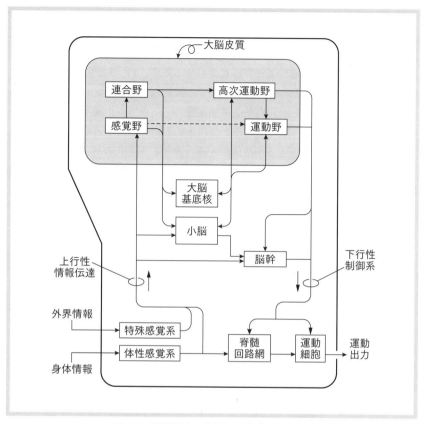

図 6.2　運動制御に関わる脳構造の概略図
丹治順 著『脳と運動 第2版：アクションを実行させる脳』，共立出版，p.4 より改変。

制御に関わると考えられている。随意運動とは文字通り「意思に基づいて行われる運動」である。しかし随意運動に関する処理がすべて意識に上っているわけではないことに留意したい（第12章参照）。この随意運動に関わる経路には，一次感覚野や一次運動野のほかに，頭頂連合野や高次運動野など広範な大脳皮質領域が関わっている。

　さらに，**大脳基底核**や**小脳**といった皮質下領域と呼ばれる神経機構が，大脳皮質による運動制御を円滑にしている。これらは大脳皮質とお互いに情報を送り合い，誤差や報酬に基づいた**運動学習**を行うことで，さまざまな環境の変化にも適応できるように働いている。

　ここで注目したいのは，これらの感覚から運動に至る複数の経路は互いに独立しているわけではないということである。図を見ると明らかなように，大脳

皮質を介した経路も運動を出力する際に，大部分が脊髄や脳幹の神経回路を経由している。つまり，反射や自動運動をつくり出す脊髄や脳幹の神経回路は，随意運動を行う際にもその土台として働いているのである。別の言い方をすると，反射や自動運動をつくり出す神経回路を利用することで，大脳皮質はより複雑な随意運動を実現しているということである。

6.4 反射や自動運動をつくり出す神経機構

この節では，まず運動の土台をつくる脊髄や脳幹の機構を見た上で，次節以降で，随意運動に関わる大脳皮質の機構，さらに運動学習に関わる皮質下領域の機構を順番に見ていくことにする。

6.4.1 筋肉──運動出力と感覚入力の発着点

身体を動かす筋肉のうち，骨に付着して骨格の動きを生むのは，骨格筋である。全身には約400個の骨格筋が存在し，体重の約40〜50％を占めている。骨格筋は腱を介して骨に付着し，収縮することで力（トルク）を発生させる。骨格筋は骨を引っ張ることはできるが押すことはできないため，1つの関節の運動に対して，通常，反対の作用をする筋肉（拮抗筋）がペアとなって働いている（図6.3A）。また，同じ方向に作用する筋肉（協働筋）が複数存在することも多い。そのため，目的とする関節運動をつくり出すためには，必要な筋肉を活動させて不要な筋肉を抑制することで，複数の筋肉を協調させる必要がある。

筋肉に神経活動を伝える役割をもつのがα運動ニューロンである（図6.3A）。運動ニューロンの細胞体は脊髄の腹側（前角）に位置していて，同じ筋肉を支配する運動ニューロンが集まって運動ニューロンプールを形成している。1つの筋肉は多数の運動ニューロンによって支配されているが，一方で，個々の運動ニューロンは1つの筋肉のみを支配する。そのため，筋肉の協調は運動ニューロンプールをどのようなバランスで興奮させたり抑制したりするかによって決まる。

筋肉の中には，筋肉の長さやその変化を検出する感覚受容器である筋紡錘が存在する（図6.3A）。筋紡錘からの情報は，一次求心性線維として脊髄へと入っていく。特に筋紡錘の情報は，軸索が太く伝導速度の早いIa群求心性線維によって伝えられる。また，筋肉が骨に付着する部分である腱には，ゴルジ腱器官という筋張力を検出する感覚受容器が存在する。ゴルジ腱器官の情報は同じく伝導速度の早いIb群求心性線維によって脊髄へと伝えられる。このよ

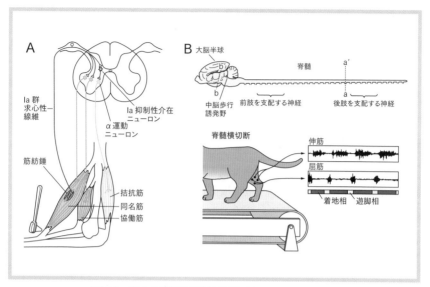

図 6.3　筋肉の種類と脊髄反射と歩行運動の神経機構

A：エリック・R. カンデルほか 編『カンデル神経科学』，メディカルサイエンスインターナショナル，p.779 より改変。B：同書，p.799 より改変。

うに，筋肉は運動を行うための出力器官であるとともに，身体運動の情報を検出する感覚器官でもある。

6.4.2　脊髄と脳幹
——反射と自動運動をつくり出すセンター

　脊髄や脳幹では，運動の最も基本的な土台をつくり出す反射回路が存在する。そのうち最もシンプルな経路でつくられる運動が，伸張反射である（図6.3A）。筋肉の腱をハンマーなどで叩くと，叩かれた筋肉は急に伸ばされる。この筋肉の長さの変化を筋紡錘が受容し，Ia 群求心性線維を介して脊髄へと伝わる。この求心性線維は，脊髄の中で伸ばされた元の筋（同名筋）と協働筋の運動ニューロンに直接興奮性のシナプス結合をする。この結果，伸張反射の回路は筋肉が伸ばされたときにその筋肉を収縮させるように働くことになる。このように，身体にある変化が起こった際にそれを打ち消すような応答を起こす機構は，ネガティブフィードバック機構と呼ばれ，伸張反射は不意の外乱などに素早く応答し，姿勢を一定に保つための機構であると考えられる。

　さらに伸張反射が起こる際，反射によって起こる運動を阻害しないように拮抗筋の活動が抑制される。これは脊髄の Ia 抑制性介在ニューロンによるもの

90

であり，相反抑制と呼ばれる（図6.3A）。このように，必要な筋肉を活動させ
て不必要な筋肉は抑制するという「協調」の問題の一部は，脊髄反射という最
も単純な制御機構によって解かれている。このような基本的な協調のパターン
が，脊髄内の神経回路でつくられている。カップに腕を伸ばすといったより複
雑な随意運動を行う際にも，協調した筋活動をつくり出す土台として，この基
本的な協調のパターンが使われていると考えられている。

　脊髄や脳幹でつくられる運動は，感覚入力によって引き起こされる反射だけ
ではなく，外部からの入力がなくとも一定のパターンで繰り返される自動運動
も含まれる。その代表的な例が，歩行や咀嚼である。ネコの胸髄の下部で脊髄
を切断すると，脳からの指令は後肢を司る脊髄に到達しなくなり，麻痺が生じ
る。しかし，脊髄にアドレナリン作動薬を注入した上で，ネコをトレッドミル
に乗せると，後肢にも歩行で見られるような伸筋と屈筋の交代性の活動が生じ
る（図6.3B）。さらに脊髄だけを取り出した標本においても，リズミックな交
代性の活動が生じることから，脊髄内の神経回路には感覚入力などがなくて
も，自律的に歩行のパターンを生み出す機構が存在することが明らかとなっ
た。

　このように，脊髄や脳幹で運動の土台となるレパートリーがつくられること
で，より上位の神経機構における情報処理の負担が大幅に軽減されていると考
えられる。しかし，脊髄や脳幹がどの程度細かな協調をつくっているのかはま
だ不明なところも多い。従来の考え方では，脊髄や脳幹レベルでの運動制御
は，反射や歩行など比較的単純な運動に限られているとの見方があった。しか
し近年，サルが指先で物をつまむといった繊細な手指の運動を行っている最中
にも脊髄の介在ニューロンが活動し，手指の筋活動の協調をつくり出している
ことが明らかとなった（Takei *et al.*, 2017）。このような動物の運動が，どのよ
うな基本的な要素の組み合わせに分解できるのかは，今後さらなる研究によっ
て明らかにされていくと考えられる。

6.5　随意運動を制御する神経機構

　これまで見てきた反射や自動運動とは異なり，運動の目的が複雑になれば，
より詳細な状況の認識，行動の選択や計画が必要となる。特に自分の意志に基
づく運動は随意運動と呼ばれ，主に大脳皮質のさまざまな領野での情報処理に
よって行われていると考えられている。この節では，随意運動に関わる大脳皮
質の領野の機能を見ていく（図6.4）。

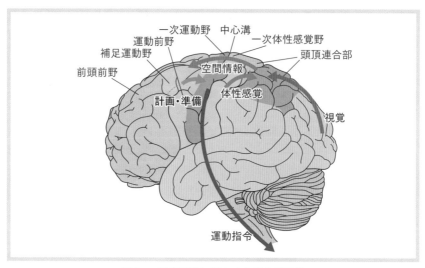

図 6.4　随意運動に関わる大脳皮質機構

6.5.1　一次運動野——運動指令の出力センター

　大脳皮質から脊髄に運動指令を送っているのが，**一次運動野**である。この一次運動野から脊髄へと伝わる神経経路は，**皮質脊髄路**と呼ばれる。この経路は延髄の錐体と呼ばれる部分で大半の線維が交叉し，反対側の脊髄へと伝わる。そのため，脳梗塞などでこの経路に障害を受けると，反対側の手足に運動麻痺が生じる。

　一次運動野には体性感覚野と同様に**体部位再現**があり，それぞれの身体の運動を引き起こす脳の部位が大まかに分かれている。特にヒトでは手や指を再現する部位が非常に大きくなっており，それだけ器用な手の運動の制御がヒトにとって重要であることを示している。

　一次運動野から脊髄にはどのような活動が伝えられているのだろうか？　冒頭の運動制御の際に解くべき問題として「軌道決定」「座標変換」「制御」の3つの過程を挙げた。このうち一次運動野は，最終的な筋張力の情報を脊髄に送る「制御」に関わっているのだろうか？　それとも，空間座標や関節座標の「座標変換」に関わっているのだろうか？　とてもエレガントな実験でこの謎を解いた研究成果がある（図6.5A）。サルに，手首を動かして画面上のカーソルをターゲットへ到達させる課題を行わせた。この際，レバーを握る前腕の姿勢を，回内位，回外位[2]と異なる姿勢で行わせた。ターゲットの位置は変えな

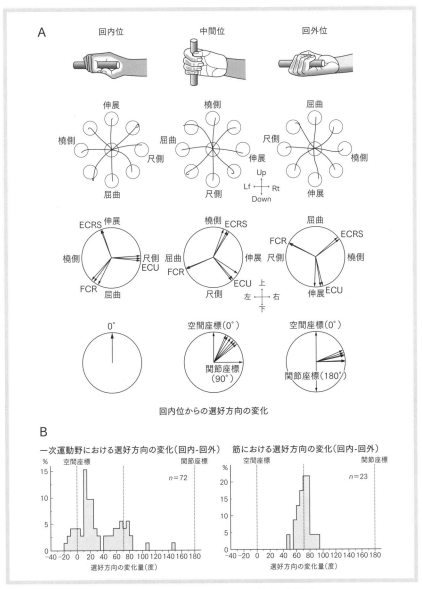

図6.5　一次運動野が表現する情報の座標系
Kakei *et al.* (1999) より改変。

2　右手の前腕の場合，「前へならえ」のように前に伸ばして親指が上を向いている状態を，中間位と呼ぶ。そこから，親指が左側に向いて手のひらが下を向くようにした状態を，回内位，逆に，親指が右側にむいて手のひらが上を向くようにした状態を，回外位と呼ぶ。

いので，前腕の姿勢が変わると手首の運動の向きは 180 度回転する。たとえば，上方向への運動は，回内位の姿勢では手首の伸展に対応するが，回外位では手首の屈曲に対応する。このとき，手首の筋肉の活動を計測すると，前腕の姿勢を回内位から回外位に 180 度変えても，筋肉が活動する方向は一貫して 70 度ほどしか回転しない。これは，前腕を回転させても肘の位置は変わらず，筋肉がねじれることによって，筋肉の向きは 180 度まで回転しないためである。

　ここで，一次運動野のニューロンの活動を記録して，個々のニューロンが一番活動する方向（選好方向）が前腕の姿勢を変えたときにどの程度回転するかを調べることによって，それぞれのニューロンが空間座標，関節座標，筋座標のどれを表現しているのかを区別できる（Kakei *et al.*, 1999）。一次運動野のニューロンを多数記録して，前腕の姿勢を回内位から回外位に変えた場合に，個々のニューロンの選好方向がどのように変化するのかを調べた結果，選好方向の変化は，約 0 度付近と 70 度付近のすなわち「空間座標」と「筋座標」を表現する 2 つの群に分かれた（図 6.5B）。これは，一次運動野において「空間座標」を表現するニューロンと「筋座標」を表現するニューロンの 2 種類があることを示している。さらに一次運動野のニューロンのうち，脊髄の運動ニューロンに直接結合するもの（corticomotoneuronal cell，皮質運動ニューロン細胞，CM 細胞）に限定して解析してみると，そのほとんどの選好方向が 70 度ほど回転，すなわち「筋座標」を表現することがわかった（Griffin *et al.*, 2015）。このことから，一次運動野において空間座標系から筋座標系への「座標変換」の少なくとも一部が行われていて，一次運動野から脊髄へは「筋座標」で表現された運動指令が伝えられると考えられる。

6.5.2　運動前野——感覚情報に基づく運動の計画

　それでは，一次運動野はどこから空間座標の情報を受け取っているのだろうか？　感覚情報に基づく運動の計画を一次運動野に伝える役割を果たしているのが，一次運動野のすぐ前方に位置する運動前野である（図 6.4）。先ほどの実験と同様に，運動前野腹側部のニューロン活動が表現する座標を調べたところ，運動前野腹側部のニューロンの選好方向は，回内・回外の姿勢によってほとんど変化しなかった（Kakei *et al.*, 2001）。これは，運動前野腹側部のニューロンは空間座標系で情報を表現していることを示している。実際にサルの運動前野を切除すると，透明なアクリル板の下に置かれた餌に対して，通常ならばアクリル板の横から手を伸ばして餌を取るところ，餌に向かって真っ直ぐ手を伸ばしてしまい，アクリル板に手をぶつけてしまう。このように運動前野は，

視覚情報に基づいた適切な運動の計画に関わっていると考えられる。

　このような運動計画は，運動の実行より先に準備されるものなのだろうか？　それとも，運動実行の際にその都度決めているのだろうか？　運動の準備と実行の分離を可能にしたのが，遅延反応課題である。たとえば，ある場所にランプが点灯したら（手がかり信号），その位置に手を伸ばす課題をサルに行わせる。その際，ランプが点灯したらすぐに手を伸ばすのではなく，別のスタートの合図（開始信号）が与えられてから運動を開始するようにする。すると，ランプが点灯した時点でどこに手を伸ばしたらよいかが決まり，その時点で準備を開始できる。一方，運動の実行に関する処理は，スタートの合図が与えられてから開始するはずである。手がかり信号から開始信号までの期間に見られる活動を運動準備活動と呼ぶ。この運動準備活動が最も顕著に現れるのが，運動前野背側部である。この間に，ランプ点灯という視覚の情報を受け取って，どの運動を実行するかという運動の選択を行うまでの処理が，運動前野を中心に運動開始前に行われているのである。

　運動前野の腹側部には，自分が物を握ったときに活動するときだけでなく，他人が物を握ったときにも活動するニューロンが見つかっている。このニューロンは，他人の運動をあたかも自分の運動のように鏡で映し取ったようであるという意味でミラーニューロンと呼ばれる。ミラーニューロンは同じ指の運動でもその目的によって活動が変化することから，運動の意図を理解するのに関わっていると解釈されている。

　このように運動前野は感覚情報に基づく運動の計画や運動の認識に関わっていると考えられる。

6.5.3　補足運動野──自発的な運動の計画

　運動前野が外部の感覚情報に基づく運動の計画に重要であるのに対して，自発的な運動に重要なのが，補足運動野である。補足運動野は脳の内側部に位置し，運動前野とともに高次運動野と呼ばれている。ヒトの補足運動野が損傷されると，自発的な発語と運動発現が乏しくなることがある。しかしそれでも書かれた文字の音読はでき，セリフを用意して発語を促すとその通りに発語できることから，運動自体が不可能なのではなく，自らの意志でそれを開始すること，つまり自発的な運動を行うことが困難なのだと考えられる。

　さらに補足運動野は，運動順序の計画にも関わっていると考えられている。ハンドルを「引く」「押す」「回す」という動作を，要求された順序通りに行うようにサルを訓練したところ，補足運動野から特定の順序に対して選択的に活動を示すニューロンが見つかった（Tanji & Shima, 1994）。なかでも興味深い

のは，ある特定の順序（たとえば「引く・回す・押す」）で動作を行おうと待機しているときだけ，動作に数秒先行して活動するニューロンが見つかったことである。このニューロンは，他の順序の動作（「引く・押す・回す」など）に対しては動作に先行した活動を示さないため，この先行した活動はこれから行う特定の動作の順序を計画することに大きく関わっているといえる。これを検証するため，局所的に神経活動を抑える薬物（ムシモール）を注入したところ，要求された順序通りに課題を行うことが困難になった。このことから，補足運動野は，記憶など内的な手がかりに基づいた運動を計画する中枢といえる。

6.5.4　頭頂連合野——感覚情報による身体と環境の推定

運動を行う際には，自分の身体や外部環境の状態を感覚情報として把握する必要がある。第5章で見たように，身体運動の情報は視覚や体性感覚として脳内に伝えられ，これらの情報が統合されるのが頭頂連合野である。頭頂連合野は運動前野と密な線維連絡をもち，目標物と身体の空間的な関係，把握する物体の形状などの情報を，運動前野に伝えていると考えられる。

頭頂連合野を損傷すると，身体運動や空間知覚にさまざまな障害が生じる。その1つが視覚性運動失調である。視覚性運動失調では，患者は麻痺があるわけではないにもかかわらず，対象物の空間的な位置に正しく手を動かせない，対象物を握ろうとしても正しく手の形をつくれないといった障害が生じる。これらの症状は，感覚情報を統合してうまく運動につなげることができないことを表している。

感覚情報を手がかりに対象物や身体の状態を推定することは，計算論的には最適推定と呼ばれる。サルの脳を局所的に冷却して頭頂連合野の一部の活動を一時的に抑えると，運動の麻痺は生じないにもかかわらず，空間上の目標位置に手を保持することが困難になる（Takei *et al.*, 2021）。この障害をコンピュータ上でシミュレーションすると，頭頂連合野を冷却されたサルでは感覚情報に基づいて身体の状態を推定する機能，すなわち最適推定の機能が障害されていることがわかった（Takei *et al.*, 2021）。運動中は時々刻々と身体の姿勢や状態がダイナミックに変化するが，このような運動中においても第5章で見たように感覚情報に基づく身体の状態の推定が頭頂連合野で行われ，運動制御の土台となっている。

6.6 運動学習を行う神経機構

現実世界で運動を行うためには，決められた運動をいつも繰り返すだけではなく，うまく運動ができなかったときにその結果をもとに学習して，次に活かしていかないといけない。このような運動学習に重要なのが，大脳基底核と小脳の2つの皮質下領域である。

6.6.1 大脳基底核——報酬による運動学習

大脳基底核は大脳皮質からの入力を受けて，視床を介して大脳皮質に再び投射する大脳‐基底核ループをつくる。大脳基底核の中では，直接路と間接路という2つの反対の機能をもつ経路が存在し，そのバランスにより，運動の選択が行われている（図6.6A）。まず，大脳皮質から入力を受ける部位は線条体と呼ばれ，尾状核と被殻が含まれる。線条体から大脳基底核の出力核（淡蒼球内節と黒質網様部）へ直接つながる経路が直接路である。一方，線条体から淡蒼球外節，および視床下核を介して出力核へと至る経路が間接路である。これらの2つの経路の機能を理解する上で重要なのは，大脳基底核のニューロンは視床下核を除いてγアミノ酪酸（GABA）作動性の抑制性ニューロンである，ということである。直接路は途中で抑制性の結合を2回挟むため，「抑制が抑制」されて結果的に運動に対して促進的に働く。一方，間接路は途中で抑制性の結合を3回挟むため，直接路とは逆に，運動に対して抑制的に作用する。このように，反対の作用をもつ直接路と間接路のバランスによって運動を促進するか抑制するかが決まっている。

直接路と間接路のバランスを制御するのに大事な神経伝達物質が，ドーパミンである。黒質緻密部のドーパミンニューロンから放出されるドーパミンは，線条体の直接路と間接路の受容体の違いにより，直接路には興奮性，間接路には抑制性の効果を及ぼす。そのためドーパミンが放出されると，いずれの経路においても運動を促進する働きが起こる。ドーパミンニューロンが変性して欠落すると，パーキンソン病が生じる。パーキンソン病の症状として，運動を開始することができない無動症や，運動の大きさや速度が減少する運動緩慢などがあるが，これはドーパミンの不足により運動を促進できなくなったためだと考えられる。

大脳基底核は，運動の学習にも関わっている。ある運動を行った結果，食べ物などの報酬が得られた場合，次からその運動を優先的に行うことで，より多くの報酬が得られると期待される。このように報酬に応じて行う学習は強化学習と呼ばれ，この学習にはドーパミンによる皮質線条体のシナプス結合の修飾

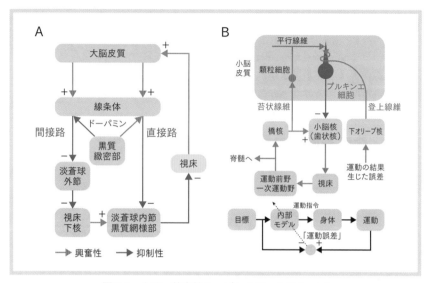

図 6.6　大脳−基底核ループと大脳−小脳ループ

が関わっていると考えられている（第 7 章参照）。

6.6.2　小脳——誤差による運動学習

　小脳は，大脳皮質からの入力を受けて視床を介して大脳皮質に投射する大脳−小脳ループをつくる（図 6.6B）。大脳皮質からの入力は脳幹にある橋核の苔状線維を介して，一部は出力核である歯状核に投射するとともに，小脳皮質の顆粒細胞の平行線維を介してプルキンエ細胞へと入力される（苔状線維入力）。このプルキンエ細胞もまた，歯状核を抑制する作用をもつ。プルキンエ細胞が歯状核にどれほど抑制性のブレーキをかけるかによって，大脳皮質の入力に対してどれほどの出力を返すのが決まる。

　平行線維からプルキンエ細胞へのシナプスの結合度合いを変化させるのが，下オリーブ核からプルキンエ細胞に至る登上線維入力である。登上線維と平行線維が同時に活動すると，平行線維からプルキンエ細胞へのシナプス結合が選択的に減弱される。これが長期抑圧と呼ばれる現象である。運動の誤差が生じると，その誤差の信号が下オリーブ核からの登上線維として，プルキンエ細胞へと伝わる。この誤差が伝わった直前の運動指令をつくり出した平行線維からプルキンエ細胞へのシナプスの重み付けを減弱することで，誤差を引き起こした神経活動を抑制して，結果的に正しい運動が行えるようになるのである。このような学習は誤差学習と呼ばれ，小脳が重要な役割を担っていると考えられ

ている（第7章参照）。

　誤差による修正を繰り返すと，最終的に目標を入力するだけで，正しい運動
指令をつくれるようになる。このような身体と運動指令の関係性について脳内
で記憶したものを，内部モデルと呼ぶ（図6.6B下）。この内部モデルがある
と，運動が適切にできているかを逐一感覚情報（感覚フィードバック）を使っ
て確認しなくても予測的に運動指令をつくり出すことができる。このように
フィードバックによらない予測的な運動制御のことを，前向き制御（フィード
フォワード制御）と呼び，これにより動物は素早く円滑な運動ができる。たと
えば，腕を前に上げるときには身体の重心が前に移動するが，身体が前に倒れ
だしてから慌てて背中を反らそうとしても，間に合わずそのまま前に倒れてし
まう。そのため腕を前に上げるときには，無意識のうちに予測的に後ろに体勢
を傾ける調整運動（予測的姿勢調整）が行われる。これは，内部モデルが重心
の移動を事前に予測しているからできるのである。

　小脳を損傷すると，これらの内部モデルによる予測的な運動制御が難しくな
る。実際に小脳に障害を受けると，各関節がばらばらのタイミングで動く運動
分解や運動中に手が震える振戦といった小脳失調と呼ばれる症状が生じる。こ
れは，内部モデルが障害されることで，身体を動かしたときにどのような運動
が起こるのかを予測できなくなり，それに応じた予測的な運動指令をつくれな
くなってしまったためであると考えられる。

6.7　おわりに

　本章では，物を握ったり手を伸ばしたりといった単純な運動であっても，運
動計画，座標変換，制御など，さまざまな段階の計算が必要であることを見て
きた。これまでの研究から，これらの計算を実現するため，反射や随意運動と
いった階層的な情報処理が行われていること，適切な運動を達成するために報
酬や誤差に基づく運動学習が行われることが明らかとなってきた。しかしこれ
らの多くの実験結果は，実験室内の限られた条件下でのものであり，動物が見
せる豊かな身体運動の仕組みをすべて説明できるわけではない。特に，状況に
よってさまざまな運動をどのように瞬時に切り替えているのか，また，その裏
にはどのような神経メカニズムが存在するのかは，多くが謎のままである。

　近年，ニューラルネットワークの発展により，動物の行動を模した人工神経
回路をつくり，動物の実際の脳と比較することが可能となってきている（第
13章参照）。またブレイン・マシン・インターフェースのように，脳から読み
取ったヒトの「意図」に基づいて外部のロボットを動かすことも可能となって

きている。冒頭で紹介したロボットコンテストのように，人工の脳や身体でどこまでヒトの運動を再現できるのか，どのようなところは再現できないのかを調べることは，身体運動にまつわる神経メカニズムを理解する上で，とても有用な示唆を与えてくれるだろう。

参考文献

北澤茂（2010）「体性感覚・運動」，『イラストレクチャー認知神経科学』，村上郁也 編，オーム社

引用文献

Griffin, DM., Hoffman, DS., Strick, PL. (2015) Corticomotoneuronal cells are "functionally tuned". *Science*, **350**, 667-670.

Kakei, S., Hoffman, DS., Strick, PL. (1999) Muscle and movement representations in the primary motor cortex. *Science*, **285**, 2136-2139.

Kakei, S., Hoffman, DS., Strick, PL. (2001) Direction of action is represented in the ventral premotor cortex. *Nature Neuroscience*, **4**, 1020-1025.

Kandel, E. R., Schwartz, J. H., Jessell, T. M., Siegelbaum S. A., Hudspeth A. J. (2013) Principles of Neural Science, Fifth Edition. McGraw Hill Professional.

Takei, T., Confais, J., Tomatsu, S., Oya, T., Seki, K. (2017) Neural basis for hand muscle synergies in the primate spinal cord. *Proceedings of the National Academy of Sciences of the United States of America*, **114**, 8643-8648.

Takei, T., Lomber, SG., Cook, DJ., Scott, SH. (2021) Transient deactivation of dorsal premotor cortex or parietal area 5 impairs feedback control of the limb in macaques. *Current Biology*, 1-18.

Tanji, J., Shima, K. (1994) Role for supplementary motor area cells in planning several movements ahead. *Nature*, **371**, 413-416.

エリック・R. カンデルほか 編，金澤一郎・宮下保司 日本語版監修（2014）『カンデル神経科学』，（35章，36章），メディカルサイエンスインターナショナル

川人光男（1996）『脳の計算理論』，産業図書

丹治順（1999）『脳と運動 ―アクションを実行させる脳』，共立出版

学習の枠組み

酒井　裕

　生命は遺伝子という設計図をもとに，多種多様なタンパク質を生成し，高度な生命機能を実現している。これは自然界の競争の中で生き残った遺伝子が選択されてきた結果であり，繁殖を繰り返して，徐々に獲得してきた機能である。一方，脳をもつ動物は，個体の一生の中でも，経験から学んで新たな機能を獲得していくことができる。前章までに解説してきた知覚や運動の機能は，経験からの学習によって獲得されたものである。本章では，学習の本質を，いったん脳から離れて抽象的に俯瞰した上で，実際の脳の部位や構造に結びつけていく。

7.1　学習とは何か

　学習とは何だろうか。普通の人なら，教科書や参考書から新たな知識を得る行為をまず想像するかもしれない（図7.1）。しかし，机に向かってわざわざ

図7.1　日常の中のさまざまな学習

勉強しなくても，日常生活の中でわれわれは常に何かを学んでいる。新しいタブレットの操作が最初はうまくできなくても，そのうちに慣れてスムーズにできるようになるのも学習である。流行の歌を街で聞いているうちに自ら歌えるようになるのも学習である。インターネットショッピングで，良さそうな品を買ってみたら失敗だったという経験を繰り返して，良い品を見極められるようになるのも学習である。このようなさまざまな学習を含むように「学習」を客観的に定義するとしたら，どのような定義になるだろうか。

7.1.1 学習の客観的定義

　学習を客観的に定義するためには，外から観測できる事象を使って定義しなければならない。たとえば，行動が変化したら学習したと言えるだろうか。月曜日にある交差点を右に曲がっていた人が，日曜日には左に曲がったとしたら，この行動の変化は，その間に何かを学習した結果と言えるだろうか。この行動の変化は単に月曜日には学校に行き，日曜日には買い物に行くという行動パターンの結果かもしれない。そうだとすると，状況に応じて行動を切り替える機能を発揮しているだけなので，新たな機能を獲得したわけではない。したがって，行動の変化だけで学習というのは相応しくないだろう。状況を入力と考え，起きた行動を出力とすると，入力に応じて出力が変わるのは学習ではなく，すでに獲得した入出力変換を使っているだけである。新たな機能の獲得とは，入出力変換そのものが変化することである。つまり，状況に応じた行動の「仕方」が変化することを意味する。また，後天的な経験に依存しなければ学習の意味がない。そして，その変化が生存と繁殖という究極目標につながらなければ意味がないだろう。ここでは，学習を以下のように定める。

学習とは：
　状況に応じた行動の仕方（入出力変換）が，経験に依存して，ある目的に向かって変化すること

　入力と出力，そしてその経験は客観的に観測できるが，「ある目的」というのは，残念ながら観測できない。その学習の性質から想像するだけである。たとえばタブレットの操作の学習であれば，できるだけ早く正確にタップすることが目的だろう。インターネットショッピングであれば，できるだけ安く自分にとって価値のある品を手に入れることが目的だろう。しかし，本当にそのような目的のために行動の仕方が変化しているのか，直接証明することはできない。学習の目的を仮説として捉え，辻褄が合うかどうかを検証することが，そ

の学習の理解に近づいていく営みである。

7.1.2 学習の定式化——最適化問題

　学習を数学的に扱えるように定式化するにはどうしたらいいだろうか。これは，前項で解説した「学習の目的」を数式で表現することが出発点となる。目的の達成度を，与えられた条件や起こした行動の関数（目的関数）として表す。タブレットで正確にタップ操作したいのであれば，タップの正確性を目的の達成度とすればいいだろう。タップしたい位置（与えられた条件）と実際にタップした位置（起こした行動）のずれを，目的関数とすればよい。さらに，タップした位置は，それを引き起こす際の手指の状態と筋出力のパターンに依存する。タップしたい位置や手指の状態（入力）に依存して，できるだけタップのずれが小さくなる筋出力パターン（出力）を出すようにすることが学習である。このように，目的の達成度を関数として表し，それを最大（もしくは最小）にする入出力変換を求める問題を，最適化問題という。

　最適化問題とは，登山する山全体を表しているとイメージすればよい（図7.2）。学習は，最適化の過程，つまり登山の途中を想像すればいい。山の登り方（学習）は経験した内容によって異なる。また登り方にも個性があるかもしれない。したがって，個々によって異なる経験をしながら，異なる道を登っていく。個性や過去の経験によって，山のどこにいるのか違うかもしれないが，同じ山の中でさまざまなバリエーションを扱える。たくさんの人を対象に学習の行動実験を行うと，一般に多様な個人差が見られるが，それぞれが異なった行動をしていたとしても，共通の山を登っているように解釈できる山が見つかれば，共通の最適化問題の中で多様な個性を理解することができる。これが，学習を最適化問題として扱うメリットである。

第 7 章　学習の枠組み

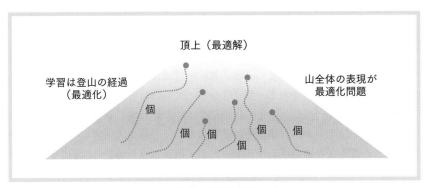

図7.2　学習〜最適化問題〜登山

学習を理解するためには，何を入力と出力として考え，何を目的関数にするのかを定める必要がある。入力と出力の捉え方が違うと，同じ学習でも全く異なる種類の学習として捉えられることもある。たとえば，タブレット操作の場合，筋出力ではなく，指先の位置を出力として捉えることもできる。次の節では，何を入出力と考えるのかを常に意識しながら，日常的な学習がどのような種類に分けられるのか解説していく。

7.2　学習の構造

「学習の目的」に直結する情報（評価）がどこからどのように与えられるかによって，学習の分類ができる。この「評価」の与えられ方によって，考慮すべき入出力の時間的構造や目的関数の構造が異なる。また，それぞれの学習を神経系で実現しようとしたときの回路構造も異なる。この節では，学習の種類による構造の違いについて解説する。

7.2.1　学習の種類

学習は，教師あり学習，強化学習，教師なし学習の3種類に大別されている。

●**教師あり学習**（supervised learning）
入力に応じて望ましい出力が定まっており，与えられた入力に応じて実際に何かを出力すると，その出力と望ましい出力とのずれ（誤差）が，評価として与えられる。教師あり学習は，さまざまな入力に対して，これを繰り返すことによって誤差を最小化する学習である。望ましい出力からのずれを教えてくれる教師がいる，という意味で教師あり学習と呼ばれている。

●**強化学習**（reinforcement learning）
与えられた入力に応じて出力することを繰り返していく中で，一連の入出力に対する評価（報酬）が与えられる。強化学習は，その評価を最大化する入出力変換を獲得する学習である。餌などを使って動物に特定の行動を起こさせることを表す心理学の用語「強化」に由来する。評価してくれることから教師ありと言えなくはないが，各出力の評価ではなく，一連の入出力の中でどれが良くてどれが悪かったのかはわからないため，教師あり学習とは区別される。

●**教師なし学習**（unsupervised learning）

　教師なし学習は，上記の2種類とは異なり，評価を外から明示的に示して
くれる教師がおらず，内的にもっている評価のみを基準に学習する。与えられ
た入力に応じて出力することを繰り返していく中で，一連の入出力に対する内
的な評価を最大化する入出力変換を獲得する。外から内的な評価基準が見えな
いため，脳で教師なし学習が行われていたとしても，行動だけから理解するの
は困難である。一方，コンピュータにおける応用では，さまざまな目的のため
に教師なし学習が利用されている。

　日常的な学習は，上記のどの種類に類別されるだろうか。タブレットの操作
の場合，目的としてタップの精度だけに注目するなら，指の先とタップしたい
場所とのずれが目で見えるため，教師あり学習と捉えることができる。しか
し，もし筋出力パターンを出力として考えるなら，各筋肉の動かし方がどれだ
けずれていたのかはわからず，一連の筋出力の結果しか与えられないため，強
化学習となる。インターネットショッピングの場合はどうだろう。購買行動に
よって，結果的に支払金額に対して満足度が高い品が得られることを定式化す
るなら，強化学習となるだろう。しかし，ショップの商品写真から実物の質感
を予測する問題として捉えると，教師あり学習となる。街で聞こえてきた歌を
覚えてしまうのは，特に外から目的が与えられているわけではないため，教師
なし学習に当たると考えられる。しかし常に次の音を予測しようとしているの
だとしたら，その結果がその後に聞こえてくることから，教師あり学習と捉え
られる。このように入出力や目的の考え方次第で，学習の類別が変わってしま
うようなものである。

7.2.2　学習の種類と問題の構造

　前項で紹介した3種類の学習は，入出力とそれに対するフィードバックの
構造から，別の切り口で区別することができる（図7.3）。

　まずは出力が次の入力に与える影響について考察する（図7.3 横軸）。通常，
行った行動に応じて次の状況は変化する。つまり，出力が次の入力に影響を与
える環境が一般的である。しかし，教師あり学習の場合，この影響があろうが
なかろうが，解く問題は変わらない。なぜなら，毎回の入力ごとに望ましい出
力からの誤差を与えられるため，入力の順番を変えても問題ないからである。
一方，強化学習では，得られた評価が過去のどの入出力の貢献によるのかを推
定しなければならないため，時系列が本質になる。この貢献度を各入出力に分
配する問題を，**貢献度分配問題**（credit assignment problem）と呼ぶ。また，

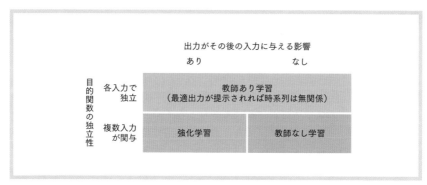

図7.3　学習の種類と問題の構造

あとから得られる評価がそれまでの入出力パターンに依存するため，各出力が次に与える影響が重要となる。教師なし学習では，出力は内的な評価を決めるためにあり，必ずしも外界に出力される必要はない。したがって，出力が外界に影響を与えない設定で定式化されるのが一般的である。まとめると，教師あり学習は出力の影響があってもなくてもよく，強化学習は出力の影響を考え，教師なし学習は出力の影響を考えない，ということになる。

　次に，目的関数の独立性について考察する（図7.3縦軸）。教師あり学習において，目的関数は，各入力に対する出力誤差の総和であり，入力ごとに独立に計算できる量である。一方，強化学習では目的関数が評価の総和もしくは平均で表されるが，これは一連の入出力に依存し，各入力に対して独立には計算できない。教師なし学習では，内的な評価を用いているため，もしその評価が各入力で独立に計算できるとしたら，すぐに最適出力がわかってしまい，問題として簡単すぎてしまう。したがって，独立には計算できない問題を扱うことが一般的である。

　このように前項で入出力とフィードバックの構造から定義した3種類の学習は，取り扱う問題・目的の構造として，類別することが可能である。

7.2.3　学習の種類と神経回路構造

　3種類の学習を実現するためにはどのような神経回路構造が必要だろうか。いずれの学習でも，一般に入力と出力は多次元であり，何本もの入力回路と出力回路が必要である。教師あり学習では，多次元の出力それぞれに対して，誤差が毎回フィードバックされる。その結果を使って各出力素子で何か変化を起こそうとするなら，出力回路それぞれについて1対1のフィードバック回路が必要である（図7.4）。このような特殊な回路構造は脳の神経系の中にある

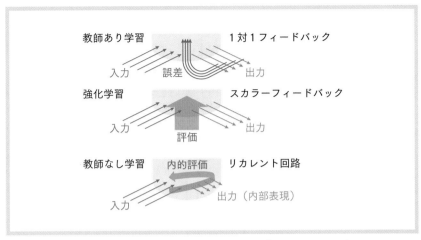

図 7.4　学習の種類と回路構造

だろうか。哺乳類の脳では，このような構造をもっている部位が１つだけある。小脳である。小脳では，プルキンエ細胞という種類の神経細胞（ニューロン）が最終出力を担っている（図7.5）。その各々のプルキンエ細胞に対して，下オリーブ核という脳領域から１対１の線維が伸びて，結合している。これを登上線維と呼ぶ。一方，各プルキンエ細胞は，何万個もの顆粒細胞という種類のニューロンから入力を受けている。この線維を平行線維と呼ぶ。１つのプルキンエ細胞に対して，膨大な数の平行線維とたった１つの登上線維が結合している，という構造である。これはまさに，教師あり学習に必要な回路構造に合致している。

　実際，登上線維からの信号に依存して，平行線維からの結合（シナプス）の効率が変化する現象（シナプス可塑性）が見つかっている。登上線維が誤差を運んでおり，誤差に応じてプルキンエ細胞での入出力変換を変化させている，と解釈されている。小脳のニューロン数は大脳の数倍もあり，さまざまな入出力変換を教師あり学習で学習できる可能性がある。

　強化学習では，評価にあたる信号（スカラー値）を全体にフィードバックするような構造が必要である（図7.4）。強化学習モデルの多くでは，評価そのものではなく，評価を予測し，その予測誤差を全体にフィードバックする方式が採用されている。これは，報酬予測誤差と呼ばれている。脳では，広範な脳部位に広がるような拡散的な伝達物質がいくつかあり，ドーパミン，アドレナリン，セロトニン，アセチルコリンなどがよく知られている。このうち，中脳の黒質という部位から投射されるドーパミンは，報酬予測誤差とよく合致した

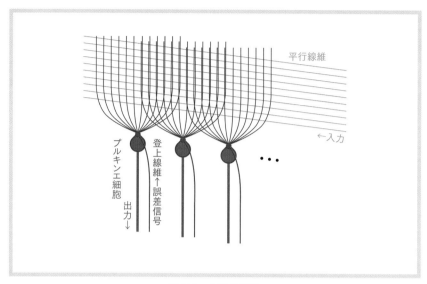

平行線維

←入力

プルキンエ細胞

登上線維↑誤差信号

出力↓

図 7.5　小脳の構造

挙動をすることがわかっている。ドーパミンの主な投射先は，**大脳基底核の線条体**である。大脳基底核が強化学習に関わっているというさまざまな証拠が明らかになっており，ドーパミンによる報酬予測誤差に基づいた強化学習を大脳基底核が担っていると考えられている。

　教師なし学習では，一連の入出力パターンから内的な評価を計算する必要がある。そのためには，これまでの入出力の経緯を保持するような回路が必要である。すなわち入出力変換に必要な順方向の回路（フィードフォワード回路）のほかに，情報を保持するために戻ってくるような**リカレント回路**が必要である（図 7.4）。ただし，どんなリカレント回路を必要とするか，特に構造に制約がないため，いろいろな可能性がありうる。脳ではリカレント回路が至るところにあり，構造から可能性を絞れないが，大脳新皮質や海馬は，脳の中でも複雑な**リカレント結合**が多い部位である。教師なし学習が必要となりそうな部位として想像すると，大脳新皮質の知覚処理系や海馬が挙げられる。

　五感にあたる感覚器から知覚される情報は，感覚器の情報そのものより，脳の他の部位で使いやすい表現に変換した方が有用と考えられる。たとえば，物の色を識別するのに，照明の当たり方などの影響を取り除いて正味の物質の特性を表した方が有用であろう。このような学習は，内的な評価基準で学習する教師なし学習と考えられる。特に視覚系では，さまざまな教師なし学習の仮説が提唱され，視覚皮質の神経活動の特性との整合性が調べられている。**トポロ**

ジカルマップは，感覚入力の頻度や入力パターンの近さを反映して，大脳皮質上にマップする学習である。大脳皮質の一次視覚野において網膜位置や輪郭の方位に依存して活動するニューロンの配置構造などを再現できる。**情報量最大化仮説**は，限られた神経系でできるだけ多くの情報量を維持するような変換が学習されているという仮説で，それを実現する結合変化則がシナプス可塑性の性質に合致していることがわかっている。また**スパースコーディング仮説**は，情報量を最大にしながら，活動するニューロン数を最小にする学習で，脳で消費するエネルギーを抑えられるという意義がある。実際，視覚野で活動するニューロンの割合によく合致する。**予測符号化仮説**は，高次の視覚野からのトップダウン経路で低次の視覚野に入ってくる感覚情報を予測し，実際の感覚情報との誤差を低次の視覚野が表現するようになる，という仮説である。この「高次が低次を予測する」という関係性が階層的に積み上げられることによって，より抽象度が高い予測ができるようになる。予測問題なので，教師あり学習とみなすこともできるが，入力を予測しているため，全体としては教師なし学習とみなすこともできる。予測符号化仮説では，視覚野の活動の時間変化を再現することに成功している。

　海馬はいくつかの部位を介してループ構造をもっており，全体としてリカレント回路となっている。またそのうち CA3 という部位には，複雑なリカレント結合が存在している。海馬は直近の経験を記憶することに関わっていて，単に保持する，という比較的単純な教師なし学習から，重要な記憶だけ残すというような選別まで担っていると考えられている。また，海馬は五感すべての情報や身体運動の情報が集約される部位でもあり，さまざまな情報の関係性を学習していると考えられている。それらの学習はすべて教師なし学習に分類される。**連想記憶モデル**という教師なし学習が提案されており，海馬 CA3 との関係が議論されている。連想記憶モデルは，任意のパターン間の相関を学習することができ，引き込みの構造をもつので，多少ずれたパターンが入力されても学習されているパターンに修復する機能をもつ。これは，過去の似たような事象と同じだと認識し，記憶を想起する機能に相当する。海馬には餌などの報酬に重みづけられた神経活動がよく観察され，ドーパミンの影響もあることが知られているため，近年では，教師なし学習だけではなく，強化学習にも関わっているのではないか，と考えられている。

7.3　コンピュータにおける学習

　人工知能は古い歴史をもつが，2010 年代から著しい発展を遂げている。こ

の発展のベースとなっているのは「深層学習」である。人工知能の学習に大規模なデータを活用できるようになったことがきっかけで，深層学習という手法が高い性能をもっていることがわかった。しかし，深層学習の登場以前から，コンピュータにおける学習が使われてきており，機械学習という分野で長年研究されてきた。この節では，機械学習の歴史と昨今の人工知能の発展を，3種類の学習と関連づけて解説する。

7.3.1 コンピュータにおける教師なし学習

コンピュータで使われている教師なし学習は，もはや「学習」ということを意識せず，単なるデータ分析手法の1つとして扱われていることが多い。たとえば，主成分分析（principal component analysis：PCA）は，多次元のデータが多数与えられ，その変動の程度が大きい軸（主成分）から採用していって，座標軸を変換する手法である。高次元のデータでも比較的低次元の軸だけで，データの大半を表すことができる場合があり，そのようなデータに対して，次元削減や可視化の目的で使われる。これは経験（データ）から，ある目的に適う入出力変換（座標変換）を行っており，れっきとした教師なし学習である。しかし，コンピュータによる教師なし学習では，随時与えられるデータに対して徐々に学習していくような手法は用いられない。教師なし学習では出力が次の入力に与える影響は考えないため（図7.3），データをすべてプールし，まとめて計算した方が効率的だからである。このようにコンピュータでは，ふんだんなメモリを利用して，「学習」というイメージとは程遠いやり方で実現している教師なし学習が多い。変数間の関係性を推定する回帰分析（regression analysis），時系列データを独立な成分に分解する独立成分分析（independent component analysis：ICA）やノイズが無相関になるように座標変換するホワイトニングなどもまとめて計算している教師なし学習の例である。

7.3.2 コンピュータにおける教師あり学習

教師あり学習も古くからコンピュータで使われている。実は，21世紀に入ってからの人工知能発展に寄与している深層学習のベースは，1967年に甘利俊一によってすでに定式化されていたものである。ニューロンの挙動を単純化したモデルをたくさん結合させて階層的に組み上げた多層神経回路モデルで，教師あり学習が実現できる。この学習手法は誤差逆伝播法（backpropagation）と呼ばれている。多層神経回路モデルによる教師あり学習は，生体認証，音声認識，顔認識などさまざまな応用がなされてきた。

1980年代後半に3層（入力層・隠れ層1層・出力層）の多層神経回路モデ

ルの完全性（あらゆる入出力変換を表現できる）が証明され，入出力変換の表現能力という意味では，4層以上に深くする必要はないことが示された。そのため，以降の主流の開発・研究は，3層モデルに集中することになった。しかし，表現能力の完全性と実際の応用場面で学習できるかどうかは別問題である。3層モデルは実際の応用場面でさまざまな困難に直面し，それを解消するための努力が続けられてきた。

　そのようななか，突如脚光を浴びたのが，4層以上の多層神経回路を用いる深層学習である。21世紀に入り，ビッグデータが集まるようになると，十分なデータ数があれば，たくさんの層を用いた方が極めて高い学習能力を発揮することがわかったのである。3層モデルの場合，隠れ層の素子数を多くすることによって表現力を高めているが，深層モデルでは，各隠れ層の素子数をある程度制限した上で，何層にも重ねることによって表現力を高めている（図7.6）。入力から出力に向かう情報の流れの中で，3層モデルでは一度，高次元空間に飛んでから次元が絞られるのに対し，深層モデルでは，各隠れ層の素子

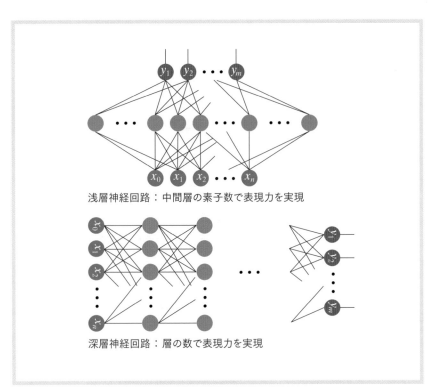

浅層神経回路：中間層の素子数で表現力を実現

深層神経回路：層の数で表現力を実現

図7.6　多層神経回路モデル

数以上には次元が上がらず，次元が制限された範囲で変換されていく。処理過程の表現の次元を抑えつつも，全体の表現能力を保てたことが，深層学習が成功した1つの要因である。

ただし，応用する場面で，各層の素子数をいくつにし，何層にすればいいのかを決めるのは難しい。学習したい内容の本質的な次元がどの程度で，どのぐらいの表現力が必要なのかを事前に知っている必要があるからである。現状では，深層学習の設計を何度も経験している技術者が試行錯誤で設計し，ノウハウを積み上げている。

7.3.3 教師なし学習への教師あり学習モデルの転用

多層神経回路モデルによる教師あり学習は，教師なし学習としても使われてきた。7.3.2項では大脳皮質の学習仮説として予測符号化仮説を挙げたが，そこでも述べたように，入力そのものを予測（生成）する，という入力−入力変換の考え方を導入すれば，教師が入力そのものとなるため，多層神経回路モデルを教師なし学習の問題にも適用できる。

入力を生成する部分のことを生成モデル（generative model）という。中間層に対して何か制約を入れることで，さまざまな目的の教師なし学習が実現できる。たとえば中間層の素子数を入力次元より制限することによって，入力データの本質を表すような次元削減が可能である。生成モデルを用いた学習には，単に教師なし学習を実現できる以外にも学習した生成モデルを用いて新たなデータを生成できるというメリットが存在する。実際に入手したデータ量（経験）を超えて，バーチャルな経験を生成できる。

敵対的生成ネットワーク（generative adversarial network：GAN）は，識別モデルと生成モデルが競い合い，全体としては教師なし学習として働く学習である。GANにおいて識別モデルは，実際のデータなのか，生成されたデータなのかを識別するように教師あり学習を行い，生成モデルは識別モデルができるだけ識別できないようなデータを生成するように教師あり学習を行う。バーチャルに生成したデータと実データを用いて，識別も生成も鍛えられていく学習モデルである。

7.3.4 コンピュータにおける強化学習

強化学習は，古くからゲームを学習するソフトウェアとして使われてきた。ボードゲーム，カードゲーム，コンピュータゲームなど，どんなゲームであってもルールが決まっており，ゲーム進行を表す状態は有限で，ゲームの終了が明示的に存在する。このような条件では，どの状態でも最適な選択をできるよ

うな入出力変換を獲得する最適化手法が確立されている。ただし，この最適化手法では，状態数が多くなると現実的な時間では最適化できない。たとえば，将棋や囲碁では，状態数が多すぎるため，近似的な最適化や効率的な手順の探索方法などが開発されてきたが，プロ棋士には到底及ばない時代が続いた。

この壁を打ち破ったのも深層学習である。深層学習は教師あり学習の手法であるが，前項に解説した教師なし学習への転用と同様に，強化学習に転用したのが深層 Q 学習（deep Q-network）である。Q 学習とは強化学習で古くから知られている学習手法で，行動の結果を評価する行動価値（Q 値と呼ばれる）の推定を用いる手法である。この行動価値の推定の部分は予測問題であるため，教師あり学習としても解ける。この部分に深層学習を使ったのが深層 Q 学習である。

深層 Q 学習の考え方を囲碁に応用したのが AlphaGo である。AlphaGo は初めから勝つための手を試行錯誤していくのではなく，膨大な棋譜データから盤面を予測し，最終的に勝敗を予測する予測問題を教師あり学習で解く，という部分がベースとなっている。当初の AlphaGo はプロ棋士の棋譜を用いていたが，バージョンアップした AlphaGo Zero からは，棋譜データそのものを自ら内的に対戦することによって生成し，人間による棋譜データよりはるかに膨大なデータを即座に得られるようになり，予測能力が向上している。その向上した予測能力をもとにさらに高レベルの対戦データを生成でき，コンピュータの中だけで高め合っていくことができる。このように本来は強化学習の問題であっても，教師あり学習に帰着し，自らデータを生成することによって，教師あり学習のためのデータを十分に得られるようになった。

7.3.5 教師あり学習への帰着による人工知能の牽引

このようにコンピュータにおける学習では，深層学習による教師あり学習の能力を活かし，以下のアプローチで人工知能の革新を牽引している。

・どんな学習問題も，できるだけ教師あり学習に帰着させる。
・教師あり学習に十分なデータを取得したり生成したりする。
・場合によっては，複数の学習システムを競争させる。

現在，教師あり学習の能力が高いため，このようなアプローチが主流となっているが，今後，新たな学習原理が発見されれば，がらりと変わるかもしれない。また，これらは豊富な記憶容量をもち，現実と離れてバーチャルな試行が無制限にできるコンピュータならではのアプローチであり，動物の脳では全く

異なるアプローチで高度な学習を実現していると考えられる。

7.4　おわりに

　本章では，学習という機能をいったん脳から離れて抽象的に俯瞰した上で，直面する問題の構造によって学習を**教師あり学習**，**強化学習**，**教師なし学習**の3種類に分類し，問題の構造の違い，時間的構造の違い，そして必要な神経回路の構造の違いについて，解説してきた。また，人工知能と発展をともにしてきたコンピュータにおける学習について，学習の種類とその利用方法についても解説した。

　脳の機能は，経験からの学習によって獲得されている要素が大きい。本章で整理した学習の本質を，他章で解説しているさまざまな脳の機能と結びつけて理解することが重要である。

参考文献
川人光男（1999）『脳の計算理論』，産業図書
銅谷賢治・伊藤浩之・藤井宏・塚田稔 編（2002）『脳の情報表現 ―ニューロン・ネットワーク・数理モデル』，朝倉書店
銅谷賢治・五味裕章・阪口豊・川人光男 編（2005）『脳の計算機構 ―ボトムアップ・トップダウンのダイナミクス』，朝倉書店
甘利俊一（1978）『神経回路網の数理』，産業図書

第8章　脳の中の意思決定システム

小口峰樹

　いくつかのとりうる選択肢の中から，それぞれの価値を計算することを通じて，最善と思われるものを選び出す過程を「意思決定」と呼ぶ。私たちの生きていく道のりは——取るに足らない些末なものから，人生を左右する重大なものまで——無数の意思決定の連続である。本章では，私たちがどのようにこうした日々の意思決定を行っているのかを考える。とりわけ，「私たちの中にある2つの心」という考え方を中心に検討を行っていく。

　私たちは，健康のためにダイエットをしようと決意しても，つい高カロリーなものに手を伸ばしてしまうことがある。工事中で通れないことを知っているのに，うっかりいつもと同じ通学路を進んでしまうこともある。また，心の奥底に巣食う偏見によって，良くないとわかっていても差別的な言動をこぼしてしまうこともある。反対に，食欲を我慢し，将来のためを思ってヘルシーなものを選ぶこともある。工事中であることを気に留めて，最初から迂回路を選ぶこともある。心に浮かんだ軽はずみな言動を制して，相手を傷つけない言葉を慎重に選び出すこともある。このように，私たちの中には，判断や選択において，互いに異なる答えを出す，「2つの心」があるように思える。

　私たちの意思決定の背後に，ときに対立するこうした2つのシステムがあるという考えは，哲学や心理学，あるいは経済学といった分野において，さまざまな形で繰り返し提案され吟味されてきた。以下では，脳の中にある2つの意思決定システムに関して，学習心理学や行動経済学といった分野での研究を中心に，それらを支える脳メカニズムに関する脳科学の知見を合わせて紹介する。その上で，これら2つのシステムと私たちはどのように付き合っていったら良いかについて考えたい。

8.1　情念と理性

　心が複数の部分に分かれるという考えは，すでに古代の哲学者であるプラトンに見られるが，近世哲学の祖であるデカルトにおいては，精神と身体とを根本的に別々のものとした上で，精神から身体への働きかけである意志の働きと，身体から精神への働きかけである情念（＝感情）の働きとが，（ダイエットの例のように）ときに異なる行為への葛藤を引き起こすものとして語られて

いる[1]。デカルトは考える力としての理性を重んじる合理主義者であるが、イギリス経験論の代表的な哲学者であるヒュームは、むしろ合理主義では軽視される情念こそが主人であると主張した。彼の有名な言葉によれば、「理性は情念の奴隷」である。理性は計算によってどのような行為が何をもたらすのか（たとえば、ジュースを飲めば渇きが癒やされる）を示すが、それだけではその行為を動機づけることはできない。行為へと突き動かす力は、情念（「喉が渇いた！」という欲求）こそが有しているのである。ヒュームにおいては、ダイエットの例のような場合、葛藤しているのは理性と情念ではなく、「穏やかな情念」と「激しい情念」である。のちに見るように、現代の心理学や経済学における研究でも、2つの心のいずれを重視するかは、それぞれの研究者によって異なる。

8.2　習慣的行動

デカルトにおいては、理性の働きは能動的なものであり、情念の働きは受動的なものである。理性の働きによって、私たちは何らかの目的を立て、それを達成するための手段を計算し、しかるのちに目的にかなう行為を実行する。反対に、情念は理性の外側からやってきて、ときに自動的に私たちの行為を誘発する。デカルトは人間以外の動物を理性を欠いた一種の自動機械とみなしており、一切の考える力をもたない存在として描いている。そうした動物でも、情念を用いて訓練を施せば、適切な「習性」を身につけさせることができ、同じ状況に対しても異なる行為をさせることができる（銃声に怯えない猟犬のように）。こうした情念と理性の対立は、パブロフに始まる学習心理学において、習慣的行動と目的志向的行動の対立へと形を変え、科学的な分析が進められていくことになる。

8.2.1　古典的条件づけ

習慣的行動は、条件づけのメカニズムによって形成される。著名なパブロフの犬の実験で、パブロフは、ベルを鳴らした直後に餌が与えられるという関係を繰り返しイヌに経験させた（図8.1）。最初、ベルの音はイヌに何の反応も生じさせない。一方で、餌はイヌに唾液の分泌という反応を生じさせる。これを無条件反応と呼ぶ。経験を重ねていくと、イヌは、ベルが鳴っただけで唾液

1　とはいえ、デカルトは『情念論』において、精神と身体が基本的には「合一」しており、意志と情念とはおおむね協働して働くという点を強調している。

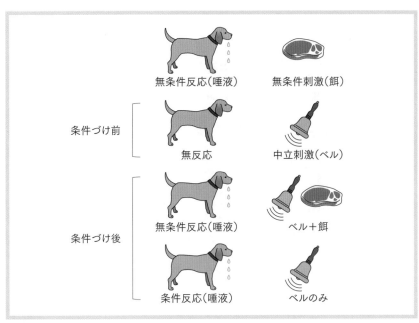

図8.1　パブロフの条件づけ

を分泌するようになる。ここでは、イヌはベルの音が餌を予測する信号であることを学習する。こうしたパブロフの実験のような条件づけのことを、**古典的条件づけ**（ないしは**パブロフ型条件づけ**）と呼ぶ。ベルの音と餌が繰り返し、対となって呈示されることで、ベルの音に対する唾液分泌という条件反応が成立するのである。これは、ベルの音がどのような価値をもつかが学習されたと言い換えることもできる。

8.2.2　オペラント条件づけ

条件づけには別のタイプのものもある。その研究の先駆となったのが、ソーンダイクによる実験箱を使った研究である（図8.2）。この実験箱には鍵が付いており、中にある仕掛けを特定の仕方で動かすことで、鍵が外れるという仕組みになっている。この箱にネコを入れた場合、最初は脱出までに長い時間がかかるが、試行を重ねていくことで、ネコは段々と短い時間で脱出できるようになる。ここでは、ネコは箱の中での試行錯誤を通じて、徐々にどの行動が脱出につながるのかを学習していったと考えられる。また、同じような装置として、スキナーは、現在でも実験で使われているスキナー箱を開発した。このスキナー箱は、レバーを押すとタンクから餌が出てくるという仕組みになってい

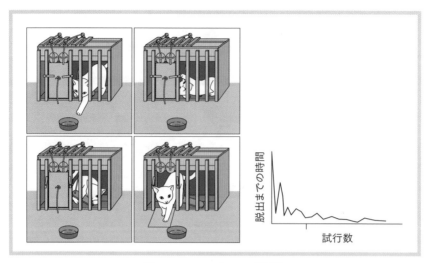

図 8.2 ソーンダイクの問題箱

る。この中にマウスを入れると，徐々にレバーを押す頻度が上がっていくのが観察できる。ここでは，レバーを押すことで餌が出てくることをマウスが学習したと考えられる。このソーンダイクの問題箱とスキナー箱で見られたような条件づけは，道具的条件づけ（ないしはオペラント条件づけ）と呼ばれる。道具的条件づけでは反応の生じる頻度が変化するが，これを強化と呼ぶ。ある反応が報酬などの快の状態をもたらす場合には正の強化（＝反応頻度の増加）がなされ，罰などの不快な状態をもたらす場合には負の強化（＝反応頻度の減少）がなされる[2]。

8.2.3　ドーパミンによる報酬予測誤差

　以上で見た条件づけには，どのような脳メカニズムがかかわっているのだろうか？　条件づけに最も中心的に関わっているのは，神経伝達物質の一種であるドーパミンである。脳はドーパミンをはじめとして，グルタミン酸やアセチルコリン，セロトニンなどのさまざまな化学物質を，神経伝達物質として利用することで，ニューロン同士の間でのコミュニケーションを行っている。ドーパミンは，中脳ドーパミン領域と呼ばれる脳の奥深くの領域にある腹側被蓋野や黒質緻密部でつくり出される（図8.3A）。そして，神経線維を通じて脳のさまざまな場所へ運ばれて放出される。そのなかには，被殻，尾状核，側坐核と

2　古典的条件づけとオペラント条件づけについての数式も含めた詳細は，第10章参照。

呼ばれる神経核で構成された線条体や，大脳皮質のさまざまな領域，たとえば前頭前野などが含まれる。

　ドーパミン細胞と学習との関係を最初に明らかにしたのは，Schultz らによるサルを用いた研究である（図 8.3B）。ドーパミン細胞を記録しているときに，不意にサルに報酬を与えると，その直後にドーパミン細胞が活発に活動する（＝細胞が発火する頻度が増加する）。続いて，パブロフの条件づけと同じ

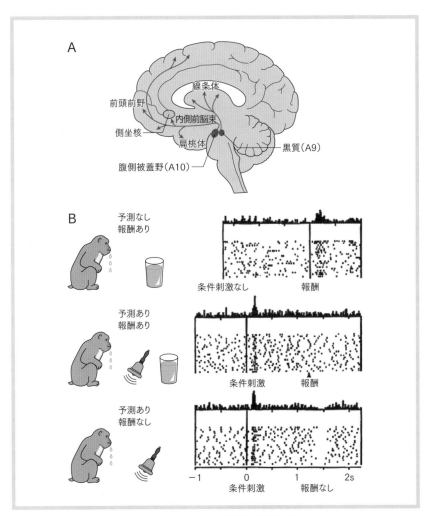

図 8.3　ドーパミン細胞の報酬予測誤差
A：ドーパミン神経系。B：報酬予測誤差の実験。Schultz *et al.* (1997) より改変。

ように，報酬が与えられる前に音を鳴らす。それを繰り返すと，やがて，報酬を予想させる音が鳴ったときに，ドーパミン細胞の発火頻度が増加するようになる。このとき，予想通りに報酬が与えられても，もはやドーパミン細胞の発火頻度は変わらない。その代わり，音が鳴ったのに報酬が与えられないと，ドーパミン細胞の発火頻度は低下する。

こうした実験結果から，Schultz らは，ドーパミンは報酬それ自体や報酬に対する予測を表しているのではなく，実際に得られた報酬と予測された報酬の差を表していると考えた。これを報酬予測誤差と呼ぶ。報酬が与えられるタイミングでの神経活動を見てみよう。条件づけが成立する前，音はまだ報酬を予想する信号とはなっていないため，予測された報酬はゼロである。実際に与えられた報酬を＋1とすると，報酬予測誤差は（実際の報酬）−（予測された報酬）＝1−0＝1（発火頻度の増加）となる。条件づけが成立すると，予測された報酬は＋1となり，予測通りに報酬が与えられると，報酬予測誤差は1−1＝0（発火頻度は変わらない）となる。報酬が予測通りに与えられないと，報酬予測誤差は0−1＝−1（発火頻度の低下）となる。この報酬予測誤差は，正の値であれば刺激の価値を上げ，負の値であれば価値を下げるという形で，刺激の価値を更新するための学習信号となる。その後の研究から，この報酬予測誤差の信号が線条体に運ばれて条件づけが成立すると考えられている[3]。

8.2.4 習慣の形成

習慣は，このような条件づけのメカニズムによって形成される。たとえば，繰り返し通学路を通い続けると，そのための行動は習慣となり，もはやどの角を曲がるかを特に意識せずとも，迷わずに学校に行けるようになる（友達と夢中でおしゃべりしているうちにいつの間にか学校に着いていた，という経験のある人は多いだろう）。いったん習慣が形成されると，特に意識的な努力を必要とせずに，自動化された形で行動を遂行することができる。その反面，習慣は，環境の変化に対する柔軟性を欠くという特徴がある。たとえば，通学路の中のある通りが昨日から通行止めであることを知っていても，気がついたらその通りに入ってしまっていた，といったことはしばしば生じる。こうした場面では，次に見る目的志向的行動がより良い解決を与える。

こうした短所があるとはいえ，習慣は私たちの生活の基礎をなしている不可欠なものである。私たちは生まれてから現在に至るまで膨大な習慣的行動を身につけてきており，私たちが日常的に行っているほとんどの行動は，こうした

3　ドーパミン信号に基づく価値の計算についてのより詳細な説明は，第 11 章参照。

学習済みの反応系列によって行われている。また，習慣は単純な行動に限定されず，熟練の職人が行う一連の動作のように，卓越した技能にまで発展させることができる。

8.3　目的志向的行動

次に，習慣的行動の対となる目的志向的行動について見ていこう。

8.3.1　認知地図

先ほどの通学路の例を考えよう。私たちは，ある道が通行止めであることを知ったときに，どの道を通れば良いかをどのように知ることができるだろうか（スマートフォンなどの機器は使えないものとする）。1つの方法は，1つ前の角まで戻って，先ほどと違う道に行ってみる，というものである。そして，その道もだめであれば，また戻って別の道に行ってみる。選択肢が限られていれば，こうした試行錯誤によって，私たちはいつか正解にたどり着くことができる。しかし，運が悪ければ膨大な時間がかかってしまう。別の方法は，頭の中にある周辺の「地図」を使って，どの迂回路が良いかをシミュレーションし，正解を導き出すというものである。住み慣れた街であれば，多くの人はこうした地図を脳内に有しているだろう。ここでは，学校に行くという目的から，そのための手段（どの道を通るか）を計算し，しかるべき行動を実行する。このように，目的を設定し，知識などを用いてその目的を実現する手段を計算し，最適な選択を行うことを目的志向的行動と呼ぶ。目的志向的行動は，変化した状況に対処する柔軟性を私たちに与えてくれる。

トールマンは，このような目的志向的行動を可能にする学習形態を発見した。トールマンは，複雑な迷路を用意して，ラットに何日にもわたって繰り返しその迷路を経験させた（図8.4）。出口に報酬となる餌を置くと，日を追うごとに間違った道を選ぶ回数は減っていった。これは条件づけ学習によるものである。今度は，10日目までは餌を置かず，11日目から餌を置いた。すると，10日目まではあまり学習は進まないが，11日目から急速に学習が進み，最初から餌があった場合と同レベルにまで短時間で達した。これは，報酬がない場合でも，迷路を探索することで，その迷路についてのある種の地図が脳内に形成されていたことを示唆している。こうした環境の「内部モデル」となる地図を，トールマンは認知地図と呼んだ。餌が置かれた後は，この認知地図を用いて課題解決がなされることで，行動が速やかに改善されたと解釈できる。このような認知地図の学習は，報酬がない状態でも行動に表れずに行われてお

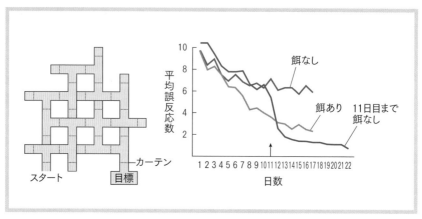

図8.4　トールマンの潜在学習

り，潜在学習と呼ばれる。

8.3.2　海馬における場所細胞とプリプレイ

認知地図は目的志向的行動において用いられる知識の一例であるが，特にげっ歯類では，認知地図の潜在学習やその使用に関わる脳メカニズムについて多くの知見が得られている。側頭葉の内側に，記憶の形成に関わる海馬という部位がある（図8.5A）。ラットを用いた研究から，海馬には環境内の特定の場所を通るときに活性化するニューロンが発見されている。こうしたニューロンを場所細胞と呼ぶ。多数の場所細胞から活動を計測すると，ラットが通路を進むに従って，通過中の場所に対応する場所細胞が順番に活動するのが観察できる。こうした海馬の場所細胞群が，認知地図の基礎にあると考えられている。

通路を通過するときに生じた場所細胞の時系列発火は，ラットが眠っているときや休んでいるときに，あたかも過去の経験を再生するように生じることが明らかにされている。このオフラインでの（＝経験から時間的に隔たった形での）時系列発火をリプレイ（replay）と呼ぶ（図8.5B）。リプレイでは，時系列発火は時間的に圧縮された（時に逆再生の）早回しのような形で生じ，経験を反復することで，認知地図の形成を促進する役割をもつと考えられている。

このような時系列発火は，過去に経験した行動に関してだけでなく，これからラットが行う行動に関しても生じる。四角いフィールドの中のある場所に餌を隠しておき，ラットにそのゴールとなる場所を覚えてもらう。そして，異なるいろいろなスタート地点にラットを置くと，海馬の場所細胞群は，スタートからゴールまでの経路を描くように時系列的に発火する。これは，ラットがこ

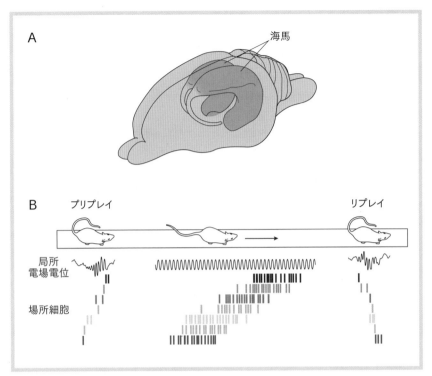

図 8.5　海馬におけるプリプレイ
A：ラットの海馬。B：場所細胞におけるリプレイとプリプレイ。Drieu & Zugaro（2019）より改変。

れからどのような経路を進むのかについての計画を立てることに関係していると考えられている。こうした将来の行動に関係する時系列発火を，**プリプレイ**（preplay）と呼ぶ。このプリプレイは，認知地図を使ったシミュレーションとして解釈できる。プリプレイに見られるように，外部環境の内的なモデルを脳内に形成し，それを行動に先立ってオフラインで操作する能力が，目的志向的行動を可能にする基礎であるのではないかと考えられる。

8.3.3　前頭前野とルール

　ヒトは，マウスやラットなどのげっ歯類とは異なり，高度に発達した前頭前野を有している。人間における目的志向的行動の実現には，前頭前野が大きな役割を果たしていると考えられている。前頭前野には，外側部，内側部，眼窩部，前頭極などの区分があるが，目的志向的行動において特に重要なのが，外側部である。

人間社会で生きるためには，認知地図のような空間的な環境についての具体的な情報を把握するだけでなく，法律や規則，指示などの抽象的な情報を把握し，どのような行動がそうしたルールにかなうかを判断することが不可欠である。ルールは変わることがあるので，私たちはそのつど新たなルールを学習し，適応していかなければならない（レジ袋の有料化やマスク着用推奨のように）。

　こうしたルールの学習能力を調べるために考案された行動テストの１つに，ウィスコンシンカード分類課題というものがある（図 8.6）。この課題では記号の描かれたカードが用いられる。記号は４つの色（たとえば，赤，青，緑，黄）と形（丸，星，四角，バツ），数（１〜４個）の組み合わせでつくられている。最初に，図 8.6 のように４枚のカードが場に並べられる。そして，参加者は山の中からカードを１枚引いて，そのカードを場のカードのいずれかに分類する。たとえば，色ルールのもとでは，形や数に関係なく，同じ色のカードに分類する。参加者には色と形と数のどれに合わせて分類したら良いのかは知らされないが，分類を行うたびにそれが正解であるか不正解であるかが知らされる。ルールはたびたび変更されるため，参加者は，正解・不正解の情報を頼りに，今現在のルールを推測しなければならない。前頭前野の外側部を損傷した患者においては，このルール学習が適切に行えず，不正解が続いてもそれまでのルールを継続して適用してしまうことが知られている。

　前頭前野外側部は，こうしたルールの把握以外にも，思考や推論，計画，反応の抑制など，目的志向的行動と関係するさまざまな能力を担うことが明らかにされている。

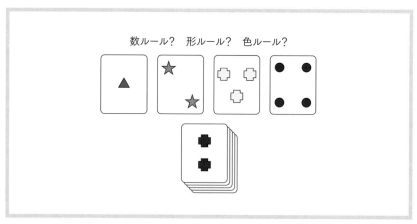

図 8.6　ウィスコンシンカード分類課題

8.4 直観と熟慮

　脳の中の２つのシステムという考えは，行動経済学と呼ばれる分野において，直観的な判断と熟慮的な判断の対立として捉え直されている（太田・小口，2014）。行動経済学とは，経済のモデルに人間行動についての実証的な観察結果を取り入れていこうとする潮流であり，自己利益の最大化を追求する「合理的経済人（ホモ・エコノミクス）」を仮定する主流派経済学に対する批判から生まれた。合理的経済人の仮定に反して，人間は必ずしも常に自分の利益を最優先して行動するわけではなく，一見して不合理な行動をとることもある。主流派経済学はこうした不合理性を単なる不純物として切り捨ててきたが，不合理性は人間行動において広範に見られる現象であり，そればかりか，特定の状況下で人間は不合理性を規則的に示すことすらある。こうした人間の不合理性が着目される契機になったのは，1970年代以降に盛んになった，ヒューリスティクスやバイアスといった人間の推論傾向に関する研究である。

8.4.1 ヒューリスティクスとバイアス

　ここでクイズを出そう。日本国内で溺死が最も多く発生する場所はどこだろうか？　正解と解説は脚注に記したので，答えを思いついたら確認してほしい[4]。

　この脚注で登場した利用可能性ヒューリスティクスのほか，行動経済学ではさまざまなヒューリスティクスが発見されている。ヒューリスティクスとは，人々が暗黙のうちに用いている発見法や経験則のことである。ヒューリスティクスを用いることで，論理的に順を追って考える場合とは異なり，素早く短時間で判断を下すことができる。ヒューリスティクスは情報が不足しているような状況でも近似的な解を与えてくれる簡便な思考法であるが，ある種の状況では思考に偏りを生じさせ，体系的に誤りを導いてしまう。このような，論理的に考えた場合から逸脱した，誤った解答を導いてしまう思考の癖を，バイアスと呼ぶ。ある集団に対する偏見であるステレオタイプ（ジェンダーステレオタイプや人種ステレオタイプなど）も，こうしたバイアスの一種として捉えるこ

4　正解は「浴室」である。「海」や「川」，「プール」と答えた人は不正解である。日本人は入浴の習慣があるため，水に浸かる回数として浴槽の割合が非常に高い。それに加えて，溺れるリスクの高い乳児や高齢者は，遊泳をすることはなくとも入浴はする。この問題に対しては「海」や「川」という解答が多いが，それは「溺死」と聞いたときに，日常的に起こる家庭内の浴槽での事故に比べ，ニュースなどで報道されやすい海や川での水難事故が記憶に浮かびやすいからである。このように，想起しやすい情報を優先させて判断を行う傾向を，利用可能性ヒューリスティクスと呼ぶ。

とができる。研究者たちは現在までに，100を超える種類のバイアスを同定している[5]。

　ヒューリスティクスやバイアスのように，ほとんど考えずに反射的に答えを導き出すことを，直観的判断と呼ぶ。逆に，じっくりと考えて物事を判断することを，熟慮的判断と呼ぶ。行動経済学が示したのは，私たちは自分が思っている以上に直観に頼って意思決定をしており，さらには，そのことによって思考の歪みがもたらされる場面が数多くあるということである。

8.4.2　モジュール集合体としての心

　適応主義と呼ばれる立場を支持する研究者たちは，私たちの行う意思決定の多くが不合理であるという見方を批判し，直観に基づく判断にこそ私たち人間が示す合理性があると主張した。その背景には，私たちの心を進化的な自然選択による適応の産物として理解しようとする，進化心理学という学問分野の発展がある。

　その代表的な研究者である Tooby と Cosmides によれば，私たちの心は，進化の中で培われた，特定の機能に専門化した処理装置（モジュール）の集合体である。たとえば，脳の紡錘状回という領域には，顔が呈示されたときにのみ選択的に反応する顔認識モジュールが存在する。顔認識モジュールがあることによって，人間にとって重要な社会性シグナルである顔刺激を優先的かつ迅速に認識することができる。こうしたモジュールは，特定の種類の入力しか受け付けず，その入力に対して特化した素早い情報処理を行う。こうしたモジュールの特性を，領域特異性と呼ぶ。逆に，熟慮的な思考は，さまざまな種類の入力を受け付けるという点で，領域一般的な情報処理システムによって担われている。

　同じく適応主義的な立場に立つ Gigerenzer によれば，これらのモジュールは進化における適応の産物であり，限られた時間と情報の中でそれなりに満足のいく近似解を与えてくれるという点で，ある種の合理性——生態学的合理性——を有している。Gigerenzer は，適切なヒューリスティクスを選ぶことで，熟慮的な戦略よりも少ないコストでより良い利得が得られる場面を多数発見している。ヒューリスティクスを用いることは決して不合理なことではなく，むしろ，さまざまなヒューリスティクスを心に備え，状況に応じた適切なヒューリスティクスを選び出すことこそが，合理的な意思決定につながるのである。

5　ただし，ヒューリスティクスやバイアスに関する実験の中には，その手続きに問題があると指摘されているものも少なくない。これは近年の心理学における「再現性の危機」という問題と関係している。

では，私たちの心は熟慮的思考を必要とせず，ヒューリスティクスやバイアスといった直観的思考で十分なのだろうか。そうではないと考えるのが，次に紹介する2重プロセス理論である。

8.4.3 直観と熟慮の2重システム

2重プロセス理論によれば，私たちの心は並列する2つの意思決定システムによって特徴づけられる。

1つ目は直観システムであり，しばしば「システム1」とも呼ばれる。2重プロセス理論の代表的な論者の一人である Stanovich によれば，直観システムは単一のシステムではなく，多くのサブシステムの集合によって構成される(Stanovich, 2004)。そこには，ここまで紹介した，領域特異的なモジュールから条件づけ学習による習慣的行動，そして，感情による自動的な行動制御までが含まれる。直観システムは，いったん処理が開始されると迅速にかつ強制的に処理が行われるという特徴をもつ。私たちは，顔認識モジュールをもつことで，3つの点が逆三角形に配置されているだけでそこに顔を感じてしまう。これをシミュラクラ現象というが，それが顔でないとわかっていても，そこに顔を感じざるを得ない。

2つ目は熟慮システムであり，しばしば「システム2」と呼ばれる。熟慮システムは，順を追って分析的に処理を進めてゆくという特徴をもち，特定の機能に特化しない汎用性をもつ。それは哲学者たちが理性と呼ぶ能力の基礎をなし，目的志向的行動を可能とする柔軟性を備えたシステムである[6]。

Stanovich によれば，私たちが合理的な意思決定を行うためには，直観システムを働かせるだけでは不十分である。第一に，直観システムを構成するモジュールは，進化の中で遺伝子がより多く残るのに貢献してきたがゆえに私たちの心に備わったものであり，必ずしも生物個体としての私たち自身の目的を達成するために存在するわけではない。したがって，直観システムと熟慮システムが対立する場合には，ときに私たち自身の目的を尊重させることのできる熟慮システムを優先させる必要がある(たとえばダイエットの場合のように)。第二に，モジュールは，それが進化してきた過去の環境において適応的であったにすぎず，現代社会の環境においても適応的であるとは限らない。むしろ，

---

6 Stanovich は，その後，「システム1／システム2」に代えて，「タイプ1／タイプ2」という呼び方を用いている。なぜなら，前者は直観的判断と熟慮の判断がまったく異なる神経基盤に基づいている印象を与えてしまうからである。習慣的行動と目的志向的行動にせよ，直観システムと熟慮システムにせよ，後述するモデルフリー学習とモデルベース学習にせよ，それらを実現する神経回路は部分的に重複しており，実体として独立しているわけではない。

現代の高度に発達した文明社会では，熟慮システムを使うべき場面はますます増加している（熟慮システムなしには ATM の操作ですら行えない）。

　直観システムは素早く大まかな判断を与えてくれるが，必ずしも私たち自身の目的にかなった適切な解答を導いてくれるわけではない。これに対して，熟慮システムは自らの価値観に基づいた目的を達成するために不可欠であるが，処理に時間がかかるため，判断の必要な場面すべてをまかなうのは不可能である。私たちは，状況に応じて適切に直観システムを働かせながら，必要な場面では熟慮システムを投入して分析を行うといったように，直観と熟慮を調整しながら意思決定を行っていくほかない。このような直観システムと熟慮システムのバランスに関する研究は，数理的な手法を取り入れながら，モデルフリー学習とモデルベース学習との関係というかたちで行われている。本章の最後にそうした研究を取り上げよう。

8.5　モデルフリーとモデルベース

　直観システムと熟慮システムは，機械学習の手法の 1 つである強化学習という観点を取り入れて，現在ではさまざまなバリエーションの数式として定式化されている。そして，それらの数式からのシミュレーションが実際の行動と対応するかが検討されたり，数式の中のさまざまなパラメータが脳のどの部位の活動と相関するかが調べられたりしている。

　直観システムにおける学習は，認知地図のような環境のモデルを考慮せずに，行動と報酬とを直接的に結びつけるかたちで行われる。これをモデルフリー学習と呼ぶ。熟慮システムにおける学習は，行動とその結果に基づいて環境の内部モデルを構築し，それを使って行動と報酬との関係を結びつける形で行われる。これをモデルベース学習と呼ぶ。現実に行われる意思決定には，これら 2 つのタイプの学習が関わっていると考えられる。

　Daw らは，モデルフリー学習とモデルベース学習のバランスを個人ごとに計測できる行動課題を開発した（Daw *et al.*, 2011）。この 2 段階マルコフ選択課題という課題（図 8.7A）では，被験者は 2 つの選択を順番に行う。第 1 段階（状態 A）では，左右に選択肢となる図形（A1 と A2）が呈示されるので，いずれか一方を選ぶ。2 段階目は，状態 B と状態 C で構成されている。状態 A で左を選ぶと，70 ％の確率で状態 B に，30 ％の確率で状態 C に移る。逆に，状態 A で右を選ぶと，70 ％の確率で状態 C に，30 ％の確率で状態 B に移る。第 2 段階（状態 B か状態 C）でも，左右に選択肢となる図形（B1，B2 および C1，C2）が呈示されるので，いずれかの図形を選ぶ。第 2 選択の選択

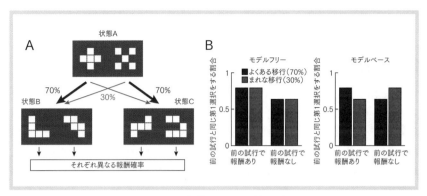

図 8.7　2段階マルコフ選択課題
Tanaka *et al.*（2015）より改変。

肢となる図形はそれぞれ報酬がもらえる確率が異なり，また，その確率は実験中に徐々に変動していく。したがって，被験者はあたりとはずれの情報をもとに，それぞれの図形を選択した場合の報酬確率を学習し，どの図形が最も報酬確率が高いかを推測することになる。

　この課題を行うとき，モデルフリー学習がより強い人と，モデルベース学習がより強い人とでは，異なる選択パターンを示す傾向がある。たとえば，第1選択でA1を選んだ結果，まれな移行先である状態Cに移行し，C1を選んで報酬が得られたとする。次の試行でもう一度C1を選びたい場合，モデルベース傾向の強い人は，状態間の移行確率の「モデル」を利用して，今度は第1選択で（状態Cに移行する確率の高い）A2を選ぶ。逆に，モデルフリー傾向の強い人は，「モデル」を考慮せず，前の試行で報酬につながったA1を選ぶ。完全にモデルベース依存の場合と完全にモデルフリー依存の場合の行動パターンを図に示す（図8.7B）。実際の実験では，人々はモデルフリーとモデルベースのミックスしたパターンを示す。

　この課題を用いた実験では，ストレス状況下の場合や衝動性の高い人の場合，モデルフリー傾向が強くなることが示されている。このように，2つの意思決定システムのバランスは，個人特性や環境状態，精神疾患などのさまざまな要因との関係において検討されている。fMRIを用いた脳活動計測では，モデルフリー学習に基づく行動と習慣的行動，および，モデルベース学習に基づく行動と目的志向的行動とは，それを支える神経回路において大きく重なることが確認されている。また，動物実験への同課題の適用も行われており，電気生理学的なニューロン活動記録などを通じて，それぞれの学習を支える神経メ

カニズムのより精細な解明が進められている[7]。

8.6　おわりに

　本章では，意思決定がときに競合する 2 つの心の相互作用によって行われるという考えを，情念と理性，習慣的行動と目的志向的行動，直観システムと熟慮システム，モデルフリーとモデルベースといった対立軸において見てきた。古代プラトンから連綿と議論されてきたこの伝統的な見方は，現代では数理的手法を用いた定式化や脳科学的な検証へと進んでおり，その計算原理や神経基盤へと迫ろうとする試みが行われている。こうした試みは，「私たちは何者なのか」という古くからの問いに新しい光を投げかけることになるだろう。

参考文献

阿部修士（2017）『意思決定の心理学 ―脳とこころの傾向と対策』，講談社

小田亮・大坪庸介 編（2023）『広がる！ 進化心理学』，朝倉書店

河村満 編（2021）『連合野ハンドブック完全版 ―神経科学×神経心理学で理解する大脳機能局在』，医学書院

引用文献

Daw, N.D., Gershman, S.J., Seymour, B., Dayan, P., Dolan, R.J. (2011) Model-based influences on humans' choices and striatal prediction errors. *Neuron*, **69**, 1204-1215.

Drieu, C., Zugaro, M. (2019) Hippocampal sequences during exploration: mechanisms and functions. *Frontiers in Cellular Neuroscience*, **3**, 232.

Stanovich, K.E. (2004) The Robot's Rebellion: Finding Meaning in the Age of Darwin. University of Chicago Press. 椋田直子 訳（2008）『心は遺伝子の論理で決まるのか ―二重過程モデルでみるヒトの合理性』，みすず書房

Schultz, W., Dayan, P., Montague, P.R. (1997) A neural substrate of prediction and reward. *Science*, **275**, 1593-1599.

Tanaka, S., Pan, X., Oguchi, M., Taylor, J.E., Sakagami, M. (2015) Dissociable functions of reward inference in the lateral prefrontal cortex and the striatum. *Frontiers in Psychology*, **6**, 995.

太田紘史・小口峰樹（2014）「思考の認知科学と合理性」，『シリーズ 新・心の哲学 I　認知篇』，信原幸弘・太田紘史 編，pp.111-164，勁草書房

7　モデルフリー・モデルベース学習は強化学習の一種であるが，教師あり・教師なし学習を含む学習一般についての説明は，第 7 章参照。

第9章 動機づけ

松元健二

9.1 動機づけの問題

　私たちヒトは，「動物」すなわち「動く生物」の一種である。それに対してタンポポのような「植物」は通常，大地に根を張って「植わっている生物」であり，動物のように「動く」ことはない。なぜ動物は動いて，植物は動かないのか。それは，栄養摂取の仕方が違うからである。動物は，肉食であれ草食であれ，ずっと同じ場所に留まっていては食物を得ることができない。動き回って食物を得ることで初めて，栄養を摂取することができるのである。一方で植物は，枝葉を広げ，日光を浴びることで，自ら栄養分をつくり出す。その際に必要な水は大地に張った根から吸い上げ，二酸化炭素は大気中から摂取する。したがって，植物は動き回る必要がない。なお，動物にとっても植物にとっても，栄養摂取は言うまでもなく生きるため，すなわち個体としての生命維持のためである。

　それでは動物は，いつ，どこへ，どのような理由で動くのだろうか？　それが動機づけの問題であり，心理学的には，「目標指向的活動が開始，維持される過程」と定義される（Pintrich & Schunk, 2002）。動機づけは，英語のモチベーション（motivation）とともに，日常的にも用いられることの多い心理学用語だが，その語源は，move と同じく，「動く」という意味のラテン語，movere である。このことからも，"動く" ということが動機づけにおいて本質的な意味をもつことが理解されよう。

9.2 動因，報酬，誘因

　動物が動く主要な理由の１つは，最初にも述べたように，食物を得るためである。動物は，「食欲」という欲求を生まれながらにもっている。このような，生まれながらにもっている欲求のことを，生理的欲求という。生理的欲求に突き動かされて動物は動く，つまり動機づけられる。その意味で，生理的欲求を生み出す原因のことを，生理的動因と呼ぶ。

　空腹や喉の渇きなど，個体の生命維持に関わる生理的動因が高まっていると，その動因を低減するための反射や本能といった，生得的な行動が動機づけ

図 9.1　動機づけ要因としての動因と誘因の違い

られる。動機づけが動因を低減することを重視した動機づけ理論を，動因低減理論と呼ぶ。種族・遺伝子の維持に関わる生理的動因に動機づけられた行動が必ずしもその動因を低減するわけではないが，いずれの場合も欲求の対象（食物，水，同種の異性個体など）の獲得（摂取または接触）は，快感を引き起こすだけでなく，その獲得に繋がった新たな（反射や本能以外の）行動の頻度を高めるため，報酬と呼ばれる。個体や種の維持に直結する報酬のことを，特に一次的報酬と呼ぶ。つまり，一次的報酬の不足は，生理的動因となる。

　動因が内的に存在する動機づけ要因であるのに対し，報酬は外的に存在する獲得対象であることが多い。報酬が存在すると，その獲得行動が定まるとともに，その動機づけはさらに高まる。動因レベル（たとえば絶食時間による空腹度合い）が同じであっても，知覚されるもしくは獲得が期待される報酬量が多いほど，行動の動機づけは強まる。この報酬の知覚やその期待に基づく動機づけ要因は，行動を"引き出す"誘因として，行動を"突き動かす"動因とは区別される（図 9.1）。誘因は，動機づけを方向づける目標となるため，動機づけの分類においてはしばしば目標が重視されてきた（Maslow, 1943, Elliot, 1999）。次節からは具体的な研究例を紹介しながら，動機づけの諸側面についての脳内機構を見ていく。

9.3　一次的報酬

9.3.1　食欲の脳内機構

　摂食行動の動因は，空腹である。摂食行動は，空腹時には強く動機づけられ，満腹時にはほとんど動機づけられない。

　動因が高まっていても報酬が存在しないという事態はしばしば生じる。このような場合，報酬に接近し，これを獲得する行動が定まらず，報酬を探索する活動量だけが周期的に増加する。ラットは，空腹になると，1 時間程度続く律動的な胃の収縮が約 2 時間ごとに起き，そのたびに，餌を求めるように落ち着きなく動き回る。つまり 1 時間程度動き回った後，1 時間程度静かになると

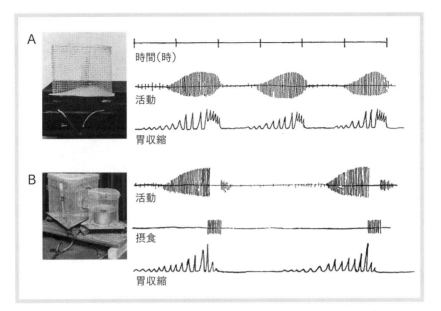

図9.2 生理的動因としての空腹

A：餌のないケージに入れられたときのラットの胃収縮と歩行活動。B：餌のない部屋とある部屋の二部屋
からなるケージに入れられたときのラットの胃収縮と歩行活動。Richter（1927）より改変。

いう周期的な行動を示す。動き回った際に食物にありつくことができると，そ
の後2～3時間程度は落ち着いて静かになる（図9.2）（Richter, 1927）。

　食欲の脳内機構として古典的には，摂食中枢と満腹中枢の存在が注目されて
きた。視床下部外側野を損傷すると摂食行動が失われ，電気刺激するとその間
は満腹であっても摂食行動を起こすことから，視床下部外側野が摂食中枢と考
えられた。それとは逆に，視床下部腹内側核を損傷すると多食・肥満となり，
摂食中に電気刺激するとその間は摂食を中断することから，視床下部腹内側核
は満腹中枢であるとする説が提唱された。さらに，摂食行動の動因の強さを決
めるのは，グルコース（ブドウ糖）の血中濃度であると考えられたため，これ
ら視床下部の2領域の神経細胞（ニューロン）の活動が，グルコース投与に
よって活動レベルが変わるかどうか（グルコース感受性）をOomuraらは調
べた（Oomura et al., 1969）。この先駆的な研究によると，視床下部外側野か
ら記録したうち23％のニューロンが，グルコース投与に対して活動を低下さ
せた一方で，視床下部腹内側核では，グルコース投与に対して活動を増加させ
るニューロンばかりだったという。

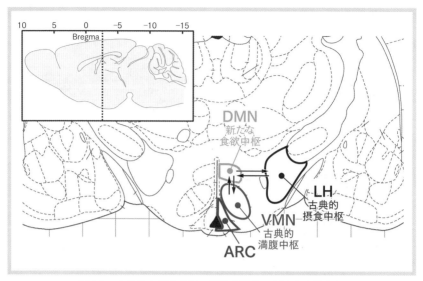

図 9.3　古典的な摂食中枢・満腹中枢と，新たな食欲中枢

囲みはマウスの脳の矢状断面。破線の冠状断面を拡大し，古典的な摂食中枢と満腹中枢，および新たな食欲中枢を示す。LH：視床下部外側野，VMN：視床下部腹内側核，DMN：視床下部背内側核，ARC：視床下部弓状核。

　しかし，その後，視床下部外側野（摂食中枢）と視床下部腹内側核（満腹中枢）のいずれとも双方向に結合する視床下部背内側核（図 9.3）が，摂食行動の動因を双方向に制御する新たな食欲中枢として注目されるようになった。視床下部背内側核（および腹内側核の腹側に位置する弓状核）にもグルコース感受性ニューロンが存在することが明らかとなったことに加え，各種ホルモン（胃由来のグレリン，脂肪細胞由来のレプチン，膵臓由来のインスリン）の影響や神経伝達／修飾物質（オレキシンや神経ペプチド Y）の関与といった，グルコース感受性の分子メカニズムについての理解も飛躍的に進み，視床下部背内側核は，食欲中枢として確立されてきた（Bellinger & Bernardis, 2002）。

9.3.2　飲水欲の脳内機構

　飲水行動の動因についても見てみよう。飲水行動は，当然ながら脱水によって突き動かされる。

　脱水により全身の循環血液量が減少すると，これが腎臓で検出されることが引き金となってレニン‐アンギオテンシン‐アルドステロン系（図 9.4）が駆動され，アンギオテンシン II と呼ばれるホルモンが産生される。アンギオテンシン II は，副腎皮質に作用してアルドステロンを分泌させることで，腎臓

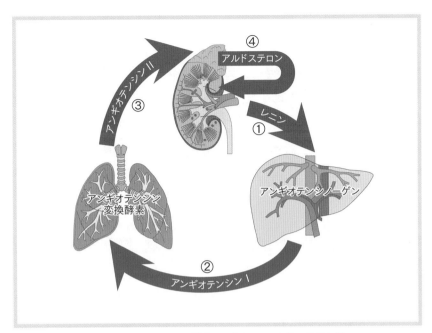

図9.4　レニン‒アンギオテンシン‒アルドステロン系
循環血液量の減少を検知した腎臓の傍糸球体細胞はレニンを分泌する（①）。レニンにより，肝臓で産生されるアンギオテンシノーゲンはアンギオテンシンⅠに変換され（②），さらに肺の毛細血管に存在するアンギオテンシン変換酵素により，アンギオテンシンⅡに変換される（③）。これが副腎皮質ホルモン（アルドステロン）の分泌を促し（④），腎臓の尿細管でナトリウムイオンと水が再吸収される。

においてナトリウムイオンと水の血中への再吸収を促すことはよく知られているが，それだけではない。アンギオテンシンⅡが飲水行動を引き起こすことにも重要な役割を果たしていることを，Matsuda らは明らかにした（Matsuda *et al.*, 2017）。アンギオテンシンⅡの脳内の作用部位として，彼らは脳弓下器官（図9.5）に着目した。脳弓下器官は，血液脳関門を欠く脳室周囲器官の1つで，アンギオテンシンⅡ受容体（レセプター）を発現するニューロンが多く存在する。このアンギオテンシンⅡレセプターを発現するニューロンのうち，終板器官に投射するもののみを，Matsuda らは光遺伝学的手法と電気生理学的手法を用いて活性化ないし不活性化する実験を行った。すると，飲水行動の欲求が上下したのだ。

　脱水時に水だけを摂り過ぎると，今度は血液浸透圧が下がってしまい，体内からナトリウムイオンが失われてしまうが，アンギオテンシンⅡは，それを補うような塩分摂取行動を引き起こすことにも重要な役割を果たしていることがわかった。Matsuda らは，アンギオテンシンⅡレセプターを発現する脳弓

第9章　動機づけ

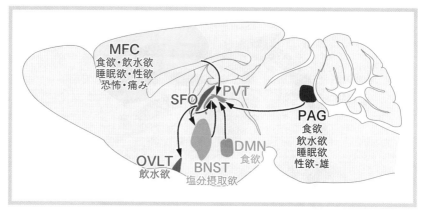

図 9.5 さまざまな欲求の生成・統合の脳内回路
SFO：脳弓下器官，OVLT：終板器官，BNST：分界条床核，DMN：視床下部背内側核，PAG：中脳中心灰白質，MFC：前頭葉内側部，PVT：視床室傍核。

下器官ニューロンのうち，分界条床核（図 9.5）に投射するニューロンのみを，活性化ないし不活性化してみた。すると今度は，飲水行動ではなく，塩分摂取行動の欲求が上下したのだ。一方，脱水時には，血中または脳脊髄液中のナトリウムイオン濃度の上昇が伴うが，これは脳弓下器官にあるグリア細胞により検出される（Hiyama *et al.,* 2004）。するとこのグリア細胞は乳酸を分泌し，抑制性の介在ニューロンを介して，分界条床核に投射する脳弓下器官ニューロン群の活動は制御される。このように，脱水時に塩分の過剰摂取を回避する巧妙な仕組みも，脳弓下器官には備わっている（Matsuda *et al.,* 2017）。

9.3.3 異なる欲求の統合の脳内機構

　摂食行動や飲水行動のほかにも，性行動や育児行動，あるいは睡眠などを突き動かす別の動因もある。それぞれの動因に寄与する脳領域を，Sewards らは330 編の学術論文に基づいて包括的に取りまとめた（Sewards & Sewards, 2003）。これによると，それぞれの動因に寄与する脳領域は，大脳皮質（の前頭葉内側部），視床下部，そして中脳（の中心灰白質）といった異なる階層にそれぞれに局在するが，これら階層間の情報が，視床室傍核に集まっている（図 9.5）。実際，空腹や満腹の情報が到達する視床下部背内側核も，血液循環量とナトリウムイオン濃度の情報が到達する終板器官と分界条床核も，直接または間接に視床室傍核に線維投射している（図 9.5）。これらのことから，視床室傍核において，さまざまな動因（や誘因）の情報が統合・調整されているという仮説が，最近注目を集めている（Penzo & Gao, 2021）。

9.4 二次的報酬

「一次的報酬」のみが「報酬」となるわけではない。たとえば，私たちが日常生活を送る上で最も身近な報酬は，金銭であろう。しかし実は金銭は，その獲得が，個体や種の維持に直結するわけではない。無人島に一人取り残されたことを想像してみよう。そんなときでも食べ物や飲み物は命を救ってくれるが，金銭は救ってくれない。金銭は，食べ物や飲み物など，一次的報酬の獲得に繋がって初めて，個体の維持を可能とする。このように，一次的報酬に繋がることで，間接的に機能する報酬のことを二次的報酬と呼ぶ。

報酬は，いわゆる五感と呼ばれるさまざまな様式の感覚によって知覚される。味覚といった特定の化学物質の直接受容，あるいは体性感覚のような直接の機械的接触を介した報酬知覚は，生得的な一次的報酬として機能することが多い。一方で，視覚や聴覚といった，離れた位置にある対象に当たった光の反射によって見られる色や形，あるいは対象が発する音を介して間接的に報酬が知覚される場合は，学習によって二次的報酬として機能するようになるのが一般的である。二次的報酬も不足していると，二次的報酬を獲得したいという欲求すなわち二次的動因が高まることが多い。そのような欲求として Maslow は，安全欲求，社会的欲求，承認欲求を挙げたほか，それらすべてが満たされた上に生じる「自己実現欲求」を挙げた（Maslow, 1943）。

二次的報酬の学習は，一次的報酬との連合によって生じる。この連合学習には，2 つの形式がある。パブロフ型条件づけとオペラント条件づけである（第8 章参照）。オペラント行動により引き起こされた一次的報酬により，弁別刺激とオペラント行動との連合が形成されるとともに，弁別刺激は「二次的報酬」となる。すると，その弁別刺激の直前のオペラント行動も強化される（行動の連鎖）。このような二次的報酬の学習には，中脳（の黒質緻密部と腹側被蓋野）にあって，ドーパミンと呼ばれる神経伝達物質を放出するニューロン（ドーパミン細胞）が重要な役割を果たすことがよく知られている（第8 章参照）。

二次的報酬の学習が成立すると，条件刺激や弁別刺激が一次的報酬を予期するようになるため，予期された通りに提示された一次的報酬には，ドーパミン細胞はもはや反応しなくなる。報酬予測誤差がゼロになるからだ。しかし今度は，二次的報酬となった条件刺激や弁別刺激に対して，ドーパミン細胞は反応するようになる。二次的報酬がいつ提示されるかを予期する情報がないため，その提示には報酬予測誤差が伴うからである。

9.5 動因と誘因の相互作用

　Minamimoto らは，報酬量の違いによって白黒のパターンが異なる弁別刺激が提示されるオペラント行動課題（図 9.6A）を用いて，動機づけの程度による行動の変化をサルで詳細に調べる実験を行った（Minamimoto *et al.*, 2012）。この課題では，サルが手元のバーを握ると弁別刺激が提示され，続いてその中心に重ねて小さな赤い注視点が提示される。この赤い注視点が緑に変わった後，0.2 ～ 1 秒で握っていたバーを離すことができれば正答で，注視点が青に変わった後，口にしているストローから少しの水が報酬として得られる。バーを離すタイミングが早すぎたり遅すぎたりしたら誤答で，直ちに弁別刺激も注視点も消えてしまい，水も得られない。

　この課題においては，動機づけのレベルは反応時間ではなく誤答率に反映されることを彼らは見出した。報酬量が小さい（誘因が小さい）ほど誤答率は上がり（つまり動機づけは下がり），報酬の蓄積量が増えて血液浸透圧が下がり脱水が解消される（動因が小さくなる）ほど，誤答率は上がった（つまり動機づけは下がった）（図 9.6B）。

　では，動因と誘因の両者によって動機づけが決定づけられる脳内のメカニズムはどうなっているのだろうか？　これを調べるために Bouret らは，損傷すると動機づけに異常をきたすことが以前からわかっていた脳領域である前頭前野腹内側部と前頭眼窩野（図 9.7）に注目し，これらの脳領域のニューロンが，Minamimoto らと同様の実験課題をサルが行っている最中にどのような活動を示すかを調べた（Bouret & Richmond, 2010）。

　脱水が解消されて動因が小さくなるほど活動を低下させるニューロンは，前頭前野腹内側部から多く見つかった一方で，前頭眼窩野のニューロンの多くは，弁別刺激に対して，それが示す報酬量に応じて反応した。これらの結果は，前頭前野腹内側部は主に動因を，前頭眼窩野は主に誘因を表現していることを示唆している。これらの領域から入力を受ける線条体，そして線条体から入力を受ける淡蒼球も，動機づけに重要な役割を果たしていると考えられている。

　線条体や淡蒼球のニューロンが，Minamimoto らと同様の実験課題をサルが行っている最中にどのような活動を示すかを，Fujimoto らは調べた（Fujimoto *et al.*, 2019）。その結果，脱水状況に依存した活動変化（動因情報）も，弁別刺激に対する報酬量に応じた反応（誘因情報）も，いずれの領域のニューロンで確認された。ただ，淡蒼球の方が動因情報をより強く表現し，誘因情報もより素早く表現していたことから，淡蒼球の動機づけ関連情報は，線条体のみに

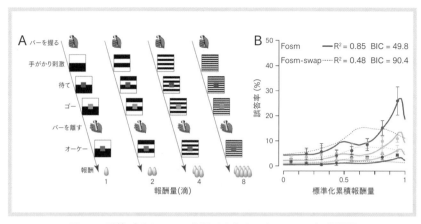

図9.6 動機づけのレベルを調べるためのオペラント行動課題

A：異なる報酬量を示す弁別刺激を用いた課題の時系列。B：Fosm は対象のサルの浸透圧を用いたモデルへの当てはめの結果，Fosm-swap は他のサルの浸透圧を用いた結果を示す。対象の浸透圧を用いた場合にモデルと結果はよく一致している。グラフの色の違いは，1回にもらえる報酬量の違いを示す。紫：1滴，水色：2滴，緑色：4滴，赤色：8滴。報酬量が小さいほど誤答率は上がり（動機づけは下がり），報酬の蓄積量が増えて血液浸透圧が下って，脱水が解消されるほど，誤答率は上がった（動機づけは下がった）。Minamimoto *et al.* (2012) より改変。

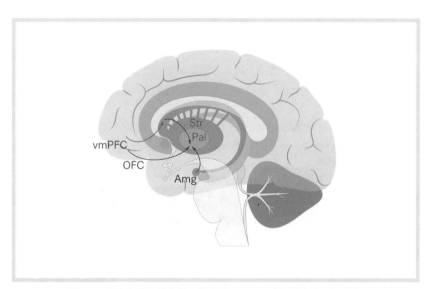

図9.7 大脳皮質，線条体，淡蒼球における動因情報と誘因情報

前頭前野腹内側部や前頭眼窩野，線条体（茶色の脳構造），その内側に位置する淡蒼球（薄茶色）にも，動因情報と誘因情報が表現されていて，動機づけに関わっている。Str：線条体，Pal：淡蒼球，vmPFC：前頭前野腹内側部，OFC：前頭眼窩野，Amg：扁桃体，赤矢印：線条体への入力，青矢印：淡蒼球への入力。

由来するものではないことが示唆された。

9.6　ヒトの動機づけ

9.6.1　動機づけの脳機能イメージング

　1990 年代に入ってから，機能的磁気共鳴画像法（functional magnetic resonance imaging：fMRI）が普及し，ヒトの脳機能を細かく調べることが可能となった。それに伴って，ヒトの動機づけの神経基盤も盛んに研究された。ヒトの動機づけは，資本主義社会においては，金銭報酬に強い影響を受けるが，金銭報酬の期待や獲得に関連した脳活動を調べるのに適した課題として，Monetary Incentive Delay（MID）課題（図 9.8）がよく知られている。この課題では，画面上に金額が表示された後，少し待っているとボタン押し反応の合図がごく短時間現れる。その合図が出ている間に素早くボタンを押すことができれば「成功」で，最初に表示された金額の報酬を獲得できる。簡単に成功してしまう人に対しては，反応合図の提示時間を少しずつ短くしていき，逆に失敗ばかりしてしまう人にはその提示時間を少しずつ長くしていくことで，誰でも66 ％程度の成功率になるように調整される。表示金額の多寡を変化させながら課題遂行中の脳活動を fMRI で計測することにより，より高い報酬金額（誘因）が提示されたときほど活動を高める脳領域として，側坐核を含む線条体前部が，そしてより高い金額を獲得したときほど活動を高める脳領域として，前

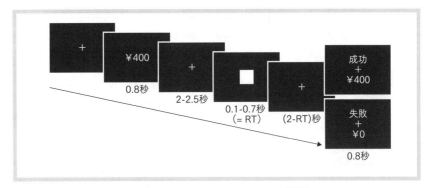

図 9.8　Monetary Incentive Delay 課題

得られるかもしれない金額が提示された後，少し遅れて反応の合図（□）がごく短時間提示される。その時間内にボタンを押すことができれば「成功」，できなければ「失敗」とフィードバックされる。成功率が66 ％程度になるように，反応の合図の提示時間は調整される。

頭前野腹内側部が同定された（Knutson *et al.*, 2001）。この結果は，線条体前部と前頭前野腹内側部が，金銭報酬（誘因）に基づくヒトの動機づけに関与していることを示している。

Izuma らは，金銭報酬よりも個人的な好みの影響が大きいお菓子を用いて，その好みの変化を実験的に引き起こし，誘因の変化が脳活動に反映されることを，fMRI を用いて調べた（Izuma *et al.*, 2010）。お菓子のような食べ物に対する動機づけは動因に依存するため，大学生に実験前の少なくとも 3 時間の絶食をしてもらって，お腹を空かせた状態で実験に参加させた。最初に，160 種類のさまざまなお菓子を 1 つずつ見せて，それぞれのお菓子に対する好みの度合いを答えてもらった。そのときの脳活動を調べたところ，線条体前部は，好みの度合いに応じた活動を示していた。次に，さまざまなお菓子の中から 2 種類ずつ同時に見せ，選んだお菓子のうちのどれかを後で渡すという条件で，どちらか一方を選んでもらうことを繰り返した。同じくらい好きなお菓子 2 種類から一方を選ぶと，残りの一方は諦めなくてはならない。このような状況では葛藤による不快感（認知的不協和）を感じ，自分の意に反して諦めたものは，それほど好きではなくなってしまうことが知られている。Izuma らは，再度，同じ 160 種類のお菓子を 1 つずつ見せて，それぞれに対する好みの度合いを答えてもらいながら脳活動を調べた。すると確かに，認知的不協和によって諦めたお菓子が 1 回目ほど好きではなくなり，そのお菓子に対する線条体前部の反応も下がっていたのである。

動因の変化が脳活動に反映されることも，Gottfried らが，fMRI を用いて明らかにしている（Gottfried *et al.*, 2003）。この実験では，実験前の少なくとも 6 時間の絶食によりお腹を空かせた被験者に，2 種類の図形（条件刺激）をバニラとピーナッツバターの匂いとそれぞれ（古典的）連合学習する課題を，MRI 装置内で行ってもらった。その後，一旦 MRI 装置の外に出てもらい，バニラアイスクリームとピーナッツバターサンドのいずれか一方を飽きるまで食べてもらった。そして再び，同じ課題を MRI 装置内で行ってもらって，条件刺激に対する脳活動の変化を調べた。すると，飽きるほど食べた方と連合した条件刺激に対してのみ，動因低下に伴って，前頭眼窩野と扁桃体の反応が下がっていたのである。

9.6.2 内発的動機づけとそのアンダーマイニング効果

一次的報酬であれ二次的報酬であれ，環境に存在する報酬（外的報酬）の獲得を目標とした動機づけは，外発的動機づけと呼ばれる。上に紹介してきた研究を含め，動機づけについての神経科学的研究のほとんどは，外発的動機づけ

第9章 動機づけ

に焦点を当てたものだ。

　一方で，「ただ純粋に楽しいからやる」といった動機づけもある。このような動機づけは，起こす行動と目標とが不可分であり，外的報酬を伴わない。このような動機づけは，内発的動機づけと呼ばれる。

　外発的動機づけと内発的動機づけの関係を考える上で興味深いアンダーマイニング効果と呼ばれる現象がある。ある課題に取り組む場合，その課題の成績に応じた金銭報酬を約束すると，その課題への動機づけは高まる。課題に取り組むことを通じて得られる金銭報酬の獲得を目標として，外発的動機づけが高まるからだ。しかし，もともとその課題が純粋に楽しくて，内発的動機づけに基づいて取り組んでいた場合，外的報酬の影響は単純ではない。外的報酬は，その課題に取り組む外発的動機づけを高める一方で，もともとの内発的動機づけを「低下させる」からだ。この外的報酬が内発的動機づけを低下させる効果が，アンダーマイニング効果である。

　アンダーマイニング効果を調べる心理学的実験パラダイムを図9.9に示す。最初に実験参加者は，パズルゲームなど，内発的に動機づけられる楽しい課題で遊ぶのだが，このとき，実験参加者を2つのグループに分ける。1つのグループには，パズルをどれだけ早くたくさん解けたかといった成績に応じて，金銭報酬などの外的な成功報酬を約束する（報酬群）。もう1つのグループは，そのような成功報酬については何も聞かされない（統制群）。課題遂行の後，実験参加者は実験者のいない部屋に案内され，そこで一人で少し待つように言われる。部屋の中には，今まで遊んでいた課題（「標的課題」と呼ぶこと

報酬群：成功報酬を約束
統制群：報酬の約束は無し

最初の課題でどれだけ遊ぶか
を計測（自由選択）

図 9.9　アンダーマイニング効果の実験

純粋に楽しめる課題を，成功報酬を約束する実験参加者（報酬群）と約束しない実験参加者（統制群）に分けて，取り組んでもらう。その後，成功報酬とは無関係に，同じ課題をどれだけ好んで取り組むかを調べる。

にする）を含めて，魅力的な課題がいくつか用意されている。待っている間，実験参加者はそれらのどの課題で遊んでもよいが，特に何もせず待っていてもよい。単なる待ち時間なので，報酬群であっても統制群であっても，成功報酬とは無関係であることが実験参加者にも自明である。この待ち時間（実はすべての実験参加者間で同じ時間）に，実験参加者が標的課題でどれくらい（回数や時間）遊ぶかによって，標的課題に対する内発的動機づけの度合いを定量的に測定・比較することができる。すると，待ち時間における標的課題に対する内発的動機づけが，統制群に比べ報酬群で有意に低下してしまうのだ。この結果は，成功報酬を約束された報酬群では，外的報酬の獲得を目標として外発的に標的課題に動機づけられたことにより，内発的動機づけが損なわれてしまったと解釈されている。

　アンダーマイニング効果を考える場合，次の二点に注意しなければならない。第一に，そもそもつまらない課題では，アンダーマイニング効果は起こらないという点だ。なぜなら，そのような課題には，外的報酬によって低下させられる内発的動機づけがそもそもないので，それ以上，低下しようがないのである。第二に，外的報酬を受け取ること自体ではなく，外的報酬を「予期する」ことが，アンダーマイニング効果の生起に重要だという点である。報酬があることを事前に予告して報酬を与えた群と，報酬を予告しないで，セッション終了後に予期しない報酬を与えた群とを比較すると，前者にだけアンダーマイニング効果が見られる。このことは，アンダーマイニング効果を引き起こす原因として重要なのは，外的報酬の獲得自体ではなく，「外的報酬のために課題をやらされている」と感じること，つまり「自己決定感の喪失」であることを示唆している（Deci & Ryan, 1985）。

9.6.3　内発的動機づけの神経基盤

　アンダーマイニング効果により内発的動機づけが低下するという事実は，内発的動機づけを実験的に操作できるということであり，内発的動機づけの神経基盤を調べることが可能であることを意味する。

　Murayama らは，内発的に動機づけられる楽しい課題であるだけでなく，課題を行っている最中の脳活動を調べるのにも適した課題として，画面に現れるストップウォッチを，手元のボタンで，5 秒で止める課題（ストップウォッチ課題）（図 9.10）を考案・採用した（Murayama *et al.*, 2010）。子供の頃にストップウォッチをある時間ピッタリに止めるという遊びをやったことのあるのは，筆者だけではあるまい。ストップウォッチ課題が始まるときには「5 秒で止める」という教示が画面上に提示された。時計が 5 秒付近で自動的に止まっ

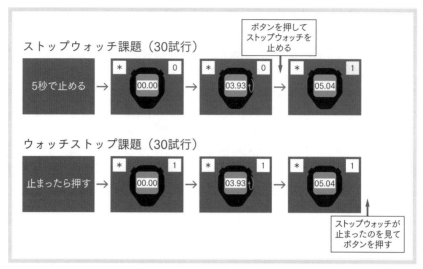

図9.10　内発的動機づけの神経基盤を調べる課題
5秒のタイムでボタンを押し，時計を自分で止めるストップウォッチ課題は，外的報酬がなくても楽しんで取り組める。時計が5秒付近で自動的に止まったのを見てボタンを押すウォッチストップ課題は，見た目とボタン押し反応はストップウォッチ課題とほとんど同じだが，外的報酬がないと動機づけられにくい。Murayama *et al.* (2010) より改変。

たのを見てボタンを押すウォッチストップ課題が始まるときには「止まったら押す」という教示が画面上に提示された。それぞれの実験参加者には，ストップウォッチ課題とウォッチストップ課題がそれぞれ30回ずつ，ランダムな順序で現れるセッションを，途中，休憩を挟んで2セッション，MRI装置内で行ってもらい，課題遂行中の脳活動を計測した。

　大学生男女28名の実験参加者には，所定時間内に2つの実験に参加してもらうこと，そして最初の実験ではストップウォッチ課題とウォッチストップウォッチ課題に取り組んでもらうことを伝え，実験参加に対する謝礼は実験開始前に支払った。その上で，報酬群に割り当てられた14名には，「ストップウォッチ課題に1回成功するごとに，200円の金銭報酬が獲得できる」と教示し，統制群に割り当てられた14名には外的報酬に関する教示は一切しなかった。

　第1セッション終了後，実験参加者はMRI装置から一旦外に出て，待機室に通された。報酬群の実験参加者には，最初に教示した通り，ストップウォッチ課題に対する成功報酬を，その場で現金で渡した。統制群の実験参加者には，外的報酬の教示はしなかったのだが，報酬群の誰か一人と同額の金銭報酬を，やはりその場で現金で渡した。

　次の実験を一人で待機室で待っている間，何をしていてもよいと実験参加者は伝えられた。何もせずただ待つこともできたし，また，実験で取り組んだストップウォッチ課題とウォッチストップ課題を自由に選んで遊ぶこともできた。この待ち時間3分間の間に，報酬群がストップウォッチ課題で遊んだ回数は統制群が遊んだ回数よりも有意に少なかった一方で，内発的に動機づけられにくく成果報酬に関わることもないウォッチストップ課題で遊んだ回数は統制群，報酬群とも非常に少なく，有意差も見られなかった（図9.11）。このことは，ストップウォッチ課題に対する内発的動機づけのアンダーマイニング効果が，この実験において明確に再現されたことを示している。

　続く第2セッションでも，ストップウォッチ課題とウォッチストップ課題を行ってもらったが，追加の外的報酬はないことを，すべての実験参加者に明示的に伝えた。ストップウォッチ課題の成功時と失敗時の脳活動の差分を見てみると，第1セッションでは，報酬群，統制群とも線条体前部における活性化が見られ，両群とも，ストップウォッチ課題での成功が報酬として機能し，快感や欲求を引き起こしていたと考えられる。報酬群では成功に対して外的金銭報酬が約束されているため，成功が報酬として機能することは当然である。統制群でも同様に線条体前部の有意な活性化が見られた。これは，ストップウォッチ課題で成功すること自体が快感を引き起こすために，ストップウォッチ課題が内発的に動機づけられるという想定を支持している。

　第2セッションでは，課題成績に対する外的報酬は両群ともに与えられな

第9章　動機づけ

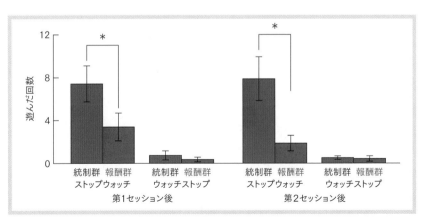

図9.11　ストップウォッチ課題におけるアンダーマイニング効果
第1セッション後および第2セッション後の何をしてもよい待ち時間（3分間）に，統制群と報酬群の実験参加者が好きに取り組むことのできたストップウォッチ課題とウォッチストップ課題で実際に遊んだ回数の平均値。誤差線は標準誤差。Murayama *et al.*（2010）より改変。

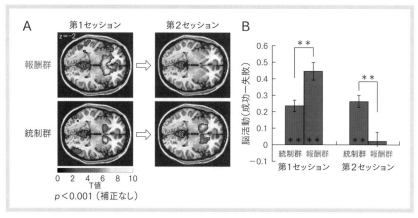

図 9.12 ストップウォッチ課題での成功 vs. 失敗の脳活動

A：第1セッションと第2セッションにおける報酬群と統制群の線条体の脳活動。B：A の活動のピークの棒グラフ表示。第1セッションで見られた顕著な脳活動が，アンダーマイニング効果の起きた報酬群では第2セッションで消失したが，統制群では第1セッション，第2セッションとも同様の強い線条体活動が見られた。この脳活動は2群×2セッションの交互作用が有意（P<0.05）であった。誤差線は標準誤差。Murayama *et al.*（2010）より改変。

いことが明示的に教示されている。そのため，ストップウォッチ課題での成功への外発的動機づけの影響は排除されている。すると，第1セッションで見られた線条体前部の活動が，報酬群では完全に消失してしまった（図9.12A，B）。報酬群では，アンダーマイニング効果によりストップウォッチ課題での成功自体が報酬として機能しなくなり，快感を呼び起こさなくなったことを示唆している。これに対して統制群では，第1セッションで見られた線条体前部の活動が，第2セッションでも同様に認められた。統制群では，アンダーマイニング効果が生じていないため，ストップウォッチ課題での成功自体が第2セッションでも報酬として機能し，快感を呼び起こしていたことを示唆している。実際，第2セッション後に設けた待ち時間でも，統制群の実験参加者は第1セッション後の待ち時間と同程度に，ストップウォッチ課題で自発的に遊んだ（図9.11）。

　ストップウォッチ課題とウォッチストップ課題はランダムな順序で行ってもらったが，ストップウォッチ課題が始まるときには「5秒で止める」，ウォッチストップ課題が始まるときには「止まったら押す」という手がかり刺激を画面に提示したので，その時点でこれからどちらの課題が始まるかを実験参加者は知ることができた。すると，両課題の動機づけの違いが，このタイミングの脳活動に現れてくるはずである。特に，内発的動機づけとも関連する場合，線

条体前部がストップウォッチの成功 – 失敗で示したのと同様の活動パターンで現れると考えられる。手がかり刺激のタイミングでそのような活動を示したのは，前頭前野背外側部であった。このことは，これから始まる課題に対する動機づけが前頭前野背外側部の活動に反映されていること，そしてこれが，外発的動機づけだけでなく内発的動機づけについても当てはまることを示唆している。

9.6.4　自己決定感の動機づけへの影響

アンダーマイニング効果を引き起こす原因として重要なのは，「外的報酬のために課題をやらされている」と感じること，つまり「自己決定感の喪失」であると考えられている（Deci & Ryan, 1985）。そこで Murayama らは，内発的動機づけを調べるのに適したストップウォッチ課題に，自己決定感の高い条件と低い条件とを設定し，条件間でどのような脳活動の違いが現れるかを調べた（Murayama *et al.*, 2015）。オリジナルのストップウォッチ課題では1種類のストップウォッチしか用いなかったが，この実験では，デザインの異なる9種類のストップウォッチを用意した（図9.13A）。その中の2種類が毎回ランダムに選ばれて提示され，そのいずれか一方を使って，ストップウォッチを5秒で止めるという課題を用いた（図9.13B）。成功・失敗の基準は，オリジナルのストップウォッチ課題と同様，5秒±50ミリ秒で止めることができれば"成功"，その範囲に収まらなければ"失敗"とした。

大学生男女35名の実験参加者に，MRI装置の中でこのストップウォッチ課

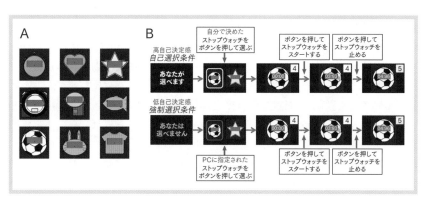

図9.13　自己決定感を操作したストップウォッチ課題
A：実験に用いた9種類のストップウォッチ。B：課題の模式図。自己決定感の高い自己選択条件では，2種類のストップウォッチの一方を自分で選んで使えた。自己決定感の低い強制選択条件では，使うストップウォッチをコンピュータによって指定された。Murayama *et al.*（2015）より改変。

題に取り組んでもらった。提示された2種類のストップウォッチの一方を，自分で選んで使える条件（自己選択条件）とコンピュータに指定されて使わされる条件（強制選択条件）を設定した。自己選択条件と強制選択条件とは疑似ランダムな順序とし，自己選択条件が始まるときには「あなたが選べます」，強制選択条件が始まるときには「あなたは選べません」という手がかり刺激を画面に提示した。自己選択条件の方が強制選択条件よりも，自己決定感が高くなり，動機づけも高くなると想定された。実際，実験終了後にどちらの条件でより「ポジティブな気分になったか」を答えてもらったところ，94％の実験参加者が，自己選択条件の方を選んだ。また，ストップウォッチ課題での成功率も，課題の難易度自体には条件間でまったく差がないにもかかわらず，自己選択条件の方が強制選択条件よりも有意に高かった。これらの結果は，自己選択条件が，強制選択条件よりも，動機づけが高かったことを示唆しており，自己決定感が，ストップウォッチ課題の動機づけにポジティブな影響を及ぼしたと考えられる。

9.6.5　自己決定感が動機づけに影響を及ぼす神経基盤

　自己決定感の高い自己選択条件か低い強制選択条件かがわかるのは，「あなたが選べます」もしくは「あなたは選べません」という手がかり刺激が提示されるタイミングである。自己選択条件であるとわかったときに有意に活動を上昇させる脳部位として同定されたのは，帯状回前部，前頭前野内側部，島皮質前部，中脳，そして線条体前部であった。この結果は，単純なギャンブル課題で調べた先行研究と一致していた。つまり，これらの脳部位の活動は，ストップウォッチ課題のように外的報酬が得られなくても楽しめる課題においても，自己決定感によって上下することが示されたと解釈できる。

　内発的動機づけと連動してストップウォッチ課題の成功（vs. 失敗）に反応した線条体前部の活動を見てみよう。予想通りに，明瞭な活動が認められた。成功と失敗それぞれの活動変化に分けて見てみると，成功に比較して，失敗に対して顕著な活動低下が見られるが，いずれも自己選択条件と強制選択条件との間に有意な差は認められなかった。この予想に反した結果は，自己決定感が動機づけに影響を及ぼす場は，線条体前部ではないことを示唆している。

　そこで，報酬の価値表現が，さまざまな文脈によって修飾をされることが知られている，前頭前野腹内側部の活動に焦点を当ててみた。すると，線条体前部とは異なり，「成功／失敗」に対する活動変化と自己選択条件／強制選択条件による活動変化に，有意な交互作用が認められた（図9.14A）。成功と失敗それぞれの活動変化に分けて見てみると，成功に対しては自己選択条件と強制

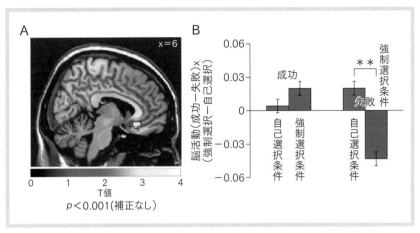

図 9.14 自己決定感と前頭前野腹内側部

A：自己決定感の高低によってストップウォッチ課題の成功 vs. 失敗の反応が異なる前頭前野腹内側部の活動。B：Aの活動のピークを，成功と失敗に分け，それぞれ自己選択条件と強制選択条件での活動を棒グラフで表示。2結果（成功，失敗）× 2条件（自己選択，強制選択）の分散分析の結果，有意な交互作用が認められた（P<0.05）。条件間の差は，失敗時にのみ有意（P<0.01）であった。誤差線は標準誤差。Murayama *et al.* (2015) より改変。

選択条件の間で有意な差は認められなかったが，失敗に対する顕著な活動低下が強制選択条件でのみ見られ，自己選択条件ではそのような活動低下が見られなかったのである（図 9.14B）。この結果は，自己決定感が高いと，失敗による動機づけの低下に対する抵抗性が生まれることに前頭前野腹内側部が関与し，それが自己決定感によるストップウォッチ課題に対する動機づけ向上を引き起こしている可能性を示唆している。このことは，失敗は，将来の成績を改善するための重要な情報としても扱われるという心理学上の説を支持している（Ryan, 1982）。

9.7 おわりに

　私たち人間も，そして動物たちも，さまざまに動機づけられて生きている。それが可能になっているのは，私たちの脳には動機づけのメカニズムが備わっているからだ。さまざまな動因や誘因が相互作用しながら動機づけを引き起こす，共通のメカニズムが脳内には備わっていると考えられる。また，「人はパンのみにて生きるものにあらず」とも言われるように，私たちは外から与えられる報酬を得るためだけに動機づけられるわけでもない。「純粋に楽しいからやる」という内発的動機づけや，それを支える自己決定感は，私たちがどう生

きるかを考えるヒントにもなるのではないか。幸せに，そして主体的に生きたいという多くの方々の願いを脳科学が基礎づけていることを，本章から読み取っていただければ幸いである。

参考文献

エドワード・L・デシ，リチャード・フラスト 著，櫻井茂男 監訳（1999）『人を伸ばす力 —内発と自律のすすめ』，新曜社

桜井武（2012）『食欲の科学 —食べるだけでは満たされない絶妙で皮肉なしくみ』，講談社

バーナード・ワイナー 著，林保・宮本美沙子 監訳（1989）『ヒューマン・モチベーション —動機づけの心理学』，金子書房

引用文献

Bellinger, L. L., Bernardis, L. L. (2002) The dorsomedial hypothalamic nucleus and its role in ingestive behavior and body weight regulation: lessons learned from lesioning studies. *Physiology & Behavior*, **76**, 431-442.

Bouret, S., Richmond, B. J. (2010) Ventromedial and orbital prefrontal neurons differentially encode internally and externally driven motivational values in monkeys. *Journal of Neuroscience*, **30**, 8591-8601.

Deci, E. L., Ryan, R. M. (1985) Intrinsic motivation and self-determination in human behavior. Perspectives in Social Psychology. Springer.

Elliot, A. J. (1999) Approach and avoidance motivation and achievement goals. *Educational Psychologist*, **34**, 169-189.

Fujimoto, A., Hori, Y., Nagai, Y., Kikuchi, E., Oyama, K., Suhara, T., Minamimoto, T. (2019) Signaling incentive and drive in the primate ventral pallidum for motivational control of goal-directed action. *Journal of Neuroscience*, **39**, 1793-1804.

Gottfried, J. A., O'Doherty, J., Dolan, R. J. (2003) Encoding predictive reward value in human amygdala and orbitofrontal cortex. *Science*, **301**, 1104-1107.

Hiyama, T. Y., Watanabe, E., Okado, H., Noda, M. (2004) The subfornical organ is the primary locus of sodium-level sensing by Na_x sodium channels for the control of salt-intake behavior. *Journal of Neuroscience*, **24**, 9276-9281.

Izuma, K., Matsumoto, M., Murayama, K., Samejima, K., Sadato, N., Matsumoto, K. (2010) Neural correlates of cognitive dissonance and choice-induced preference change. *Proceedings of the National Academy of Sciences*, **107**, 22014-22019.

Knutson, B., Fong, G. W., Adams, C. M., Varner, J. L., Hommer, D. (2001) Dissociation of reward anticipation and outcome with event-related fMRI. *NeuroReport*, **12**, 3683-3687.

Maslow, A. H. (1943) A theory of human motivation. *Psychological Review*, **50**, 370-396.

Matsuda, T., Hiyama, T. Y., Niimura, F., Matsusaka, T., Fukamizu, A., Kobayashi, K., Kobayashi, K., Noda, N. (2017) Distinct neural mechanisms for the control of thirst and salt appetite in the subfornical organ. *Nature Neuroscience*, **20**, 230-241.

Minamimoto, T., Yamada, H., Hori, Y., Suhara, T. (2012) Hydration level is an internal variable for computing motivation to obtain water rewards in monkeys. *Experimental Brain Research*, **218**, 609-618.

Murayama, K., Matsumoto, M., Izuma, K., Matsumoto, K. (2010) Neural basis of the undermining effect of monetary reward on intrinsic motivation. *Proceedings of the National Academy of Sciences*, **107**, 20911-20916.

Murayama, K., Matsumoto, M., Izuma, K., Sugiura, A., Ryan, R. M., Deci, E. L., Matsumoto, K. (2015) How self-determined choice facilitates performance: a key role of the ventromedial prefrontal cortex. *Cereb Cortex*, **25**, 1241-1251.

Oomura, Y., Ono, T., Ooyama, H., Wayner, M. J. (1969) Glucose and osmosensitive neurones of the rat hypothalamus. *Nature*, **222**, 282-284.

Penzo, M. A., Gao, C. (2021) The paraventricular nucleus of the thalamus: an integrative node underlying homeostatic behavior. *Trends in Neurosciences*, **44**, 538-549.

Pintrich, P. R., Schunk, D. H. (2002) Motivation in Education: Theory, research, and applications. 2nd ed., Merrill Prentice Hall.

Richter, C. P. (1927) Animal behavior and internal drives. *The Quarterly Review of Biology*, **2**, 307-343.

Ryan, R. M. (1982) Control and information in the intrapersonal sphere: an extension of cognitive evaluation theory. *Journal of Personality and Social Psychology*, **43**, 450-461.

Sewards, T. V., Sewards, M. A. (2003) Representations of motivational drives in mesial cortex, medial thalamus, hypothalamus and midbrain. *Brain Research Bulletin*, **61**, 25-49.

第 9 章 動機づけ

第10章 条件づけの数理

酒井　裕

第8章では，脳にあるさまざまな意思決定システムについて解説した。本章では，その中の習慣的行動につながる2種類の条件づけ（古典的条件づけ・オペラント条件づけ）に注目し，その特性を見ていく。また，さまざまな特性を再現するような数理モデルを通じて，条件づけの意義について言及する。さらにTD学習という学習手法のもとで，2種類の条件づけの統一的な理解が可能であることを示す。

10.1　古典的条件づけ

古典的条件づけは，そもそもなぜ起こるのだろうか。パブロフの犬の実験では，ベルが鳴っただけで唾液が出るようになったとしても，もらえる餌が増えるわけではない。古典的条件づけの意義についての疑問を念頭に置きながら，下記に解説する古典的条件づけの特性を見ていこう。

10.1.1　接近性と随伴性

一般に条件づけでは，繰り返した回数が多ければ多いほど，その効果が大きくなる。では，パブロフの犬の実験でベルと餌を確率的に与えたらどうなるのだろうか（図10.1）。条件づけには，共に与えた回数（接近性：contiguity）が重要なのだろうか。それとも，ベルと餌の関係（随伴性：contingency）が重

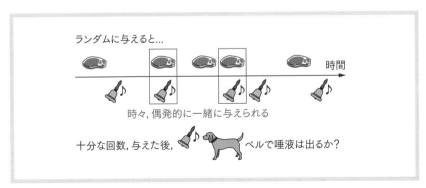

ランダムに与えると...

時々，偶発的に一緒に与えられる

十分な回数，与えた後，　ベルで唾液は出るか？

図10.1　接近性と随伴性

要なのだろうか。もし接近性が重要であるとすれば，ベルと餌の有無を全くランダムに決めていたとしても，たまたま共に与えられた回数が増えていけば，条件づけが成立するはずである。しかし随伴性が重要であれば，ベルの有無と餌の有無は全く無関係であるため，条件づけは起こらないはずである。

　実際に調べてみると，全くのランダムでは，いくら繰り返しても条件づけが成立しないことがわかった。すなわち接近性仮説が棄却され，随伴性仮説が支持されたわけである。さらに，ベルと餌を与える確率を制御してさまざまな条件を試すと，ベルが鳴ったことによって餌の期待値が平均よりどのぐらい上がったかが重要であることがわかった。条件づき期待値の形式で書くと，次のようになる。

$$(\text{条件づけの効果}) \propto E[\text{餌}|\text{ベル}] - E[\text{餌}]$$

　つまり「ベルが鳴ったかどうか」という情報が餌の予測にどのくらい貢献するか，ということが重要なのである。このことから，古典的条件づけは感覚刺激から報酬を予測するという機能に関わっているのではないか，と考えられる。

10.1.2　ブロッキング

　複数の感覚刺激を用いた古典的条件づけの実験も数多くされている。たとえば，第1段階でベルだけを提示して餌を与えることを十分繰り返した後，第2段階で，光とベルの両方を提示して餌を与えることを繰り返すと，光に対して唾液が出るようになるだろうか（図10.2）。第2段階で，ベルだけでなく，光

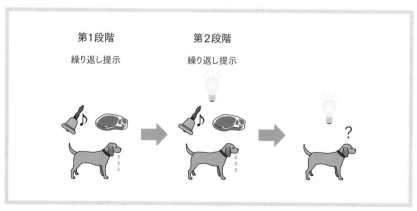

第1段階
繰り返し提示

第2段階
繰り返し提示

図 10.2　ブロッキングの手続き

も餌との関連づけをしていることになるため，光に対して唾液が出るように
なってもおかしくない。しかし，実際は，光に対して条件づけが起こらないこ
とが知られている。この現象を<u>ブロッキング（阻止）</u>と呼ぶ。先にやったベル
に対する条件づけが，その後の光に対する条件づけをブロックしている，とい
う意味である。

　この現象も<u>報酬予測</u>という機能を想定すると，辻褄が合う。第2段階の最
初から，餌を予測するのには，ベルという情報で十分であり，新たに光という
情報を使わなくても十分に予測できる。したがって，新たな関係性を学ぶ必要
がなかったわけである。

10.1.3 Rescorla-Wagner モデル

　Rescorla と Wagner は，報酬予測という機能を念頭において，古典的条件づ
けの程度を表す数理モデルを提案した（Rescorla & Wagner, 1972）。ある試行
t で，各感覚刺激 s が提示されるかどうかを 0, 1 で表した変数を $x_s(t)$ とし，そ
の後得られる報酬の量を $r(t)$ とする。報酬量 $r(t)$ を，変数 $x_s(t)$ の一次関数 $y(t)$
で予測することを考える。

$$y(t) = w_0 + w_1 x_1(t) + w_2 x_2(t) + \cdots = w_0 + \sum_s w_s x_s(t)$$

とし，モデルの出力 $y(t)$ の値が実際に得られる報酬 $r(t)$ の値に近くなればいい
わけである。そのために，各係数 w_s を変化させて出力 $y(t)$ と報酬 $r(t)$ との誤
差 $\varepsilon(t) = r(t) - y(t)$ の2乗を最小にする。最も単純な最小化手法に，最急勾配
法がある。最小にしたいものを各係数で微分して勾配の方向を求め，その勾配
を下るように徐々に各係数を変化させる方法である。最急勾配法での w_s の試
行ごとの変化は，以下の式で表すことができる。

$$w_s(t+1) = w_s(t) - \alpha \frac{\partial \varepsilon^2(t)}{\partial w_s} = w_s(t) + \alpha \varepsilon(t) x_s(t)$$

なお，定数項 w_0 に関する微分を書いていないが，常に $x_0(t) = 1$ という仮の変
数を定義してしまえば，ほかと同じように表記できる。定数 α は勾配を下る程
度を表し，学習モデルでは学習率と呼ばれる。さまざまな種類のデータの間の
依存関係を分析する回帰分析という統計手法があるが，このモデルは一次関数
を用いた回帰である線形回帰分析に相当する。報酬量を感覚刺激の有無で線形
回帰する逐次的な手法である。

　Rescorla と Wagner は，この報酬予測モデルにおける係数 w_s が感覚刺激 s
に対する条件づけの強さの程度を表している，と考えた。この係数 w_s は，さ

まざまな実験での条件づけの強さをよく再現するが，なぜ唾液の分泌などの条件反応と結びつくのかを説明できているわけではない。その関係は生得的に備わっている，という想定である。

10.1.4 Rescorla-Wagner モデルの挙動

図 10.3 は Rescorla-Wagner モデルの挙動を示している。図 10.3A 中段はブロッキングの手続きの再現である。第 2 段階で光を提示しているにもかかわらず，光に対する係数 $w_光$ が変化していないことが見てとれる。また，第 2 段階の報酬の量を第 1 段階より，増やしたり（図 10.3A 上段）減らしたり（図 10.3A 下段）すると，係数 $w_光$ も増えたり減ったりする。このような現象は，実際の条件づけでも確認されている。

図 10.3B は随伴性の性質を再現しているもので，感覚刺激と報酬の相関に応じて条件づけの程度が大きくなり，無相関では条件づけが成立しないことが見てとれる。逆に負の相関があると，抑制的な条件づけ，すなわちベルが鳴ったときの方が，鳴らなかったときより唾液量が少なくなる，という条件づけが起こる。この現象は実際の条件づけでも確認されている。

Rescorla-Wagner モデルでブロッキングが再現できるのは，複数の感覚刺激

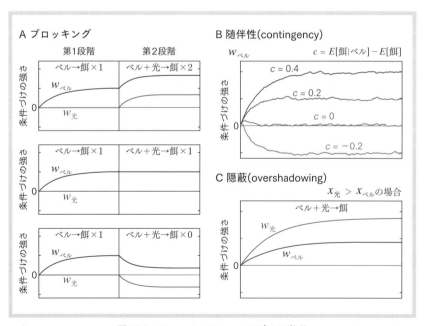

図 10.3　Rescorla-Wagner モデルの挙動

のどれでも予測が十分にできる場合に，予測の仕方が冗長になるからである。ベルだけで予測しても，光だけで予測しても，また両方使って予測しても，予測ができるようになってしまえば，学習が安定状態になる。したがって，最終的にどこに行き着くかは，それまでの手続きの経緯に依存する。

　この特性から，最初から複数の感覚刺激を提示した場合，感覚刺激の間で予測量を奪い合う，という挙動が見られる（図 10.3C）。一般に異なる感覚刺激の強さは異なると考えられるので，刺激の有無（$x_S(t) = 0, 1$）だけを表すだけでなく，連続値（$x_S(t) \geq 0$）で刺激の強度も含めて表すとしよう。2 つの刺激 Y と Z で刺激の強度が異なる場合（$x_Y(t) > x_Z(t)$），強い方が弱い方の効果を隠蔽（overshadowing）する。この効果は，実際の条件づけでも確認されている。

10.2　オペラント条件づけ

　オペラント条件づけの意義はわかりやすい。飼い主に「お手」を訓練される犬を想像してみよう。飼い主の要求に応じてお手をすることによって，嬉しいこと（撫でられる，餌をもらう，など）が起きるので，より確実にお手をするようになる。オペラント条件づけでは，状況に応じて何らかの行動を起こし，その結果が良かったり悪かったりする，という試行錯誤を通じて，適切な行動を獲得していく，という学習が生じている。これは動物が生存していくために必須の機能であろう。しかし，比較的単純な例を考えても，試行錯誤によって適切な行動を獲得していくのは，結構難しい問題であることがわかる。本節では，その難しさを示していく。

10.2.1　報酬最大化の難しさ

　動物が自然界で試行錯誤を通じて学習しなければならない典型例は，餌採りであろう。たとえば肉食動物が目の前で複数の獲物に遭遇したとき，狙う相手を選ぶとしたら，経験から成功率が一番高そうな位置関係の相手を狙うだろう。この例は比較的単純な学習問題である。常に最も成功率の高い獲物を狙えばいいので，試行錯誤によって成功率を見積もれるようになればいいわけである。

　では草食動物ではどうだろうか。毎日，巣から離れた餌場のうち，どこに行くか選ぶ状況を考える。この場合，少し複雑になり，最も豊富な餌場に毎日行けば最適になるわけではない。豊富な餌場も自分で採り尽くしてしまうと，また餌となる植物が再生するまで採れなくなってしまう。一方で貧弱な餌場でも

十分時間が経てば餌が十分にあるかもしれない。しかし待ちすぎると他の動物に取られてしまうかもしれない。そんなバランスを考慮して，それぞれの餌場を選ぶ比率を決めないと，得られる餌を最大化できない。餌の量や再生の頻度を数値として知っていたとしても，そこから即座に最適なバランスを導き出せる人はあまりいないだろう。それを，真の値がわからないのに試行錯誤で実行しなければならないのである。相当難しい問題であることが想像できるだろうか。

　この状況の難しさは，これから報酬を獲得できる確率が，これまで自分が行ってきた行動によって変化してしまうことに起因する。肉食動物でも同様で，獲物を狩り尽くしてしまう状況を考えれば同じである。また，狩りの途中のプロセスを考えると，それまでの動き方によって，これから狙うべき方向が変わることもあるだろう。これまでの履歴が未来に与える影響のせいで，一気に難しい問題になってしまうのである。

10.2.2　報酬最大化の失敗とマッチング則

　自然界では，もしかしたら動物は難なく最適な採餌行動ができているかもしれない。しかし，これまでの選択履歴が未来に影響を与えるような行動選択課題を実験室環境で課すと，いくら学習を繰り返しても得られる餌を最大化できないことがしばしばある。やはり動物にとっても難しい問題であることがわかる。このようなときに動物は，単に無茶苦茶な選択行動をするのではなく，マッチング則（matching law）という行動上の法則が成立することが知られている。

　マッチング則は，同じ実験条件で十分学習した後の一定期間に，各選択肢を選んだ回数の割合と，各選択の結果得られた報酬の累積量の割合が一致するという法則である（図 10.4）。割合の一致は割り算の等式に書き換えられるので，次のように表現することもできる。

$$\frac{A\text{からの報酬量}}{A\text{の選択回数}} = \frac{B\text{からの報酬量}}{B\text{の選択回数}} = \cdots$$

　これは「各選択肢を選んだときの平均報酬量が等しい」という意味である。ただし，割り算ができなければならないので，選択回数が 0 でない選択肢に限られる。選択回数が 0 の場合は，報酬量も 0 になるので，その部分は自明に割合が一致する。

　肉食動物の採餌を例に挙げた単純な例では，成功率が変わらなければ常に同じ選択をすることが最適であるので，報酬最大化する選択行動が自明にマッチ

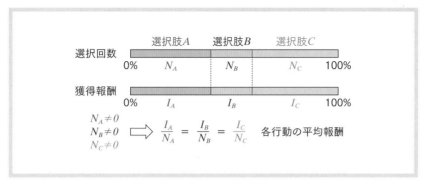

図10.4 マッチング則

ング則を満たす例になっている。しかし，行動履歴が未来の報酬確率に影響を与える場合には，一般に報酬最大化する選択行動とマッチング則を満たす選択行動は乖離する。次にその実例を見ていこう。

10.2.3 報酬最大化とマッチングの乖離

A か B か二択の状況を想定し，A を確率 p で，B を $1-p$ で選択している状況を考える。A を選択したときの平均報酬量は，期待値の表記で $E[r|A]$ のように表すと，トータルの獲得報酬の平均は，

$$E[r] = E[r|A]p + E[r|B](1-p)$$

と書ける。草食動物の餌場選びの例で想定した状況を，実験室環境に組み込んだ場合を考える。ある設定条件で，横軸 p に対して，$E[r]$, $E[r|A]$, $E[r|B]$ のグ

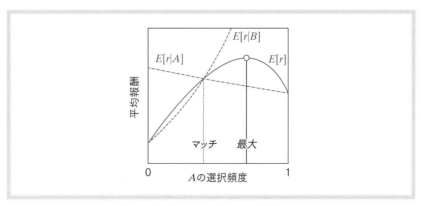

図10.5 マッチングと最大化

第10章 条件づけの数理

ラフを描くと図 10.5 のようになる。$E[r|A]$ や $E[r|B]$ が選択確率 p によって変化しているのは，食べ尽くす頻度が高くなって，次に餌がある期待値が減ることを反映している。マッチング則が成立するのは，3 つのグラフが交わっている点である。一方，報酬を最大化できるのは，$E[r]$ が最大となっている選択比率である。このグラフを見てわかるように，動物は最大値に比べ獲得報酬量が大きく減ってしまうにもかかわらず，マッチング則が成り立つような比率で A か B を選んでしまう，ということである。

10.2.4　素朴な報酬最大化の方法

　動物は図 10.5 のようなグラフの形状を知らないので，試行錯誤の結果だけから選択比率 p を変化させていかなければならない。二択の結果だけから，より得になるように p を変化させていこうと思ったら，どうするだろうか。単純な二択の繰り返しで累積スコアを上げるゲームを想像し，自分だったらどうするかを考えてみよう。おそらく多くの人は，どちらの選択肢も試しながら，両者の平均獲得スコアを何となく感じて，獲得しやすい方の選択を増やしていくような戦略をとるだろう。実は，この戦略では，最大化できずマッチングに至ることがわかる。図 10.5 のグラフを見てみよう。マッチングの点より p が右側にいるときは，$E[r|A] < E[r|B]$ となっているので，B を増やす方，つまり p を減らす左の方に動かすことになる。逆に，マッチングの点より p が左側にいるときは，$E[r|A] > E[r|B]$ となっているので，p を増やす右の方に動かすことになる。これを繰り返していると，最終的にマッチングの点に到達してしまう。この学習戦略はマッチング則を説明するモデルとして提案されていて「逐次改良法（melioration）」と呼ばれている。

　試行錯誤でスコアを最大にしようとして想定した一見すると理にかなった戦略なのに，なぜ最大化できずにマッチングになってしまったのだろうか。実は，この戦略では，暗黙の前提として各選択肢を選んだときの期待報酬 $E[r|A]$, $E[r|B]$ が，これまでの行動にかかわらず，一定だという仮定を置いてしまっているのである。平均報酬の式を $E[r|A]$, $E[r|B]$ が定数だと思って p で微分すると，

$$\frac{dE[r]}{dp} = E[r|A] - E[r|B]$$

となり，この傾きに従って山を登るように最大化をすると，マッチング $E[r|A] = E[r|B]$ に至る。しかし，実際には期待報酬 $E[r|A]$, $E[r|B]$ が，これまでの選択比率によって変化するため，p による微分が 0 とならない。その分

を考慮しなかったせいで最大化できなかったわけである。

10.2.5 真の報酬最大化

では，報酬最大化をするにはどうしたらいいだろうか。上記で導出しようとした微分の真の値は，今回 A か B どちらを選んだかによる報酬期待値の違いだけでなく，無限に過去まで，各時点の選択による影響を足し合わせたものになる。今回の選択の影響＋前回の選択の影響＋前々回の選択の影響＋……という無限和で表される。正確に記述すると次のようになる。

$$\frac{dE[r]}{dp} = \sum_{\tau=0}^{\infty} (E[r(t)|a(t-\tau)=A] - E[r(t)|a(t-\tau)=B])$$

ここで $a(t)$ は t 回目に選んだ選択肢である。確率法則が時間方向にシフトしても変わらない，という性質を使って，過去に向かった総和を未来に向かった総和にも書き換えることができる。

$$\frac{dE[r]}{dp} = \sum_{\tau=0}^{\infty} (E[r(t+\tau)|a(t)=A] - E[r(t+\tau)|a(t)=B])$$

こちらの形式では，今回の選択が未来の累積報酬に与える影響を表している。このように，真の最大化をしようと思ったら，未来か過去への無限和を推定しなければならないのである。試行錯誤で実際に推定するのは容易でないことがわかるだろう。

10.3 TD（temporal difference）学習

報酬最大化に必要な無限和の推定を回避して，現実的に推定する手法が強化学習の分野で知られている。TD（temporal difference）学習と呼ばれている手法である。この手法では，さまざまな感覚刺激の後に得られる累積報酬の予測が重要な役割を果たす。この役割が古典的条件づけに対応すると考えられ，報酬最大化という目的のもとで，2種類の条件づけを統一的に解釈できる。本節では，その考え方を解説していく。

10.3.1 TD学習による無限和推定の回避

TD学習では，まずさまざまな感覚刺激 S が，その後に得られる累積報酬に与える影響を推定する。すなわち，ある刺激 S を受けたかどうかによって，累積報酬の期待値がどれだけ変化するかを見積もる。この変化分を刺激価値

V_S と呼ぶ。この刺激価値を用いれば，ある行動をする前の感覚刺激 $s(t)$ の価値 $V_{s(t)}$ から，その行動をした後の感覚刺激 $s(t+1)$ の価値 $V_{s(t+1)}$ への時間差分（temporal difference）$V_{s(t+1)} - V_{s(t)}$ で，その行動が与える未来の累積報酬への影響を表すことができる。行動が与える影響を，行動前後の刺激価値の変化に置き換えるのである。

　置換のための刺激価値 V_S 自身も，同様の置き換えで無限和を避けて推定することができる。刺激 S を受けたかどうかによる未来の累積報酬への影響のうち，1ステップ先以降を直後に受けた感覚刺激の価値 $V_{s(t+1)}$ で置き換えるのである。

$$V_S = \sum_{\tau=0}^{\infty} \left(E[r(t+\tau)|s(t)=S] - E[r(t+\tau)] \right) = E\left[\sum_{\tau=0}^{\infty} (r(t+\tau) - E[r]) \middle| s(t)=S \right]$$

$$= E\left[r(t) - E[r] + \sum_{\tau=1}^{\infty} (r(t+\tau) - E[r]) \middle| s(t)=S \right] \approx E\left[r(t) - E[r] + \underline{V_{s(t+1)}} \middle| s(t)=S \right]$$

ここで刺激の条件がない期待値 $E[r(t+\tau)]$ は，時間に依存しないため，単なる平均報酬 $E[r]$ である。そして，条件つき期待値の中にすべて入れ込んだ形に変形している。下線部分が TD 学習で置き換える箇所である。置換後の式では，無限和が形式的に消えていることがわかる。ある感覚刺激の次以降の分を，次の感覚刺激の価値の推定値で置き換え，その感覚刺激の推定にはまたその次の価値の推定値で置き換える，ということが順繰りに起こっていくため，経験を積んでいくうちに段々と無限和への影響に収束していく，というカラクリである。

　上記の置き換えた期待値に近づくように刺激価値 V_S を更新するには，

$$V_S \leftarrow V_S + \alpha \left(E[r(t) - E[r] + V_{s(t+1)} | s(t) = S] - V_S \right)$$

として，現在の推定値 V_S からの誤差を小さくするように更新していけばいい。ただし，この期待値の真の値は知らないため，この更新則と平均的に同じになるように $s(t) = S$ のときだけ更新することにして，

$$V_{s(t)} \leftarrow V_{s(t)} + \alpha \left(r(t) - E[r] + V_{s(t+1)} - V_{s(t)} \right)$$

とすると，経験で得られる情報だけで更新則を立てられる。

　このように，真の報酬最大化には無限に未来までの累積報酬への影響を推定する必要があるのだが，ある刺激価値の推定のために他の刺激価値の推定値を用いる，という再帰的な手法を使って，形式的には無限和を避けながら，実行

可能な更新則で無限和に近づいていくことを可能にしたのが TD 学習である。

10.3.2 TD 学習と古典的条件づけの意義

TD 学習で推定している刺激価値 V_S は，刺激 S による将来の累積報酬の予測であると解釈できる。古典的条件づけの節において，刺激の直後（もしくは同時）に得られる報酬の予測に関する考察しかしてこなかったが，その後の累積報酬まで含んだ予測を表していると考えれば，TD 学習における刺激価値の推定プロセスが，古典的条件づけに相当すると考えることができる。TD 学習の更新に使っている誤差の部分 $\varepsilon(t) = r(t) - E[r] + V_{S(t+1)} - V_{S(t)}$ は，報酬予測誤差（もしくは TD 誤差）と呼ばれる。第 8 章でドーパミンとの関係を示唆した量と対応し，古典的条件づけにおけるドーパミンの挙動と整合することも第 8 章で解説した。また，刺激直後の部分に関しては，平均報酬 $E[r]$ からの差分で表されている。古典的条件づけにおいて，次の試行までの間隔が長く，それ以降の効果が無視できるとすれば，刺激価値 V_S は，

$$V_S \approx E[r(t)|s(t) = S] - E[r]$$

となり，随伴性の性質と合致する。これらの知見は，脳内で TD 学習が行われていることを示唆している。

TD 学習は，報酬最大化における困難を克服するための手段であり，その過程で，感覚刺激による将来累積報酬の予測を必要としている。この累積報酬予測が古典的条件づけの役割であるとすれば，古典的条件づけは，オペラント条件づけにおける報酬最大化という目的の実現を支えている重要な要素ではないかと考えられる。

column

本文では，真の報酬最大化に必要な無限和の項が発散することがないように，差分の形式を維持したまま記述してきた。この形式は，標準的な強化学習の教科書にはあまりないため，困惑する読者がいるかもしれない。このコラムでは，標準的な形式との関係を解説する。

標準的には，無限和が発散することがないように，係数 $(0 < y < 1)$ をかけて減衰させる形式がよく用いられる。

$$V_S = E\left[\sum_{\tau=0}^{\infty} \gamma^\tau \big(r(t+\tau) - E[r]\big) \,\bigg|\, s(t) = S\right] \approx E[r(t) - E[r] + \gamma V_{S(t+1)} | s(t) = S]$$

発散することがなくなったので，平均からの差分がなくても問題なく簡単に表せる。

$$V_S = E\left[\sum_{\tau=0}^{\infty} \gamma^\tau r(t+\tau) \middle| s(t) = S\right] \approx E[r(t) + \gamma V_{s(t+1)} | s(t) = S]$$

この形式では真の最大化を実現する TD 学習には厳密にはならず，近似となっている。しかし，十分 1 に近い係数 γ を用いれば，真の最大化に一致することが証明されている。したがって現実的な応用では，十分 1 に近い係数 γ（たとえば 0.99 など）を設定しておけば十分であるといえる。

現実問題，無限の時間の和など無意味であり，ずっと同じ環境条件が続くわけはないので，過去の異なる条件での影響を引きずらないように係数 γ で減衰させるのは理にかなった方法である。

本章では，真の最大化が難しい問題であることを伝えるために，あえて厳密な形式で説明した。この厳密な形式を現実的な応用のために微修正したものが標準的な形式である。

10.3.3　TD学習とマッチング則

TD 学習は報酬最大化を実現するための手法であり，脳内で使われていることを示唆する知見を紹介してきた。しかし，TD 学習が脳で使われているのであれば，なぜマッチング則のように報酬最大化に失敗することがあるのだろうか。これは，マッチング則がよく観測される実験条件に原因があると考えられる。マッチング則は，行動選択の結果，次に何か異なる感覚刺激が与えられるような状況ではなく，同じ条件が繰り返される状況でよく観則される。TD 学習において，行動選択の結果が次の感覚刺激に反映されなければ，刺激価値に置き換える方法は有効性を失ってしまう。刺激価値を外部から与えられる感覚刺激に限定せず一般化し，過去の行動選択に依存した内的状態をつくり出して，その状態価値を学習していれば，報酬最大化が可能である。しかし，過去のどのような行動選択が未来の報酬に効いているのか，無限の可能性の中から真の情報を探り当てるのは非常に困難である。したがって，同じ条件が繰り返される人工的な実験条件では，有効な内的状態をつくり出せず，TD 学習が有効性を失い，即時的な効果だけが残った結果，逐次改良法と等価となってマッチングに至るのではないかと考えられる。

　実験室の人工的な環境ではなく，その動物にとって自然な環境では，本質的となるような状態抽出ができており，その上でTD学習がうまく働いているのかもしれない。それぞれの環境に本質的な状態抽出という前提の上で，TD学習は合理的な学習戦略であるといえるのではないだろうか。

10.3.4　マッチング則とフレーム問題

　人工知能の分野では，フレーム問題という困難な壁があることが古くから指摘されている。フレーム問題とは，どんな人工知能も問題を解くための枠（フレーム）を決めないと何も解けないが，現実世界の問題に直面した際にはフレームの決め方が無数にあり，どのようにフレームを設計すればよいかわからない，という問題である。

　強化学習の問題であれば，どのようなものを現在の状態（入力）と捉え，何を選択（出力）するのか，というのがフレームに当たる。たとえ感覚入力が一定であっても，過去の自分の行動選択や報酬の系列がすべて現在の状態を決める情報の候補となりうる。これだけでも無限の可能性がある。現実には，膨大な感覚情報を刻一刻と受け取っており，その時系列も考えたら，とてつもない可能性がある。出力に関しても選択肢の設定はいくらでもある。単純な二択課題であっても，右か左を選ぶのか，それとも左右無関係に前回の選択を続けるのか，他方に切り替えるのか，というstay/switchの選択肢を取ることもできる。さらに現実の問題では，場所の移動を選択するのか，何か対象物を選んで動かすのか，左右どちらの手を動かすのか，選択肢はいくらでも可能性がある。環境や目的に応じてフレームを設定するための学習の枠組みは，現在のところ，わかっていない。動物の脳は一見，何事もないかのようにフレーム問題を解決しているように見えるが，いったいどのようにフレームを設定しているのだろうか。

　動物が実験室で見せるマッチング則が，TD学習に有効な状態抽出に失敗したことに由来するならば，動物の脳も人工的な環境ではフレーム問題の解決に失敗している，といえるかもしれない。どのような条件なら報酬最大化に失敗するのかを調べていくことによって，動物の脳がフレームを設定する方法を見つけ出す糸口が探れるかもしれない。条件づけの研究は歴史が長く，やり尽くされているような印象をもつ人がいるかもしれないが，人工知能や脳科学が直面している本質的な命題を解くために，重要なプラットフォームとなり続けるだろう。

10.4　おわりに

　本章では，古典的条件づけとオペラント条件づけの2種類について，その特性を見ながら，両者を統一的に理解するTD学習について解説した。まず，古典的条件づけの随伴性やブロッキングといった特性から，古典的条件づけは報酬予測に関わっていると考えられ，その仮説を説明するRescorla-Wagnerモデルについて解説した。次に，オペラント条件づけにおいて，試行錯誤を通じて報酬最大化をするのは非常に難しい問題であることをさまざまな観点から見てきた。さらに，その困難を克服する手法の1つであるTD学習について解説し，TD学習の枠組みの中で，古典的条件づけが重要な役割を担っている可能性を示唆した。加えてTD学習が有効性を失う例として，動物が示すマッチング則を挙げ，その失敗の原因が，人工知能研究が未だに直面している未解決問題「フレーム問題」とも関連することを見てきた。条件づけの研究の歴史は長く，研究し尽くされているかのような印象を受けるかもしれないが，まだまだ未知の問題が山積している。これからの脳科学を牽引する糸口の1つであるといえよう。

参考文献

Mazur, J. E. 著，磯博行・坂上貴之・川合伸幸 訳（2008）『メイザーの学習と行動 第3版』，二瓶社
Sutton, R., Barto, A. 著，三上貞芳・皆川雅章 訳（2000）『強化学習』，森北出版

第11章

価値に基づく意思決定

鮫島和行

　人生は意思決定の連続である。ランチに何を食べるか，どの大学に進学するか，どの友達と仲良くするか。多くの意思決定では，自分に有利な行動をとると考えられる。言い換えれば，どのくらい自分に有利なのか，自分にとってどのくらいの価値があるのかの比較であり，これにより意思決定を行っているということになる。価値は，過去の経験によって学習される。生存に関わる価値，すなわち食物や水分などの価値は，遺伝的に脳のハードウェアとして埋め込まれている。しかし，人を含む動物はそれらを得るために食物を予測する刺激など二次的な刺激に対しても学習を行い「賢く」暮らしているだろう。この章では，価値に基づく意思決定と価値の学習を担う脳の構造や働きについて解説する。

11.1　価値とは何か

11.1.1　客観的な価値と報酬

　私たちが価値を感じる報酬にはいくつかの種類がある。おいしい食べ物を食べたり，飲み物を飲んだりした喜びの量として感じる。大学に合格したときも喜びを感じるし，友達と楽しい会話をするとき，先生に褒められたときなど，他人のからむ社会的な状況でも喜びを感じる。しかし，このあなたが感じる「喜び」を報酬としてしまうと，科学として研究することが非常に困難になる。なぜなら科学とは，誰が見ても誰が考えても同じ操作で同じ結果を生むこと，また，確認する（計測する）ことで知識を拡大させる営みだからである。勘違いしないでほしいのは，あなたが感じる「喜び」を基準とした主観的な価値を論じてはいけない，ということではない。それらは文学や美学の中で哲学として議論されることの1つだろう。しかし，誰が見ても価値がある，これを科学の俎上に載せるにはどうしたらよいのだろうか。

　客観的な価値は，どうやったら定義できるのだろうか。客観性は，誰がどんな対象に対しても，同じように扱える価値の基準を与えることで成立する。

　どんな生命体であっても自分の命は大切で，それを守ろうとする「目的」が生じるだろう。すなわち「生命を維持する，という目的を達成する対象に価値

がある」という基準を用いる。生きるために必要なもの、すなわち水分や食物から、エネルギーや身体を構成する栄養素を適切に摂取することは、客観的な価値をもつ「報酬」として良さそうである。もっといえば、他人と関わり、子孫を残す行動や、子供を産み育てるために子供を外敵から保護する行動も、自分の遺伝子を残す行動を促進するために脳に刻み込まれた生命体の直接的な目的の1つと考えることもできる。こういった、生命体の維持やその生命体の遺伝子の維持に関わる報酬のことを、一次的報酬と呼ぶ。

　一方で、間接的に働く報酬もある。お金を得ることでさえ、一次的報酬を得るための手段に過ぎない。また、友達との会話は他人との関係性を維持し困ったときに助けてもらうのに役立つかもしれないし、大学受験合格のような困難を乗り越えた経験は、のちのち社会で活躍できる知識を与えてくれる。親や先生に褒められる、社会的に認められるなど、生命の維持には直接的には関わらないけれども、ヒトがある種の目的を間接的に達成しようとするときに、二次的報酬という言葉が使われる。

11.1.2　行動と報酬

　前項では、客観的な価値、誰にとっても同じように機能する「報酬」を定義するには、その生命体の目的を見るのがよいと説明した。しかしこの目的というのもまだ曖昧で、計測可能な対象ではない。計測できるのは、ある刺激を与えたときやその後の反応や行動だけである。部屋を飛んでいる虫を退治しようとしたとき、虫が予測とは反対方向により早く逃げ回る行動を見て、こいつは生きようとしている、という目的を読み取る。計測できるのは虫の飛ぶ速さと方向だけである。おいしそうな香りの花にミツバチが寄ってきて蜜や花粉を収集して巣に持ち帰り、巣を大きくして幼虫に蜜を与える行動を見て、ああ遺伝子を残そうと必死に働く目的をもっているということを読み取る。これもハチの行動を観察した結果として、目的を推論しているのである。つまり、私たちは目的という用語を使うときに、ある対象となるものを得る行動や、ある状況である行動がたくさん行われるという観察を通じて、その行動はある目的を達成するために行われている、という説明をしているに過ぎないのである。突き詰めて考えてみれば、報酬を定義するには、行動を定量的に観察する必要が出てくるのである。先の例のように、虫が空間中を飛ぶ速さや位置など、連続時間で連続量をもつ行動を自由にさせて目的や報酬を推定するのは一苦労である。そこで、実験的によく使われる方法は、レバーやボタンを押す行動や、視線をそちらに向けるなどの特定の行動の頻度や、選択肢の中から1つの行動を選択する確率や、選択するときの速さ（反応速度など）が指標として使われ

る。第8章で見たように，スキナーは動物を限られた行動しかできない箱に入れ，その行動を観察することでオペラント条件づけの性質を調べていた[1]。

第7章で出てきた強化学習という学習の枠組みは，できるだけ多くの報酬を将来得られるように，行動を生成する学習機械の問題設定である。生命体，すなわち脳をこのような機械に見立てて，そのメカニズムを理解しようとするアプローチは，計算論的神経科学と呼ばれる。行動を生成するプロセスを仮定して，そのプロセスで使われる定量的な変数と，その間の計算として脳をモデル化することで脳を理解しようという枠組みである。ここで報酬とは，第10章のオペラント条件づけでも見たように，ある行動に続いて与えられる結果が，その行動の頻度を増加させるものである，という考え方ができる。すなわち報酬の価値とは，行動を強化する効果（強化力）をもつもの，と定義できる。次節で扱う選択行動では，その行動選択肢をどのような確率で選択するのか，ということが価値と考えることができる。強化学習（Sutton & Barto, 2018）の考え方を使うと，過去に得られた報酬をもとに，未来にできるだけたくさんの報酬を得られる見通しを価値として学習し，その価値に基づいて選択する，ということになる。

11.2 価値に基づく選択行動

複数の選択肢の中から1つを選択し，その結果として餌や水などの一次的報酬を得る。こういった実験状況を考えよう。選択は1日1セッションの中で，何回も行われるとする。また選択の結果，報酬が得られるかどうかは確率的であるとする。しかもその確率は事前にはわからない。すなわち，試行錯誤によって確率を推定するものとしよう。このとき，その実験中の動物は，どのようにすれば，よりたくさんの報酬を獲得できるだろうか。

これは，バンディット問題と呼ばれる強化学習の問題設定の1つである。複数のスロットマシーンが並んでいて，アタリが出る確率はわからない。試しながらどのスロットのレバーを引いて稼いでいくか，という問題である（スロットマシーンは，山賊（バンディット）のようにお金を奪っていくことから，スロットマシーンを1本腕のバンディットと呼び，選択肢が複数あるのでn本腕のバンディット問題と名付けられた）。ここで考えなければならないのは，行動の選択確率と報酬確率の2つだけである。各選択肢の報酬の確率があ

1　スキナーは，報酬や価値のような構成概念を使わず，外から観察できる刺激と行動の関係だけに注目して現象を記述し，理論立てることに注力した。この考え方は，行動主義心理学と呼ばれる。

らかじめわかっているのであれば，それが最大になる選択肢を選べばよいのであるから，ここでは選択肢の価値は（報酬の確率）×（報酬の量）＝（報酬の期待値）であると考えることができる。しかし，報酬の確率も量も選択してみるまではわからないときに，どういった戦略で行動を選択していけばよいだろうか。

11.2.1 行動価値

バンディット問題を解く方法はいくつかある。一番簡単な方法は，その選択肢を選ぶ最初の m 回（つまり全体では $n \times m$ 回）はランダムに選んで経験を積み，その過去の経験に従って行動選択肢ごとに報酬の期待値を推定する。これを行動価値と呼ぶ。この行動価値が最大になるものをその後からずっと選び続ければより良い選択ができるだろう。これを探索後利用アルゴリズム（explore-then-exploit algorithm）と呼ぶ。

数式で書けば，選択肢 i の選択回数を m_i として，それぞれの選択で得た報酬を $r_1, r_2, r_3, ..., r_{m_i}$ とすると，単純な算術平均を使って，その選択肢の行動価値 Q_i を求めることで報酬期待値が推定できる。

$$Q_i^{m_i} = \frac{r_1 + r_2 + r_3 + \cdots + r_{m_i}}{m_i} \tag{11.1}$$

この式は，すべての報酬を記憶しておいて計算しなければならないが，これを少し変形すれば，報酬が得られるたびに逐次的に Q_i を求めることができる。

$$\begin{aligned}
Q_i^{m_i} &= \frac{r_1 + r_2 + r_3 + \cdots + r_{m_i-1}}{m_i - 1} \frac{m_i - 1}{m_i} + \frac{r_{m_i}}{m_i} \\
&= Q_i^{m_i-1}\left(1 - \frac{1}{m_i}\right) + \frac{1}{m_i} r_{m_i} \\
&= Q_i^{m_i-1} + \frac{1}{m_i}\left(r_{m_i} - Q_i^{m_i-1}\right)
\end{aligned} \tag{11.2}$$

この逐次更新式の第 2 項目の係数 $1/m_i$ は，選択回数 m_i が多くなればなるほど小さくなる。第 3 項目の括弧の中は実際に得られた報酬 r_{m_i} との前回までの報酬からの予測 $Q_i^{m_i-1}$ の差分であるから，実際と予測の誤差（報酬予測誤差，8.2.3 項参照）に相当する。これは過去に遡るに従って大きな係数で予測誤差を用いて更新すれば，全体の期待値が求まる，ということを意味している。

最も単純なバンディット問題は，「各選択肢の報酬確率は変化することはない」という仮定を置いている。しかし実際の環境の場合には，いつもの餌場に

行くと同じように狩りができて同じ確率で食べ物にありつけるということはなく，環境が変動してしまうだろう。そうだとしても，そこまで頻繁に確率が変わらないだろうと予想するのが良さそうである。つまり，過去をすべて平等に見て期待値を計算するのではなく，現在に近ければ近いほど，より重みを付けて平均した重み付き期待値を行動価値として採用すれば良さそうである。この計算は，実は式（11.3）の第2項の学習係数を固定の値αにしてしまうことで簡単に実現できる[2]。

$$Q_i^{m_i} = Q_i^{m_i-1} + \alpha(r_{m_i} - Q_i^{m_i-1}) \tag{11.3}$$

報酬予測誤差に従って，行動選択肢ごとの価値を一定の学習係数を使って更新する学習を行うことで，より良い選択肢を選ぶことができそうである。ただし，世の中がどのくらいの速さで変化するのかによって，学習係数αは決めなければならない変数（パラメータ）になる。

11.2.2 探索と利用の問題

探索後利用アルゴリズムでは，最初にランダム探索を行って，その後，価値が最大になる選択肢を選び続ける。しかし，何回ランダムに選べばいいのだろう。探索する回数が多ければ多いほど，報酬期待値が低い選択を何回もすることになり，無駄になってしまう（探索損失）。逆に探索が少ないと，裏に隠れた真の報酬期待値を見誤ってしまって，その後の最適な選択肢を選べず損をしてしまう（機会損失）ということにもなる。これを，探索と利用のジレンマ問題（exploration-exploitation dilemma）と呼ぶ。

無駄な探索を抑え，より良い選択肢を選び続けるにはどうしたら良いだろうか，その探索の戦略が必要になる。探索手法にはいくつかある。1つは，とりあえず現在最も良いと思うもの（報酬予測が最大）を高い確率で選び，残りは平等にランダムに探索する手法である。この手法は，少しの確率εで探索をして残りは貪欲（greedy）に選択することから，ε-greedy選択と呼ばれる。それでも探索する確率εは，やはり決めなければならないパラメータになる。もう1つの手法は，価値の大小に応じて選択する確率を振り分けるボルツマン選択という手法である。価値の値は正負どちらにもなるが，選択確率に負の値はないので，各選択肢の確率を正の値の比率で表すために，価値を一定の倍率

2　これは，第10章で扱ったRescorla-Wagnerモデルと同じ形をしている。選択行動は道具的条件づけの問題であって古典的条件づけとは異なる現象であるのだが，同様の数式を用いて2つの学習行動が説明できる場合がある。詳しくは，澤幸祐 編『手を動かしながら学ぶ学習心理学』（朝倉書店）の機械学習の章に解説がある。

でスケーリングした上で指数関数をかけ，その比率で選択肢の確率 p_i を決める。ボルツマン選択における選択肢の確率 p_i は以下の式に従う。

$$p_i = \frac{e^{-\beta Q_j}}{\sum_j e^{-\beta Q_j}}$$

11.2.3　価値の歪みと効用

　前節までは，報酬の量と確率のみによって価値が決まるという状況を考えてきた。より一般的には，報酬の質も考える必要がある。選択の結果，いつも同じ種類の報酬が得られるのではなく，違う種類の報酬を比較した上で選択を迫られる場合もあるだろう。この場合，価値はどのように考えればよいだろうか。たとえば同じ量や確率であっても，オレンジジュースとリンゴジュースではその価値が違うだろう。もっといえば，オレンジジュースが好きな人もいれば，リンゴジュースが好きな人もいる。2つのジュースの価値は，誰が見ても客観的な価値があるというより，その人にとって価値があるということになり，主観的な価値ということになる。この個人ごとの違いを吸収するために，効用関数 $U(v)$ と呼ばれる関数を通して選択が起きるメカニズムがある，と仮定しよう。外部から客観的に与える報酬価値 v が変換されることで個人ごとの効用 U が異なり，それで選択が起きるのだと考えるのである。この効用は，11.1 節で触れた主観的な価値を各個人の行動から客観化して扱おうという見方と合致する。すなわち，効用関数は行動選択から推定されなければならない。たとえば，オレンジジュース 10 mL とリンゴジュース 10 mL で，オレンジジュースを選ぶとするなら，オレンジジュースはリンゴジュースより大きな効用をもつだろうとするのである。では客観的に，それは何倍の効用をもつのだろう。それを知るには，選択が半々になる量を知る必要がある。たとえば，オレンジジュース 10 mL に釣り合うリンゴジュースはどのくらいの量になるのかを調べていけばよい。30 mL のリンゴジュースと釣り合うのであれば，オレンジジュースの効用はリンゴジュースの 3 倍の効用がある，とすればよい。

　異なる種類の報酬の効用が異なるように，実は異なる確率や異なる量の報酬の効用も考えることができる。2倍の確率でもらえる報酬では倍の効用があると考えるのが客観的な予測になるが，実際には 1.8 倍かもしれないし 2.2 倍かもしれない。とても小さな確率を過大評価したり，大きな報酬を過少評価してしまうこともあるだろう。たとえば，宝くじは一定の確率と金額でお金が戻ってくるバンディット問題とも考えられ，報酬期待値が計算できる。くじが当たって戻ってくるお金の期待値は，くじを購入する金額よりも，実はずっと少

ない。宝くじを買わずに手元に確実にお金が残るという選択肢と，宝くじを買って当たって戻ってくるかもしれないという選択の2択を行っているのである。客観的な価値を比較して選択していたとすると，宝くじを買わない価値の方がずっと高いのに，なぜ人々は宝くじを買うのだろうか。この説明として，非常に小さな確率でしか生じないことは，「自分にだけ生じるだろう」という楽観的な誤謬が起きているのではないか，という説明がある。ここでも小さな確率で生じることの価値の効用を大きくするように作用していると考えることができる。

　一般的には，宝くじがなぜ存在できるのか，という意味において，人々は平均的には小さな確率を過大評価してしまっている，というのは正しいだろう。しかし，私は宝くじなんて買わないぞ，という人もいる。これにも個人差がある。ギャンブル的な選択肢をとらずに確実な選択肢をとる人もいて当然であり，これを**リスク選択傾向**と呼ぶ。ここでいう「リスク」とは，一般的な意味での「損することもあるリスク」などの損失の割合の意味ではなく，報酬予測を確率分布として捉えたときの分散に相当する変数のことをいう。このリスク選択傾向も，選択のずれを効用関数として吸収してしまい，リスク傾向を個人が感じる価値の歪みとして捉えることができる。選択した結果に大きなリスクがある場合と小さなリスクがある場合，そのリスクに応じて期待値に上乗せして効用が決まる，と考えるわけである。楽観的な人はリスクが大きいほうを選び，悲観的な人はリスクが小さいほうを選ぶ，と考えるのである。

　世の中には，自分が選択したことの結果が非常に遅れて現れることもある。いま目の前にある食べ物を食べると栄養とエネルギーが得られるが，食べ過ぎれば明日にはお腹を壊すかもしれない。もっといえば，太りすぎて糖尿病になって苦しむかもしれない。いまそのケーキを食べるべきだろうか，どうだろうか。選択の結果は，時間的に遅れてさまざまな効果をもたらすのが一般的だろう。結果として得られる報酬がいつ得られるのか，この違いも選択に影響する。一般的に，時間が経てば経つほどその効用は考慮に入れない。つまり時間が遅れれば効用が減衰していくものと考え，価値を減衰させていく傾向があるとする。これを，**価値の時間割引**と呼ぶ。価値の割引を計算する効用関数には，いくつかの種類がある。同じ時間割引いてもその価値の逆転が起きない場合，これは時間の指数関数で減衰するものと考える**指数割引**で説明される。指数割引は客観的な価値割引であって，一度決めてしまえば，時間によって選択行動が変わることはない。しかし，私たちは時間によって選択を変える場合もある。宿題を夏休みの終わりまでにやらなければならない場合，夏休みの初めでは遊び，休みの最後になってから慌てて宿題をやるのもその例である。つま

り時間的に近い目の前の価値が急激に大きくなる双曲線関数は，将来の価値に比べて直近の価値を大きく見積もることになる。これは，双曲線関数を用いた効用によって減衰する双曲割引と呼ばれる。

　経済学では，お金の流れを考える。つまり人々（会社や組織も人の集団）が，経済活動を行う，すなわちお金（財）をやりとりする理論を構築している。これまで見てきたように，人々は客観的な価値に従って行動するというよりも，どうやら非合理的なおかしな行動をとっている。こういった合理的でない選択を扱う理論的枠組みは，主に行動経済学という分野で研究され，上記のようなさまざまな効用で歪みを吸収しようとしている。では，行動経済学で扱われるような概念は，脳の中に存在するだろうか。こういった考え方は，行動経済学の脳内表象を求める分野として神経経済学などと呼ばれている。次節では，選択や価値に関わる脳活動や神経活動を見ていこう。

11.3　価値の脳内表象

11.3.1　大脳基底核

　脳の異常が選択に及ぼす影響を知る上で，疾患の研究は重要な証拠となる。脳のドーパミンという物質を放出する神経細胞（ニューロン）が死滅して，脳のドーパミン不足になるパーキンソン病という病気がある。パーキンソン病患者に協力してもらい，バンディット問題のような確率的な結果を予想する課題の成績を比べた研究がある（Knowlton *et al.*, 1996）。天気予報課題と呼ばれる課題（図 11.1）で，晴れ，曇り，雨のマークのいずれかが書かれたカードが積まれて伏せられている。そのカードスタックから 1 枚ずつ引き，書かれている天気マークを当てる課題である。積み上げられたカードスタックには，その半分が晴れ，4 割が曇り，1 割が雨の割合で入っているスタックもあれば，9 割が雨，残り 1 割の半分ずつで晴れと曇りが入っているスタックもある。つまり，それぞれのカードスタックで違う天気予報をすることになる。もちろん，最初の 1 枚は当てられないが，何枚か引いてその天気の確率がわかってくれば，よく出てくるマークを予想すれば天気予報の確率を上げることができる。スタックに最もたくさん入っているマークを予想すれば，その混入確率がアタリ確率となる。50 ％が最も高いアタリ確率となるスタックと，90 ％が最も高い確率となるスタックがあるので，最大のアタリ確率は全体で 70 ％となる。ドーパミンの異常がない実験参加者は，カードを引くたびに当たりの確率が向上して，7 割前後の正解を出すことができる。ところが，ドーパミン異常

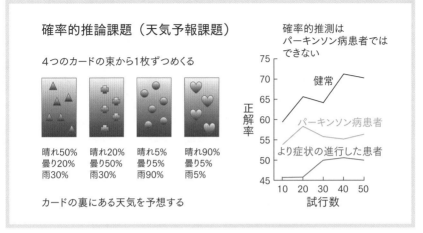

図 11.1 パーキンソン病と確率推論課題の関係
Knowlton *et al.* (1996) より改変。

があるパーキンソン病患者では，5割前後しか当てることができず，パーキンソン病が進行した患者では，さらに正解率が落ちていた。この実験でわかることは，価値に基づく意思決定，特に確率的に結果が与えられる課題において，ドーパミンという脳内物質が強く関わっているということである。

　しかし，脳疾患をもつ人の脳ではさまざまなことが起きていて，病気になったことでそれを代償する機能が働く可能性もある。健康な人に人工的につくられたドーパミンを摂取してもらって，バンディット問題を行った研究（Pessiglione *et al.*, 2006）がある。L-DOPA[3] という人工的に脳内のドーパミンを増やす薬を摂取してもらったところ，バンディット問題での学習がより速く正確になった。一方で，ドーパミンの拮抗薬（働きを抑制する薬）を摂取した被験者は，選択が遅く不正確になった。この結果は，一時的にドーパミンが脳内に多い場合や，ドーパミンが脳内で働きにくくなったとき，バンディット問題のような意思決定の学習に影響が出ることを示している。さらに式（11.3）の第2項に現れる報酬予測誤差に相関する脳活動を fMRI を用いて探索したところ，大脳基底核の線条体が脳全体の中で最も相関していた。線条体は脳内で最もドーパミンが放出される脳領域であり，この結果は，ドーパミンが報酬予測誤差として線条体で働いて，行動選択の価値が大脳基底核で学習されることで

3　脳には血液脳関門というバリアがあり，経口で薬を摂取しても脳内に直接ドーパミンは入らない。正確には L-DOPA はドーパミンの前駆物質と呼ばれるドーパミンの材料になる物質で，血液脳関門を通り抜けて脳に入りドーパミンに変換される。

選択が変化していく，という計算論的神経科学の予測と一致する結果を示している[4]。

　ヒトの意思決定研究では，主に fMRI を用いて脳活動を計測する。fMRI では BOLD シグナルと呼ばれる血流変化を計測するため，実際の神経活動を直接見ているわけではない。神経活動がたくさん生じれば，その分の酸素と栄養を運ぶための血流が増えるだろう，という間接的な観察をしているにすぎないのである。動物を用いた意思決定研究では，直接神経の電気活動を計測することができる。サルにバンディット問題を行わせて，そのときの神経活動を直接細胞外の電位として捉える方法で計測した研究がある（Samejima *et al.*, 2005）。この研究では，各行動選択肢の価値の情報が，線条体のニューロンの電気的発火にあるのかどうかを検証している。式（11.3）のように選択した行動ごとの行動価値が逐次学習されていく強化学習モデルを仮定し，サルの意思決定にあてはめたモデルから計算された行動価値と，そのときの線条体の神経活動との相関を求めたところ，3割近くのニューロンでモデルの予測する「行動選択肢の価値」と相関することがわかった。

　これらの神経活動と選択の価値の研究では，価値の情報と神経活動との相関を見ているだけで，その神経活動が原因となって選択が行われているかはわからない。それを知るためには，特定のニューロンの活動を実験中に操作して，選択が変化するのかどうかを調べる必要がある。マウスを用いた実験で，バンディット問題に類似した課題をマウスに訓練し，過去の報酬の履歴に応じて選択を変化させる実験が行われている（Tai *et al.*, 2012）。光遺伝学的な方法（2.2.2 項参照）で，線条体の特定のニューロンだけを刺激して活動電位を変化させたとき，マウスはあたかも価値が増加したり減少したりするような行動選択をしたのである。この結果は，バンディット問題のような状況での意思決定では，大脳基底核が因果的に関わっていることの証拠を捉えているといえる。

11.3.2　大脳皮質

　前節では，特に行動価値に関係する脳の構造として，大脳基底核に焦点を絞って解説した。しかし，ドーパミンの信号は大脳基底核だけでなく，大脳皮質の前頭葉全体にも広範に伝わっている。また，価値の信号は大脳基底核だけでなく，頭頂葉や前頭葉などの連合野と呼ばれる大脳皮質のさまざまなところから見つかっている。ただし，それらを調べた研究の多くでは，報酬の量や確

4　実際，第8章で見たように，ドーパミンの細胞発火活動が報酬予測誤差と相関している。もっといえば，第10章の TD 誤差と類似の発火活動がドーパミン細胞に存在する証拠が，マウスの電気生理実験などで報告されている。鮫島（2021）に，より詳しい解説がある。

率に対して変化を見せる場合に「価値」が表現される，とみなしている。しかし，それらの相関は，空間的注意や運動準備などのその他の認知的な活動との相関と切り分けが難しいことに注意すべきである。実際に，前頭葉の機能は，注意や運動準備，計画など，価値だけではなく，より複雑な認知機能に関わることが多くの研究でこれまで示されてきている。

　11.2.3 項で説明したように，経済的な価値による選択とは，さまざまな種類の対象について，1 つの効用を通じて比較し，選択する過程であるといえる。この経済的価値と相関する神経活動が，前頭眼窩野において見つかっている（Padoa-Schioppa, 2011）。動物に異なる種類・量の報酬を比較させ，それぞれの価値がつり合う（つまり同じ確率でその 2 つの選択を行う）ところを見つける。価値のつり合ったときの報酬の量から，異なる種類の報酬における単位量あたりの主観的価値を求めることで，異なる種類の効用を計算する。この実験により，その効用と相関する神経活動が前頭眼窩野のニューロンから発見された。この研究では，3 種類のニューロンが見つかった。①特定の種類における報酬の効用に相関する「選択価値」ニューロン，②どのような報酬であってもその効用に比例して活動する「結果価値」ニューロン，③効用には関係なく，どの種類の報酬を選択したのかに相関するニューロンである。経済的な意思決定，すなわちさまざまな種類の報酬から選択する過程は，①選択をする前に選択価値を比較し，②選択を行った後の結果の価値を計算し，③その選択の結果，どの種類の報酬がくるのか予測できる，という 3 段階の意思決定過程であるとして捉え，それらの過程が前頭眼窩野内の神経回路で行われているのではないかという仮説が提唱されている。ヒトの fMRI の研究でも，さまざまな価値に反応する脳活動が見つかっていることから，感覚モダリティによらず複数の種類の複雑な情報を統合して経済的価値を計算するのに，前頭眼窩野は関わるのではないかといわれている。

　将棋など，より複雑な対戦ゲームでの意思決定に関しての興味深い研究がある。長年将棋の訓練をしてきたプロ棋士と，アマチュア棋士に，詰将棋の意思決定をさせたときの fMRI 実験である。興味深いのは，その意思決定にかける時間で，一般の人であれば解くのに時間のかかる詰将棋を，プロ棋士には 1 秒以内で初手を答えてもらう，という課題である。1 秒で答えてもらうときには大脳基底核の線条体に活動が見られるが，時間をかけて熟慮するとその活動は弱くなってしまう。外側前頭前野や頭頂連合野の一部は，判断までの時間にかかわらず活動が見られる。しかも線条体の活動は，プロ棋士のみに見られる特徴であった（Wan *et al.*, 2011）。将棋は非常に複雑で，素養のある人でも何年もかけなければ到達できない思考である。そこで，5 × 5 の簡単な将棋盤を

用いて，一般の被験者に将棋の訓練をしてもらい，その学習前後での脳活動を比較したところ，将棋が上達した人では線条体の活動が上昇していたが，大脳皮質の活動に変化は見られなかった（Wan *et al.*, 2012）。相手がどういう手を指すかを論理的に予測するには熟慮が必要になる。また，素早く複雑な判断を下すには，長期間の訓練による道具的条件づけ（第8章参照）に基づく習慣化が必要になる。相手の行動予測に関わる領域は，主に社会性に関わる判断を必要とする前頭前野の一部の大脳皮質が使われているだろうし，長期の訓練によって思考の癖のようなバイアスとして形づくられた直感的な判断は，大脳基底核の線条体に形成される可能性が高い。8.4.3項で扱ったように，直感的・熟慮的な価値に基づく意思決定にはさまざまな側面があり，それぞれの状況で使われる脳の場所が異なっているのかもしれない。

11.4 おわりに

本章では，価値を科学的な意味で客観的に扱うための方法を解説した。観察個体がどのような価値に基づいて行動しているのか，逆にいえば，行動を見ることで客観的な価値を定義し，その価値がどのように学習されるのかに関する計算論として，強化学習のアルゴリズムを説明した。このように，行動から逆算される「価値」は，脳の中にある意思決定の途中のプロセスと考えることができる。

また，個人ごとに異なる価値の計算や，合理的ではない行動の歪みを理解するために，価値を「効用」に変換して行動を説明する行動経済学についても概

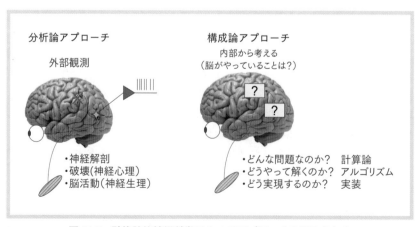

図 11.2　計算論的神経科学は2つのアプローチの組み合わせ

観した。これらの「脳内の途中プロセス」は認知変数と呼ばれ，直接は観測することのできない，いわば観察者が仮定している仮説構成概念となる。この構成概念は，行動を見ているだけでは本当にそれが存在するのかどうかは決着できない。そこで，脳の中で同じプロセスが生じているのであれば，それを観測し，または脳の一部を操作することが求められる。これらの価値や効用との神経相関・操作について，一部の研究を紹介した。

　ヒトを含む動物の神経機構の理解は複雑で，定量的で再現可能な検証は難しい。本章で紹介したような，脳を計算から考え，脳で起きていることを定量的に検証する計算論的神経科学の方法論では，脳がやっていることを計算の形で実際につくってみて，それを実際の脳と比較する。いわば内部から脳を眺めて仮説をつくり，検証する方法ということになる（図11.2）。計算論的神経科学は，本章で説明したような価値に基づく意思決定だけでなく，さまざまなヒトの認知プロセスと脳科学をつないで理解する役割が期待されている。

参考文献

Sutton, R., Barto A. 著 エルネスト奥村他 編訳（2022）『強化学習 第2版』，森北出版
澤幸祐 編（2022）『手を動かしながら学ぶ学習心理学』，朝倉書店
鮫島和行（2021）知能の理論と実験，その循環：強化学習と神経科学を例に，認知科学 28巻3号，pp.373-382.

引用文献

Knowlton, B. J., Mangels, J. A., Squire, L. R. (1996) A neostriatal habit learning system in humans. *Science*, **273**, 1399-1402.

Pessiglione, M., Seymour, B., Flandin, G., Dolan, R. J., Frith, C. D. (2006) Dopamine-dependent prediction errors underpin reward-seeking behaviour in humans. *Nature*, **442**, 1042-1045.

Samejima, K., Ueda, Y., Doya, K., Kimura, M. (2005) Representation of action-specific reward values in the striatum. *Science*, **310**, 1337-1340.

Tai, L. H., Lee, A. M., Benavidez, N., Bonci, A., Wilbrecht, L. (2012) Transient stimulation of distinct subpopulations of striatal neurons mimics changes in action value. *Nature Neuroscience*, **15**, 1281-1289.

Padoa-Schioppa, C. (2011) Neurobiology of economic choice: a good-based model. *Annual Review of Neuroscience*, **34**, 333-359.

Wan, X., Nakatani, H., Ueno, K., Asamizuya, T., Cheng, K., Tanaka, K. (2011) The neural basis of intuitive best next-move generation in board game experts. *Science*, **331**, 341-346.

Wan, X., Takano, D., Asamizuya, T., Suzuki, C., Ueno, K., Cheng, K., Ito, T., Tanaka, K. (2012)
Developing intuition: neural correlates of cognitive-skill learning in caudate nucleus. *Journal of Neuroscience*, **32**, 17492-17501.

潜在認知

松田哲也

12.1　潜在認知とは何か

　意識とは，人間がもつ最も基本的な機能の1つであるが，意識の定義は学問や状況等により，使い方や意味が多岐に変化する。そこでここでは，「起きている状態にあること（覚醒）」または「自分の今ある状態や，周囲の状況などを認識できている状態のこと」と意識を定義することとする。

　意識は，私たちが感じたり，思考したり，判断したりするために必要な機能であり，私たちの認知機能にも大きな影響を与えている。一方で，自分の認知，行動でありながら，自分が認識していないうちに何らかの影響を受けていることがある。

　認知には，意識に上るものと，上らないものがあり，心理学や脳科学では一般的に，意識に上らないものを潜在認知，上るものを顕在認知として扱っている。「無意識」は覚醒から昏睡までのさまざまな意識レベル（覚醒）の中で，意識がない状態のことも意味するため，両者を区別する言葉として潜在認知という言葉が使われる。

　顕在は，中にあるものが表面に出て明確に表されていることを意味し，潜在は，逆に中に潜んでいるという意味である。また，認知とは，人間などが外界にある対象を知覚した上で，それが何であるかと判断したり解釈したりする過程を示しているため，顕在認知は自分で認識できている認知，潜在認知は自分で認識できていない認知ということになる。

　潜在認知に含まれる認知はさまざまあるが，主なものとして潜在記憶，潜在学習，閾下単純接触効果などが挙げられる。記憶には，短期記憶と長期記憶があるが，長期記憶はさらに顕在記憶（宣言的記憶）と潜在記憶（手続き記憶）に分類される。顕在記憶は，想起を伴い，言葉やイメージで表現可能な記憶で，エピソード記憶や意味記憶が含まれる。潜在記憶は，想起を伴わない記憶で，技能や習慣，古典的条件づけ，プライミングなどが含まれる。つまり，自転車に乗ったり，スキーを滑ったりする技能は，その過程を認識していなくても実行可能なのである。

　潜在学習は，エドワード・トールマン（Edward Chase Tolman）が提唱したもので，意識下で処理される学習のことを示す。ねずみの迷路学習で，報酬が

ない場合には行動は強化されていないため学習を意識することはできないが，報酬を与えて行動を強化すると，この学習が顕在化することから，探索期間の経験は潜在的に学習していると解釈した。ただ，潜在認知は，記憶や学習といった認知過程だけではなく，無自覚的な思考，判断，行動など広い範囲が含まれるものであり，「暗黙知」という概念で捉えた方が適切である。

　閾下単純接触効果は，1980年にKunst-Wilsonらが発見した効果である（Kunst-Wilson *et al.*, 1980）。そもそも単純接触効果は，1968年にZajoncらが発見した，ある対象に反復して接触することで，その対象への好意度が高まる現象（Zajonc, 1968）であり，閾下単純接触効果は，接触した刺激を再認できない状況下でも反復して接触することでその対象への好意度が高まるという現象である。この現象の興味深いところは，閾値下で提示した刺激に対する再認の正解率は高まらないが，どちらが好ましいかという選好判断では，閾値下で提示した刺激を選択する確率が高くなるということである。

　これまでの研究から，潜在認知（意識されない過程）で，さまざまなことが自動で処理されていることがわかっている。潜在認知というと，自分が気づかないうちに自然と処理されるというイメージがあるため，自分の能力や知識などと無関係に処理されていると感じることが多いが，すでに自分の中に記憶として蓄積されている知識（情報）を使用して処理されているにすぎない。潜在認知と顕在認知の関係は，図12.1に示すように，氷山で示されることがよくある。水面上の部分は顕在，水面下の部分が潜在であり，全体の8〜9割は

図12.1　潜在認知と顕在認知

水の中にあって潜在的に処理されている。水面は揺らいでおり，水面上に出たり入ったりしている部分がある。つまり，これまで学習により蓄積された記憶を使用し，脳が環境に適応するように働くことで予測が生まれる。その予測を用いることで自動的に処理される。一方で，環境が大きく変わることで，これまで用いていた予測に当てはめられなくなると，改めて予測するために自動から逐次的に処理することが必要となり，潜在的に処理していたものが，顕在的に処理されるようになる。

　ここでは，潜在認知を可視化させた実験を紹介し，その結果から潜在認知がどのようなものであるかについて，さらに顕在認知との関係性についても解説する。

12.2　自覚に先立つ反応

　自分が自覚できる反応の前に，あらかじめ反応を示す脳の活動や行動が観察されている。自覚できる前に，すでに脳ではそれに関連する処理が始まっている，もしくは終わっていることを意味する。

12.2.1　リベットの実験

　身体を動かそうとするときに，実際の運動に先行して発生する脳活動があり，これを運動準備電位と呼んでいる。運動準備電位は，1965 年に Vaughan らが報告したもので，運動の反応が起こる前に，身体を動かすという判断が起こった後に筋肉の運動の準備を始める際に発生する電位である（Vaughan *et al.*, 1965）。つまり身体を動かすために脳が活動する前に，身体を動かそうという意思が生まれた段階で，脳は活動しているということである。運動準備電位の発見後しばらくの間，運動準備電位は運動の実行ではなく意思が生まれたときに発生する脳活動と考えられていた。その後アメリカの生理学者ベンジャミン・リベットが，意思が生まれたときと運動準備電位との関係を調べる実験を行った（Libet *et al.*, 1983）。

　その実験では「目の前のコンピュータディスプレイに，アルファベットがランダムに提示されているのを見ながら，自分が押したくなったときに，ボタンを押してください。そして，自分がボタンを押そうと思ったときに，ディスプレイに提示されていたアルファベットを覚えておく」という課題を行い，ボタンを押そうという意思が生まれたタイミングとボタンを押すタイミングを分けて計測した。図 12.2 に示すように，計測した脳の活動を見ると，ボタンを押す約 550 ミリ秒前から脳の活動の波形が高まり，ボタンを押した後に下がる

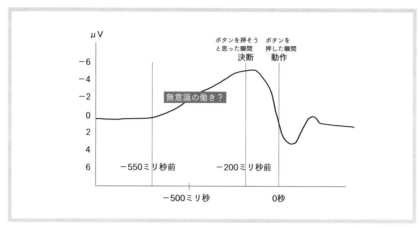

μV

ボタンを押そう　　ボタンを
と思った瞬間　　押した瞬間
　　　　決断　　　　動作

-6
-4
-2
0
2
4
6

無意識の働き？

-550ミリ秒前　　　　-200ミリ秒前

-500ミリ秒　　　　　　　0秒

図 12.2　リベットの実験の結果

ことが観察された。さらに，ボタンを押そうと思ったときにアルファベットが
提示された時間とボタンを押したときの時間差を計算してみると，ボタンを押
すタイミングの前にアルファベットが200ミリ秒だけ提示されていた。この
ことから，ボタンを押そうと思ってからボタンを押すまでに200ミリ秒かかっ
ており，本人がボタンを押そうと思った瞬間からボタンを押すまでの，この
200ミリ秒間は本人も自覚できているということになる。一方で，ボタンを押
す約550ミリ秒前から200ミリ秒前までの350ミリ秒間は，ボタンを押そう
という意思が生まれる前の脳活動なので，本人が意識する前の脳活動というこ
とになる。リベットの実験の前までは，運動準備電位は，運動をしようという
意思により発生し，その後に運動が実行されると考えられてきたが，ボタンを
押そうという意思が意識されるより前から，脳活動は発生していたということ
が明らかとなった。つまり，脳では運動を実行しようということが意識される
前から，潜在的に脳は処理を進めているということになる。この結果の解釈と
して，ある程度運動実行の準備が潜在レベルで開始され，準備ができた状態に
なったところで顕在化され，「ボタンを押そう」という意思が生み出されると
いうことが示唆されたのである。

12.2.2　視線の偏り

　視線は，意識的に動かすことができる一方で，無意識のうちに勝手に動いて
しまうこともある。つまり，潜在的な心の働きを反映する指標にもなりうるの
である。本項では，視線の動きを計測することで，選好意思決定時の潜在プロ

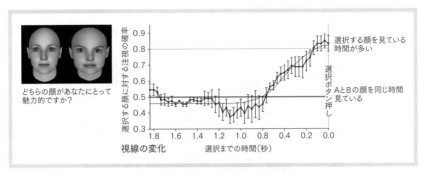

図 12.3　選好時における選択前の視線の偏り
Shimojo *et al.* (2003) より改変。

セスを明らかにしたカルフォルニア工科大学の下條信輔らの研究を紹介しよう。(Shimojo *et al.*, 2003)。

　実験では，左右に提示された人の顔写真のうち，自分の好みの顔を選択しているときの視線の動きを調べた。選ぶ好みの顔を自覚する前の段階で，潜在的にそれぞれの顔の価値評価を行っているときの視線の動きを調べたのである。好みの顔を選択した時点を 0（基準）として，その前の段階で左右の写真を注視する時間の割合をそれぞれ求めた。割合は，左右の写真を同じ時間注視していれば 0.5，どちらか一方の写真を長く注視していると 0.6，0.7 という値となる。実験の結果，図 12.3 に示すように，選択の約 1 秒前から視線の偏りが見られ，自分が選択する顔の注視時間が徐々に長くなることがわかった。この課題では，選好判断を何回も繰り返し行っており，被験者も写真が提示されてからできるだけ早く回答するように教示されていたため，この視線の偏りに気がついた被験者はほぼいなかった。このように，自分ではどちらの顔を選択するか決定していない選択の 1 秒前から，選択する顔を見る時間が徐々に増えている。つまり，潜在的にどちらの顔が好みかが決まっており，選択時にはその結果が意識化されているのである。なぜその顔を選択したかを問われると，「なんとなく」と返し，どこを評価した結果なのかを回答できないところからも理解できる。

12.2.3　理由の後付け再構成

　顔の選好を判断しているときに，私たちは判断の過程を理解しているのであろうか？　判断理由を認識した上で選んでいるとだれもが信じていると思うが，それは本当なのであろうか？　図 12.4 に示すように Johansson らは，2

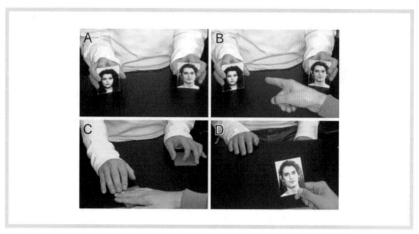

図12.4　Johansson らによる理由の後付け再構成の実験
Johansson *et al.* (2005) より。

枚の顔写真から自分にとって魅力的と感じる写真を選択する実験を行った (Johansson *et al.*, 2005)。この実験では，実験者が顔写真を左右の手で 1 枚ずつ持つ形で行い，被験者に好みの写真を指さしで選択してもらった。選択後，写真は机の上に伏せて置き，それを手前に引いて回収する。以降同様に，次のペアの写真を見せて，選択させることを繰り返す。このうち，選択後に何回かは，一度伏せた写真を再度見せながら，選択した理由を被験者に言わせた。しかし，このとき被験者には気づかれないように，顔写真を選択していないものにすり替えていた。普通であれば，自分が選んでいない顔写真を示されたら，違うと気がつくはずであるが，多くの被験者はすり替えられていることに気がつかず，選択の理由を話し出す。さらにそこでは，今見ている写真，つまり選択していない写真の顔の特徴を話すのである。もし選択時に理由まで考えて選択しているのであれば，写真がすり替えられていることに気がつくはずである。つまり，私たちは理由まで考えて選択をしていないということになる。理由は選択が決まった後に，後付けで考えているに過ぎなく，これを「理由の後付け再構成」という。選択時に，どこが判断のポイントであったかなど，意識して選択の理由を考えて論理的に思考しなくても，潜在的に判断できてしまうのである。

12.3 潜在認知の影響

12.3.1 潜在認知が顕在認知に及ぼす影響

　無視するように指示された情報から潜在的に影響を受け，その情報が意思決定に影響を及ぼすことがある。下條らは，図形を画面の中心に提示して魅力度を判定する課題を行い，評価対象の図形とは無関係の顔を周りに提示したときの影響について調べた（図12.5）（Shimojo *et al.*, 2011）。評価対象の図形は幾何学図形で，あらかじめ事前評価で中間の魅力度（9段階で4.5程度）をもつものとした。提示する顔は，事前評価をもとに4つの魅力度グループ（最も魅力的な顔，魅力的な顔，あまり魅力的でない顔，最も魅力的でない顔）に分類したものを使用した。図形の周辺には4つの顔を同時に提示し，この4つの顔の魅力度は同じグループのものとした。中央に中間の魅力度の幾何学図形を置き，その周りに"最も魅力的"な4つの顔，"魅力的"な4つの顔，"あまり魅力的ではない"4つの顔，"最も魅力的でない"4つの顔の，いずれかを提示した。ただし，被験者には周りの顔は無視をしてもらい，あくまでも中心の幾何学図形の魅力度を答えさせた。ふつうは，中央の幾何学図形の魅力度

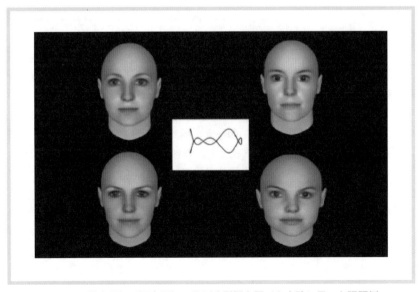

図12.5　潜在認知が顕在認知に及ぼす影響を調べた実験に用いた課題例
Shimojo *et al.*（2011）より。

第12章　潜在認知

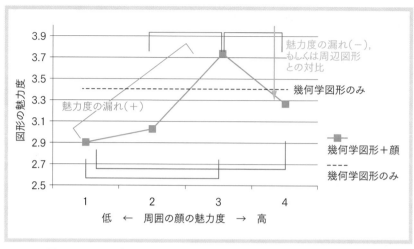

図 12.6　周辺の顔の魅力度が中心の幾何学図形の魅力度に及ぼす影響
Shimojo *et al.*（2011）より。

は中間の魅力度（3.4 程度）なので，周りにどのような魅力度の顔を提示されても，中間の魅力度（3.4 程度）と答えると予想される。しかしながら，周りの顔の魅力度が低いと幾何学図形の魅力度は低くなり，周りの顔の魅力度が高いと幾何学図形の魅力度は高くなった（図 12.6）。つまり，周辺の顔の魅力が漏れ出し，潜在的に中心図形の魅力へ影響を与えているのである。

　さらに筆者らは，見慣れているアジア人顔とあまり見慣れていない欧米人顔を用意し，魅力度の評価のしやすさが，潜在的に中心図形の魅力へ与える影響について調べてみた。顔の魅力度を評価させると，欧米人顔でもアジア人顔同様に，魅力の高いものから低いものに分類することが可能であった。上記の課題同様に中心に評価対象の幾何学図形を提示し，4 段階の魅力度をもつアジア人顔もしくは欧米人の顔を周りに提示し，幾何学図形の魅力度だけを評価させると，アジア人顔については，上記の実験結果と同様に，周りの顔の魅力度が低いと中心の幾何学図形の魅力度も低くなり，周りの顔の魅力度が高くなると中心の幾何学図形の魅力度も高くなった（図 12.7）。一方で，欧米人顔については，周りの顔の魅力度による幾何学図形の魅力度への影響は認められなかった。つまり，無視している周辺刺激（ここでは顔）の魅力度の漏れによる中心刺激の魅力度への潜在的影響は，見慣れているもの（潜在的に評価可能なもの）でないと認められないといえる。意識していない対象であっても，無意識にかつ，自動的に魅力度などの価値評価が，潜在的に他の評価に影響を及ぼし

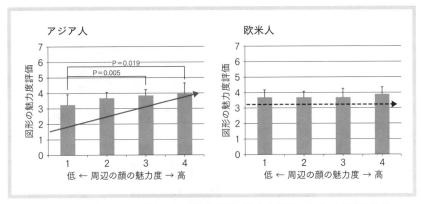

図 12.7 アジア人顔と欧米人顔が中心図形の魅力度評価へ与える影響の比較
鈴木（2013）より。

ている可能性があるのである。

12.3.2 選好における潜在認知の優位性

　自身が自覚していない潜在認知であっても，自覚する前から脳は処理を始めている。潜在認知に関わる脳領域と顕在認知に関わる脳領域は違うと想定できるが，どのような違いがあるのだろうか？　Kim らは，顔の選好を判断しているときのそれぞれの顔の魅力度と相関を示す領域を fMRI を用いて調べた（Kim *et al.*, 2007）。この相関を示す領域は，顔の魅力度を処理している領域と解釈することができる。行動実験では顔写真を左右に 1 枚ずつ同時に提示したが，この実験ではそれぞれの顔に対する脳の反応を計測しなくてはいけないため，1 枚ずつ提示する必要がある。そこで，写真 A と写真 B を順番に何度も提示して，どちらの顔が自分にとって魅力的かが決まったところで，その顔をボタンで回答させた。また，顔の魅力度を判断しているときの潜在的な反応を計測したいため，1 枚あたりの提示時間を 50 ミリ秒とし，1 回見ただけでは魅力度の判定ができないように工夫している。魅力度の高い顔を回答した直前に選択肢の顔を提示したとき（late cycle）はすでに選択が決定されており，一方，それより前に提示されたとき（early cycle）は，まだ選択が決定されていないと考えることができる。そのため，回答直前に顔を見ているときは顕在認知，それより前に顔を見ているときは潜在認知による処理が進められている。顔の魅力度と相関する脳活動を示した脳領域は，late cycle では内側前頭眼窩野であり，early cycle では大脳基底核の一部である側坐核であった。これ

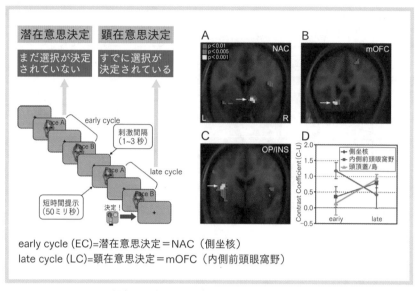

early cycle (EC)=潜在意思決定＝NAC（側坐核）
late cycle (LC)=顕在意思決定＝mOFC（内側前頭眼窩野）

図12.8　潜在認知に関わる脳領域と顕在認知に関わる脳領域
Kim *et al.*（2007）より改変。

らの結果から，顔の魅力度を判断しているときの潜在認知と顕在認知に関わる
脳領域は異なっており，潜在認知は脳の大脳基底核という脳の進化の中では古
い領域で，顕在認知は内側前頭眼窩野という新しい領域で処理されていること
が明らかになった（図12.8）。

　さらに筆者らは，選好における潜在認知と顕在認知の優位性を調べるため
に，次のような実験を行っているときの脳活動をfMRIで計測した（図12.9）
（Ito *et al.*, 2014）。上記の実験と同じように，まず顔の選好を回答する課題を
行い（1回目の選択），しばらくしてから，もう一度同じペアの2つの顔を見
せ，自分の好みの顔はどちらか答えてもらう（2回目の選択）。すると，1回
目と2回目の選択時に同じ顔を選ぶ場合（心変わりなし）と1回目と2回目
の選択時に同じ顔を選ばない場合（心変わりあり）が生じる。つまり，選択1
回目の潜在判断時ならびに顕在判断時の脳活動から，心変わりのあり・なしを
予測する脳活動を求めることで，選好判断において潜在認知ならびに顕在認知
のどちらが優位かを調べた。その結果，選択1回目のearly cycleで大脳基底
核の一部である尾状核の活動が高い方の顔を選択していないときは，2回目の
選択で心変わりする確率が高いことがわかった。つまり，late cycleで前頭眼
窩野の活動が高い方の顔を選んでも，early cycleでの尾状核の活動と一致して

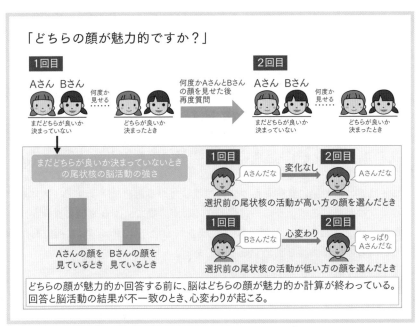

図 12.9　心変わりに関わる脳領域と顕在認知に関わる脳領域
Ito *et al.*（2014）より改変。

いないと，心変わりが起こってしまうのである。このように，late cycle ではなく early cycle での脳の活動の強さに最終的な判断が収束するということから，顔の選好時の本質は潜在認知が優位であるということがわかったのである。

12.4　おわりに

　このように，私たちの認知は潜在的に処理されている部分が大きく，その処理過程を自覚できていない。これは，全く知らない自分が勝手に働いているようにも考えることができるため，神からの指令で処理していると解釈されてきた時代もあった。ただ，近年の研究結果から，潜在認知は自動化された処理であり，自動化は自分がこれまで経験してきた記憶（生まれてからさまざまな経験を通じて試行錯誤することで蓄積された記憶で，木の年輪のようなもの）から形成されるものであることがわかってきた。ここでの記憶は，単なる言語的な記憶だけでなく，時間的情報を含んだ環境変化に伴う生物学的な記憶として

理解する必要がある。たとえば，遺伝的に決定される身体的特徴や感覚の感受性といった先天的に決定されるものもあれば，生活習慣，食習慣，加齢などの体内環境の変化を伴う記憶も含まれる。また，塩基配列の変化を伴わずに遺伝子の発現を環境に適応させて調節する，後天的な仕組みであるエピジェネティック修飾もこの記憶に含まれる。エピジェネティック修飾は，遺伝子多型のような生まれつき固定された静的な指標とは異なり，また，遺伝子発現のような数時間単位での瞬発的な指標でもなく，より持続的で，月・日を要する累積的な変化である。エピジェネティック修飾は潜在的に環境に適応させる生物学的な働きの1つである。

　ヒトは省エネで脳に負荷をかけずに処理したがるために，より潜在的に処理するように働く。このように，意識的な処理が必要で，より処理に負荷がかかる顕在認知と，自動化され無意識に処理される潜在認知は，相互補完的に働き，私たちの認知機能を支えているのである。

引用文献

Ito, T., Wu D., Marutani, T., Yamamoto, M., Suzuki, H., Shimojo, S., Matsuda, T. (2014) Changing the mind? Not really—activity and connectivity in the caudate correlates with changes of choice. *Social Cognitive and Affective Neuroscience*, **9**, 1546-1551.

Johansson, P., Hall, L., Sikström, S., Olsson, A. (2005) Failure to detect mismatches between intention and outcome in a simple decision task. *Science*, **310**, 116-119.

Kim, H., Adolphs, R., O'Doherty, J. P., Shimojo, S. (2007) Temporal isolation of neural processes underlying face preference decisions. *Proceedings of the National Academy of Sciences of the United States of America*, **104**, 18253-18258.

Kornhuber, H. H., Deecke, L. (1965) Hirnpotentialänderungen bei Willkürbewegungen und passiven Bewegungen des Menschen: Bereitschaftspotential und reafferente Potentiale. *Pflüger's Archiv für die gesamte Physiologie des Menschen und der Tiere*. **284**, 1-17.

Kunst-Wilson, W. R., Zajonc, R. B. (1980) Affective discrimination of stimuli that cannot be recognized. *Science*, **207**, 557-558.

Libet, B., Gleason, C. A., Wright, E. W., Pearl, D. K. (1983) Time of conscious intention to act in relation to onset of cerebral activity (readiness-potential). The unconscious initiation of a freely voluntary act. *Brain*, **106**, 623-642.

Shimojo, S., Simion, C., Shimojo, E., Scheier, C. (2003) Gaze bias both reflects and influences preference. *Nature Neuroscience*, **6**, 1317-1322.

Shimojo, E., Mier, D., Shimojo, S. (2011) Visual attractiveness is leaky (3): Effects of emotion, distance and timing. *Journal of Vision*, **11**, 631.

Vaughan, H. G. Jr., Costa, L. D., Gilden, L., Schimmel, H. (1965) Identification of sensory and motor components of cerebral activity in simple reaction-time tasks. *Proc. 73rd Corv. Am. Psychol. Assoc.*, 179-180.

Zajonc, R. B. (1968) Attitudinal effects of mere exposure. *Journal of Personality and Social Psychology*, **9**, 1-27.

鈴木春香（2013）魅力度判定における中心視に及ぼす周辺視への影響に関する国際間比較．玉川大学大学院工学研究科修士論文.

竹田青嗣・山竹伸二（2008）『フロイト思想を読む —無意識の哲学』NHK ブックス，日本放送出版協会

神経ネットワークのモデル化

田中康裕

　脳を理解するためには，さらなる技術開発と注意深く設計された実験の積み重ねが不可欠である。その一方で，いかにも初歩的な仮定から演繹的にどれだけのことがわかるかを示すことも重要である。また，すべての実験を自分で追試することもできないので，これまでの知見が整合的に成立することを確かめる手段も必要である。このような目的のためにしばしば用いられるのが，モデル化という手法である。「モデル」という言葉は便利で，文脈によりさまざまな意味をもつが，この章では，「ニューロンやネットワークの重要な要素だけを取り出して数式で表したもの」くらいの意味で用いる。本章では，ニューロンが多く集まったときにどのようなことができるかを示すために，形式ニューロンとパーセプトロンという初期に開発されたモデル化を基礎として解説する。

　モデルというのは一般論を与えがちで，現実世界との対応づけに困る場合がある。その意味では一般的（汎用的と言ってもよい）なモデルでは脳の理解に不十分なこともあり，実験結果に基づいて，各種の制約（拘束条件）あるいは目指すべき結果を設定して初めて適切なモデルとなる場合がある。これを現代的な文脈で考えると，これまでも得られてきた一細胞の神経活動からわかることに加えて，最近得られるようになってきた多細胞の神経活動から新たな拘束条件あるいはモデルが出すべき結果を見つけ，それによりネットワークモデルを洗練させることができればよい。そのような狙いで，本章の後半では，シミュレーションを用いて多細胞神経活動のデータ解析の理念に触れる。

13.1　神経ネットワーク

　ニューロンでは，周りのニューロンからの入力が統合された結果として活動電位を出すかどうかが決まる。活動電位を出すと，非常に多数の軸索ブトンを介して多数の，しかし特定の，ニューロンへと出力を伝える。細胞内では情報が電気的に素早く伝導し，細胞間ではシナプスを形成して化学的に相手を選んで伝達することで，速さと特異性を実現しているのがニューロンの特徴である（第1章参照）。このように，ニューロンは無数のシナプスにより情報のやり取りをしており，そのようにしてできる複雑な結合全体を，神経ネットワークという。

13.2　ニューロン・神経ネットワークのモデル化

　ニューロンやネットワークを数式で表したモデルを扱うため，この章では数式が出てくる。なじみがないかもしれない記号については，できるだけ説明を付けた。難しい関数や操作がある場合には結論のみを述べているので，詳しい過程が知りたければ成書を確認してほしい。

13.2.1　形式ニューロン

　周囲から受け取った情報を統合し 0-1 のデジタル信号を出すか否か，というニューロンの性質に着目してつくられたモデルが，McCulloch と Pitts によって 1943 年に発表された形式ニューロンである。形式ニューロンは formal neuron の日本語訳だが，「数式で表されたニューロン」くらいの意味だと思えばよい。

　形式ニューロンを表す数式は，

$$y = H\left(\sum_{i=1}^{n} w_i x_i - h\right)$$

というものである $(i = 1, 2, ..., n)$。$H(\cdot)$ はヘビサイド関数といい，括弧の中身が 0 より大きくなると 1 となり，括弧の中身が 0 以下だと 0 となる関数である。つまり $H(-2) = 0, H(-0.5) = 0, H(0) = 0$ であるし，$H(0.1) = 1, H(1) = 1, H(1000) = 1$ である。x_i は入力してくるニューロンが活動しているかどうかを表しており，0 か 1 の値をとる。w_i は入力してくる各ニューロンとのシナプスの強さ（シナプス荷重）を表す。$\sum$（シグマ記号）は，$w_1 x_1 + w_2 x_2 + \cdots + w_n x_n$ という足し算を省スペースに書くための記号である（初めて触れたとしても，のちほど出てくる具体例の説明は足し算の形で書いているため安心してほしい）。$\sum_{i}^{n} w_i x_i$ は，周囲のニューロンからの入力で膜電位が上昇することに対応していて，h は，活動電位が出る閾値を表す。したがって，式全体を日本語に翻訳すれば，「入力ニューロン x_1 から x_n までの活動を，対応するシナプス荷重 w_1 から w_n で調節しながら全部足して，その総和が h を超えるときだけ，ニューロン y は活動電位を出す」という意味になる（図 13.1）。この周囲の情報を統合して活動電位を出す（あるいは出さない）という単純なモデルにどのようなことができるだろうか。いくつか簡単な例を考えてみよう。

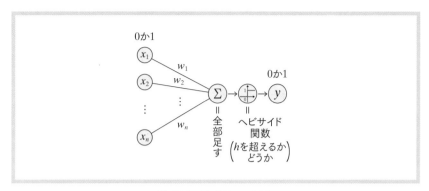

図 13.1　形式ニューロン

(1) 入力するニューロンが 1 つの場合

式を書き直すと，$y = H(w_1 x_1 - h)$ となる。

(A) 入力と同じ挙動を示す形式ニューロン

$w_1 = 1, h = 0$ の場合を考える。このとき，$y = H(x_1)$ となる。x_1 は 0 か 1 の値しかとらないので，形式ニューロン y は x_1 が 0 であれば 0，1 であれば 1 となり，y の挙動は x_1 の挙動と完全に一致する。

(B) 入力と正反対の挙動を示す形式ニューロン

$w_1 = -1$(抑制性の入力と思ってもらえばよい)，$h = -0.5$ であれば，$y = H(-x_1 + 0.5)$ となる (h の符号に注意)。この場合，x_1 が 0 のとき，$y = H(0 + 0.5) = 1$ となり，$x_1 = 1$ のときには $y = H(-0.5) = 0$ となり，0 になる。つまり y は x_1 と正反対の挙動を示すニューロンとなる。

(2) 入力するニューロンが 2 つの場合

シグマ記号 $\sum$ を使わずに書くと，$y = H(w_1 x_1 + w_2 x_2 - h)$ となる。

(A) 2 つの入力の片方が活動したときに活動する形式ニューロン

$w_1 = 1, w_2 = 1, h = 0.5$ とすれば，式は $y = H(x_1 + x_2 - 0.5) \cdots$ ① となる。この形式ニューロンは x_1 と x_2 のどちらか 1 つでも活動電位を出す（つまり 1 になる）と，y もまた活動電位を出す（つまり 1 になる）。

(B) 2 つの入力の両方が活動したときに活動する形式ニューロン

$w_1 = 1, w_2 = 1, h = 1.5$ とすれば，$y = H(x_1 + x_2 - 1.5) \cdots$ ② となる。今度は x_1 と x_2 のどちらかでは不十分で，x_1 と x_2 のどちらもが活動しな

ければ y は活動しない。

(C) 2 つの入力が両方活動したときにのみ活動しなくなる形式ニューロン $w_1 = -1, w_2 = -1, h = 1.5,$ つまり，$y = H(-x_1 - x_2 + 1.5) \cdots$③ とすると，これは x_1, x_2 の両方が活動したときにだけ活動しない y をつくる（それ以外では y は 1 になる）ことができる。

上に示したような 0-1 のみで行われる計算を，論理演算と呼ぶが，①は OR（高校数学で習う「または」）の計算，②は AND（「かつ」）の計算に相当する。また，③は NAND（「かつ」の否定）の計算である（図 13.2 上）。さらに複雑な計算も可能である。OR ニューロン $y_1 = H(x_1 + x_2 - 0.5)$ と NAND ニューロン $y_2 = H(-x_1 - x_2 + 1.5)$ を用意した上で，その 2 つの AND を計算するニューロン $z = H(y_1 + y_2 - 1.5)$ をつくることで，XOR（排他的論理和）の計算を行うことができる（x_1 と x_2 の状態が違うときに $z = 1$ となる。逆に言えば，このような計算を XOR という。図 13.2 下）。

証明は省く[1]が，形式ニューロンを積み重ねることで，あらゆる論理演算を行うことができる（論理関数に関する完全性という）ことが重要である。これ

x_1	x_2	OR $y = H(x_1 + x_2 - 0.5)$	AND $y = H(x_1 + x_2 - 1.5)$	NAND $y = H(-x_1 - x_2 + 1.5)$
0	0	0	0	1
0	1	1	0	1
1	0	1	0	1
1	1	1	1	0

x_1	x_2	OR	NAND	XOR = (OR)AND(NAND)
0	0	0	1	0
0	1	1	1	1
1	0	1	1	1
1	1	1	0	0

図 13.2　形式ニューロンによる論理演算

1　AND, OR, NOT だけで完全性がある。証明は，$F_m^{(1)}, F_m^{(2)}$ を m 個の入力（X_1 から X_m）をもつ論理演算で，入力の AND, OR, NOT で表現できると仮定する（$F_m^{(1)} = F_m^{(2)}$ も可）。任意の F_{m+1} は $(F_m^{(1)} \cup X_{m+1}) \cap (F_m^{(2)} \cup (\overline{X_{m+1}})$ で表されるため，数学的帰納法を用いればよい（AND を $\cup$，OR を $\cap$，NOT を上線で表した）。

は何を意味するだろうか。たとえば，スマートフォンでは動画の再生も電話の通信もさまざまな論理演算の組み合わせでこなしている。つまり，形式ニューロンをたくさん用いてスマートフォンを動かすことも理論上は可能だということである。

　では，生物の脳を理解する上では形式ニューロンはどのような意味をもつだろうか。それは，ニューロンのもつさまざまな性質を，「周囲の情報を足し算して活動するか決める」と大胆に粗視化して，高性能な計算機を構成可能であることが示されたことだろう[2]。逆に言えば，非常に条件を緩めればニューロンのようなものを適当に集めて，（少なくとも論理演算について）何でもできることはわかったので，あとは実際に脳が何を計算しているか，何を計算できないのか，計算効率を高めるものは何か，ひとりでにできあがっていく（自己組織化される）メカニズムとはどのようなものか，などの問題になったということだろう[3]。

13.2.2　モデルの精緻化

　前項で紹介した式は，活動するか否かを判定する関数（活性化関数と呼ばれる）としてヘビサイド関数を用いているが，ほかにもさまざまな関数[4]を用いてモデル化することができる。また，空間的加算は足し算として入っているが，時間的加算を加えたり，閾値を時間変化のある関数にしたりといった拡張も簡単にできて，ニューロンの基本的な挙動についてはある程度模倣可能であ

2　1928年にイギリスのAdrianが電気的な増幅器を生理学実験に用いることで，神経上の電気的なインパルス（電気回路での急激な電位変化）が感覚刺激を脳に伝えているということを初めて克明に記録し，このインパルスの謎を解こうと世界中の生理学者が研究を進めた。形式ニューロンが発表された1943年には，まだ活動電位の細かなメカニズムはわかっていなかった（活動電位の発生機構に決定的な結果を残したHodgkinとHuxleyの研究は，第二次世界大戦後まもなく開始された）。また，機械仕掛けの計算機が万能の論理演算能力をもちうることがTuringにより示されたばかりで，コンピュータが作られ始めた時代でもある。これらを踏まえると，McCullochとPittsの研究が極めて先駆的であったことがわかる。

3　ニューロンの発火頻度は非常にばらついているが，おおむね100 Hz以下で働いている。これは，たとえば最近のCPU（GHzのクロックをもつ）などと比べると非常に遅い。ニューロン集団はクロックをもたず，それぞれが独立して計算をしている。また，樹状突起などでの情報処理が知られていて，1つのニューロンは形式ニューロンよりも，おそらくかなり複雑な計算が可能である。このような素子としての制約に加え，ネットワークの構造にも解剖学的な制約などが加わりうる。また，興奮性・抑制性のバランスなどの制約もある。モデル化には，どのような制約がどのようなネットワークの性質を生み出すのか，ということを検証できる強みがある。

4　ヘビサイド関数は微分しても意味のない関数なので，微分が必要な場合にはシグモイド関数を用いる。また，深層学習ではReLU（rectified linear unit）と呼ばれる折れ曲がった形の関数が用いられる。この活性化関数は微分係数が小さくなりにくく，多層パーセプトロンを学習させる際の難点の1つ（勾配消失問題）を解消する。

る。ニューロンのモデルは，活動電位のメカニズムが明らかになってからは，電位依存性イオンチャネルの動態を数式の形で組み込んだ Hodgkin-Huxley 方程式として精緻化された。しかし，Hodgkin-Huxley 方程式は複雑であり，理論的な解析が難しく計算量も多くなるため，これを簡略化したモデルも提案され用いられてきた（FitzHugh-Nagumo モデル，各種の積分発火モデル[5] など）。これらを用いれば，閾値下の膜電位をモデル化できて，閾値下の現象として起こる同期などの興味深い現象を調べることもできる。また，1990 年代以降，計算機（コンピュータ）の能力が高まると，Hodgkin-Huxley 方程式をより精緻にして，さまざまな樹状突起の形状や入力の位置までをモデルに組み込んだリアリスティック（現実的な）モデルも用いられるようになった。これらのモデルは，神経ネットワークの生物学的側面に踏み込む際には重要と考えられる。一方で，工学的応用としての人工神経ネットワークで用いられる素子は，基本的に形式ニューロンの活性化関数を変更したものが用いられている。

13.2.3 パーセプトロン

　形式ニューロンには，ニューロンのもつ重要な性質である可塑性が組み込まれていない。パーセプトロンは，形式ニューロンを学習可能[6]にした（可塑性をもたせた）モデルである。形式ニューロンでは，所望の動作をさせるため，天下り的に各ニューロンからの入力の重み w を決めていた。一方でパーセプトロンでは，データをうまく分類できるように，自動的に w を変更するルール，すなわち学習則を備えている。以下に，パーセプトロンの学習を例示する（図 13.3）。まず 2 つのカテゴリ（青丸と赤丸）に分かれているデータをいくつももっているとする。それぞれのデータは 2 つの数字（縦軸 x_1 と横軸 x_2 に表されている）からなるとしよう。ここでは簡単のため，x_1 と x_2 は，ともに -1 から 1 までの値をとる変数とし，パーセプトロンの出力である y は，x_1 と x_2 の値から，それが青色なのか赤色なのかを見分けるために学習するとしよう。出力のメカニズムは，形式ニューロンそのままである。2 変数として書く

5　膜電位の変化を微分方程式によって記述して，一定の膜電位に到達すると発火した（活動電位を出した）と見なすモデル。オリジナルのものは単純化されすぎていてニューロンの活動を再現するには不十分な場合もあるので，さまざまに拡張されている。

6　心理学における「学習」という言葉は，「動物が繰り返しの刺激に応じて，行動を（ある方向に）変化させること」を意味していて，行動の主体を仮定する。そのため，実際に記録したニューロンについて，「ニューロンが学習した」と言うと，やや擬人的な表現に感じる。しかし，人工神経ネットワークの研究では，ネットワーク自体を 1 つの学習主体として（そもそも擬人的に）用いるためだろうか，ネットワークやニューロンの学習則・学習率といった言葉使いをする。現在では，「シナプス学習則」のような言葉は，実験結果に対しても使われるようになっており，本来の動物の「学習」からはやや切り離して考える必要がある。

と，$y = H(w_1 x_1 + w_2 x_2 - h)$ となる。ただし，簡単のため，$x_0 = 1$（常に 1 の値）となる仮想の入力を考えて，$y = H(w_0 x_0 + w_1 x_1 + w_2 x_2)$ と変形する。$x_0 = 1$ であるから，$w_0 = -h$ とおけば上の式と同じである（つまり閾値もシナプス荷重と同等に学習可能なものと見なす）。青丸を 1，赤丸を 0 で表すことに決めておけば，正解かどうかも数字で判定することができる。学習の目標は，すべてのデータ（x_1 と x_2 の組み合わせ）に対して，データ点の色（青丸 = 1，赤丸 = 0）と一致した出力に y がなるような w_0, w_1, w_2 を探索することである（図 13.3）。w_0, w_1, w_2 の初期値は適当に定めて（たとえば $w_0 = 1, w_1 = 1, w_2 = 1$）おいて，データを学習していく。

　図 13.3 に示した例では，7 つ目のデータが，$x_1 = 0.04$，$x_2 = -0.62$ であった。形式ニューロンの括弧の中身は $1 + 0.04 - 0.62 = 0.42$ で 0 より大きく，出力 y は 1 である（図 13.3 左）。しかし，7 つ目のデータは赤丸 = 0 であったため，w_0, w_1, w_2 がこのままでは正しく分類できない。そのため w_0, w_1, w_2 を，$w_0 x_0 + w_1 x_1 + w_2 x_2$ が減る方向に変更しなければならない。問題は，それぞれの値をどのように変更するか，である（この変更のルールを学習則という）。偏微分という計算を用いて，$w_0 x_0 + w_1 x_1 + w_2 x_2$ を減少させうる (w_0 の変化分) : (w_1 の変化分) : (w_2 の変化分) の比を求めることができる。計算過程は省略するが，この場合は，(w_0 の変化分) : (w_1 の変化分) : (w_2 の変化分) = $-x_0 : -x_1 : -x_2$ となるように変更すればよいという結果が得られるため，$w_0^{\text{new}} = w_0^{\text{old}} - x_0$, $w_1^{\text{new}} = w_1^{\text{old}} - x_1$, $w_2^{\text{new}} = w_2^{\text{old}} - x_2$ のように変更すればよい。

　逆に出力が 0 となるようなデータなのに，そのデータのカテゴリが 1 であったという間違いが起きた場合（図 13.3 中央）には，$w_0 x_0 + w_1 x_1 + w_2 x_2$ を増加

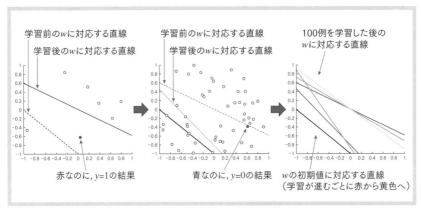

図 13.3　パーセプトロンの学習過程

第13章　神経ネットワークのモデル化

させる変更として，$w_0^{\text{new}} = w_0^{\text{old}} + x_0$, $w_1^{\text{new}} = w_1^{\text{old}} + x_1$, $w_2^{\text{new}} = w_2^{\text{old}} + x_2$ と変更すればよい。また，出力とデータの色が一致している場合には，うまくいっているのだから，w_0, w_1, w_2 は変更しなくてよい。このようにシナプス荷重を更新していくことで，パーセプトロンは「1本の線で分けることが可能なデータについては，w_0, w_1, w_2（の一例）を求めることができる」ことが証明されている。図 13.3 の例では，$x_1 + x_2 > 0.1$ となるデータを青丸，$x_1 + x_2 < -0.1$ となるデータを赤丸として学習させているので，その判別に必要な線は右下がりの対角線に近ければよい。実際に 100 例学習させた後の w_0, w_1, w_2 は，そのような正しい分類ができるものとなっている（図 13.3 右）。

　上記の例では，平面に描きやすいようにデータが 2 つの数字からなっている設定としたが，これが 3 個の数字からなるものでもよい。その場合，各データは 3 次元空間の 1 点を表すこととなり，パーセプトロンの活動は $y = H(w_0 x_0 + w_1 x_1 + w_2 x_2 + w_3 x_3)$ で決まる。このとき，2 次元の場合と同様に，3 次元空間上で，平面によって 2 つに分けることができるデータならば，w_0, w_1, w_2, w_3 を求めることができる。実は，データは n 個の数字からなっていてもよい。この場合は，データを紙面に表現することは難しくなってしまうが，各データは n 次元空間の 1 点となる。そして，分けるための境界も「$n-1$ 次元の超平面によって分ける」という表現になってしまう。n 次元空間はそもそもイメージするのは難しく，超平面というのもよくわからない言葉だと思うが，3 次元の空間を次元が 1 つ低い 2 次元の平面で 2 つに分けられるように，n 次元の空間を $n-1$ 次元の空間（超平面）で 2 つに分けることができることは数学的に証明できて，この場合は，$w_0, w_1, w_2, \ldots, w_n$ までが決まる[7]。パーセプトロンは，一つひとつのデータについての正解のラベルと自分の出力を見比べた結果に基づいて学習するので「教師あり学習」の典型とされ，それが小脳に実装されるという仮説については，第 7 章で見た通りである。

13.2.4　パーセプトロンの応用と深層学習

　パーセプトロンの意義は，次々に現れるデータを順番に学習していく（経験させていく）過程で，その経験をシナプス荷重の形でネットワークに保存しながら正解にたどり着けることを示した点である[8]。パーセプトロンは，1958 年に Rosenblatt が発表した。当初，パーセプトロンの学習は，ここで紹介した

---

[7] このあたりの理論は線形代数による。本章で学ぶ内容に興味をもった人は完璧でなくてもよいし，少しずつでよいので，線形代数・ベクトル解析・微分方程式（力学系）・多様体・確率などの数学をカバーしていくと役に立つと思われる。

ような2層の神経ネットワークに限定されていた。そのため，「直線で分けられる問題しか解けない」と見なされた。しかし，第7章でも紹介された通り，早くも1960年代後半に甘利俊一が発表していた学習方法を使うことで，より多くの層をもつ多層パーセプトロンの学習が可能であることが，誤差逆伝播法として1980年代に広く認知されるようになった。パーセプトロンを2層にわたって学習して，任意の係数を学習できるのなら，線形分離不可能な問題の代表格であるXOR問題を解けることは，すでに前項で確認した。そのため，3層のパーセプトロン（学習できるシナプスのレベルとしては2層）が適切に学習できれば同様の問題は解けて，論理演算の完全性があることがわかる。また，連続関数の入出力変換の表現能力についての完全性が証明されていることも第7章で述べられた通りである。さらに，人間の脳のような複雑なネットワークだとしても，そこで行われていることが有限の論理演算であれば，非常に大きな3層以上のパーセプトロンを用意すれば，理屈としては同じことができるはずであり，それを1つの目標として多くの研究が進められてきた。

多層パーセプトロンは，工学的応用が著しい，いわゆる深層学習の中核をなすものである。基本的には前項のパーセプトロンを何層も積み重ね，工夫を重ねてうまく学習させたものである。それぞれの層では極めて単純な計算しかしていないが，それを積み重ねていくことで非常に複雑な分類などができるようになり，画像の認識などにおいては，すでに人間と同等の能力を発揮している。深層学習の特徴については第7章でも少し述べられた。その詳細な仕組みについては成書を当たってほしい。

13.2.5 リカレントニューラルネットワーク

多層パーセプトロンは入力層から出力層まで，基本的に一方向に信号が送られる（フィードフォワード）つくりになっている（図13.4左）。しかし，実際の生物の神経ネットワークでは，そのような方向性を決めかねる場合も多い。脊髄運動神経が手足を動かす経路など，一方向の信号を仮定しやすいネットワークで，後段のニューロンから前段のニューロンへつくられたシナプスを，リカレントシナプスと呼ぶ。その上で，大脳皮質などの神経ネットワークを見れば，大域的には信号の大まかな流れがあるものの，近くのニューロンをペアで見つけてくると大体1割くらいの確率で互いにシナプスすることが知られ

---

8 パーセプトロンは，多くの経験を積むことで，最終的には正解の範囲に収まることができる（収束する）だけである。いつ収束するかはわからず，収束には時間がかかる。また、直前のデータでモデルを更新するため、途中経過では却って性能の低いモデルになることもある（図13.3中央）。より良い方法については、成書を当たってほしい。

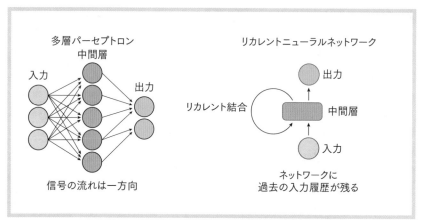

図13.4 ネットワーク型式の構造的な違い

ている。つまり，ただ一方向に信号が流れていくという構造にはなっておらず，自らの出力が回りまわって自らに返るリカレントなネットワークになっている。大脳皮質などに見られるこのようなネットワークをモデル化したものと見なせるのが，ネットワーク内の（モデル化された）ニューロン同士を結合させたリカレントニューラルネットワークである（図13.4右）。その大きな特徴は，ネットワークの出力が，次の時間にはそれ自身の入力となることである。そのため，各ニューロンは現在の情報に加えて，ネットワークをぐるぐると回ってきた過去の情報をもつことになる。つまり，過去の入力の記憶（あるいは履歴）をもつ。この性質を利用してリカレントニューラルネットワークは，時間軸上での変化に大きな意味がある音声認識や，前後の文脈をもつ自然言語の処理といった分野で応用されてきた。

13.3　神経活動データの解析

　前節までで見たように，比較的簡単な数式を用いることでニューロンをモデル化できることがわかった。このようなモデル化はあまりに抽象的なものしか与えず，「脳を理解する」という目的との隔たりを感じるかもしれない。しかし，実験で得られた脳の性質を拘束条件，あるいは結果として出てくるべき性質として設定することで，モデルをより脳に寄せていくことで脳の理解に近づくことができる。気象学や地震学では，環境の精密なモデルをつくり，リアルタイムに進行中の現象からその背景となる初期条件などを推定し，さらに未来を予測する，データ同化と呼ばれる手法が確立されている。神経ネットワーク

においても，将来的に実在の脳と双子のように振る舞うモデル（デジタルツイン）ができる日が来るかもしれない。本章の残りの部分では，現代の技術を用いて，どのような脳の性質を調べてモデルと比べていけばよいか，について述べる。

　第2章でも紹介したように，継続的な技術開発があり，多くのニューロンから同時に活動を記録できるようになった。実際に，活動電位がわかる程度の時間解像度（ミリ秒以下）で，数千ものニューロンからの活動が同時に記録されている。また，少し時間解像度が落ちることを許せば，カルシウムイメージングを用いることで，100万に迫る神経活動の同時記録が可能になっている。技術水準を押し上げる，このような最高峰の研究を脇においても，数百のニューロンからの同時記録は次々と積み重ねられている。実際の脳は，前述の通り，内部でニューロンが互いに結合したリカレントなネットワークである。そのため，時間とともに現れるニューロン集団の活動状態の変化（ダイナミクス）が本質的に重要である。

　時間方向の状態変化についてのデータを，時系列という。また，パーセプトロンの説明でも出てきた，「1時点でのデータがいくつの数字で表されるか」を，以下ではデータの次元と呼ぶ（図13.5）。つまり，1個のニューロンの活

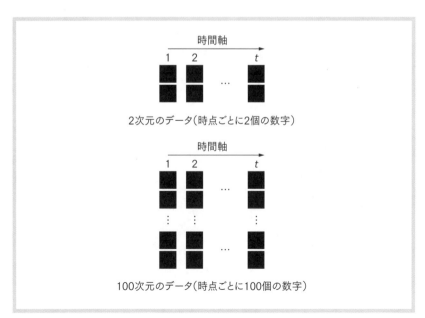

図 13.5　データの次元

動を計測している場合には，データの次元は 1 である。これに対して 100 個の
ニューロンの活動を記録しているなら，そのデータの次元は 100 である。多細
胞から記録された神経データは多次元の時系列として捉えられる。次項では，
モデルの拘束条件の 1 つとして，多次元時系列のダイナミクスに触れたい。

13.3.1　ダイナミクス

　これまでも一つひとつのニューロンの活動の時系列変化，すなわち神経活動
ダイナミクスは測定されて，神経活動のメカニズムについて議論されてきた。
しかし今後は，多くのニューロンの活動を同時に記録することで，1 つずつの
神経活動からではわからない，多数のニューロンのダイナミクスが明らかに
なってくると期待される。これを表す例として，簡単なシミュレーションを
行ったので，図 13.6 を見てほしい。

　動物が，ボタンを押すという行動を続けているとする。このとき，ニューロ
ンを 1 つだけ記録する。ボタンは繰り返し押される（1000 回行ったとする）
ので，神経活動の列をボタンを押すタイミングでそろえて並べよう。これを縦
方向に足し合わせると，このニューロンがボタンを押すときに平均的にどのく
らい活動したか，ということがわかってくる。では次に，2 つ目のニューロン
を記録しよう。この 2 つ目のニューロンの平均的な活動も図 13.6 左に示す（赤
線）。このデータから，これらのニューロンの一つひとつのダイナミクスは，
よくわかるであろう。ボタンを押したときによく活動するニューロンだ。2 つ
目のニューロンは，少し遅れて活動している。また，ニューロン同士の活動の
程度がどのように変化したかを把握しやすいように，2 つの神経活動を軸に

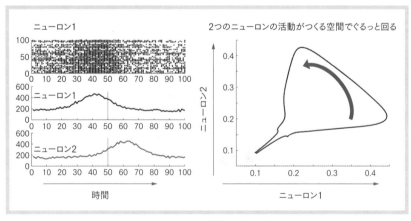

図 13.6　ニューロン活動のダイナミクス

とった平面を描いてみると，2 つの神経活動のダイナミクス（活動の時間変化）が平面上の軌道として捉えられる（図 13.6 右）。

　このように，それぞれのニューロンの時間変化を調べることで，平均的な変化を捉えることは可能である。しかし，実はこの 2 つのニューロンを同時に記録すると，片方のニューロンが活発に活動しているときには，もう片方のニューロンの活動が少し弱まっていたのである（シミュレーションなので，そのように設計されていた）。ボタンを押すたびごとの神経活動のダイナミクスをさまざまな色で記載すると図 13.7 左のようになり，2 つのニューロンが同時に強く発火していないことがわかる（グラフの右上の領域に軌道がほとんどない。平均の黒い線は図 13.6 右と同一）。2 つのニューロンが，やはり活動を強めたり弱めたりするものの，お互いに関係なく変化する場合には，ボタンを押すたびごとの神経活動ダイナミクスは図 13.7 右のようであり，左とはかなり状況が違うことがわかる。このとき，平均を示す黒い線は左右でほぼ等しいことに注意してほしい。また，ニューロン 1, 2 それぞれのばらつきもまったく同程度のシミュレーションである。

　上記は，ごく簡単に状況を示すためのシミュレーションであるが，実際の実験では，1 つずつ計測した細胞を 400 個ほど集めてきて調べたダイナミクスと，400 のニューロンを同時に計測するような場合には，調べたダイナミクスに大きな違いが生じうることがわかるだろう。1 つずつの活動のみの計測であれば，図 13.6 までしか知ることができず，その平均値を使って強引に 1 回ずつのダイナミクスを推測すると，図 13.7 右のように制約のない軌道を描くことになる。それに対し，すべてのニューロンが同時に計測されていれば，図

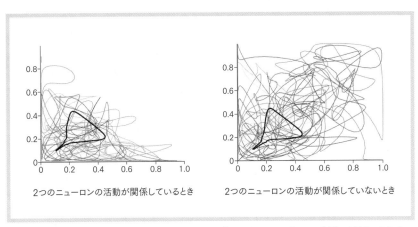

2 つのニューロンの活動が関係しているとき　　　　2 つのニューロンの活動が関係していないとき

図 13.7　同時に神経活動を記録することでダイナミクスに加わる制約が見えてくる

13.7 左のように，起きえないダイナミクスがどの領域にあるのか（図 13.7 左で言えばグラフの右上の部分）を知ることができる。

　本書でも学んできた通り，20 世紀後半からの 60 年ほどの間に 1 個〜数個のニューロンを丁寧に記録することで，脳活動についての多くの知見が得られてきた。新技術により多くのニューロンを同時に記録し，**多次元神経活動時系列**を解析することで，ネットワークが満たすべき制約が見えてくる。このようなデータを用いることで，本章の前半で見たような神経ネットワークモデルがどのような構造を満たすかを調べることができる。ダイナミクスを表現するモデルとしてはリカレントニューラルネットワークを用いてのモデル化が素直であり，実際にそのような研究が多数進行中である。

13.3.2　次元削減

　多次元のダイナミクスが重要であったとしても，私たちは 3 次元空間で生を受け，その空間に慣れ親しんでいる。紙面は 2 次元だ。このような縛りがあるため，4 次元以上のデータは，基本的には直観的な理解が難しい。直観的な理解というのは，たとえば，10 個くらいのニューロンが活動している様子を見て，「あ，これは 3 次元空間でねじれた輪を回るように活動してますね」などとのたまえることである。データに慣れてくると平面的な回転くらいはなんとなくわかってくる（世の中には 4 次元空間をかなり正確に把握できる人もいるらしい）のだが，そのような能力を磨かなくとも，100 次元，400 次元のデータから主要なダイナミクスを取り出してくる方法があり，それらの方法をまとめて**次元削減**という。計算手法の詳細を紹介するのは本書の目的ではないが，**主成分分析・独立成分分析・因子分析**などの方法が，次元削減法にあたる。

　たとえば，主成分分析は，データの変動が一番大きくなる方向（第 1 主成分）を探しだす手法である。そのような方向を見つけると，次は第 1 主成分に直交する方向[9]の中で，最もデータ変動が大きくなる方向を探し出す（第 2 主成分）。このようにして，データの変動が大きい方向を次々に見つける。いくらデータが 1000 次元あっても，主要な変動が 3 次元くらいに収まっていれば，3 つほどの主成分を調べることで，ダイナミクスを知ることができるかもしれない。ならば 3 つくらいのニューロンを計測すればいいではないかと思

　9　高次元の空間では，いろいろな方向が直交する。たとえば，u_iベクトルを「i 番目の要素だけが 1 で，他の要素はすべて 0 とする n 次元のベクトル」とすると，$u_1, u_2, ..., u_n$ はどの 2 つをとって内積を計算しても 0 なので，これらのベクトルで表される方向はすべて直交している。

うかもしれないが，その 3 つの主要な変動が 1000 の神経活動のどこにどのくらい含まれているかはわからないし，計測の数が少なければ，ノイズに隠れて見えてこないかもしれない（主成分方向の変動は多くのニューロンに共通しているために強調されるが，ランダムなノイズは細胞間で平均すれば 0 に近づいていく）。そういうわけで，主要な変動が数として少なかったとしても，やはり多くのニューロンを同時計測するメリットがある。

例として，図 13.8 は 1000 個の疑似的なニューロン活動を解析したものである。図 13.8A に示すように，データはかなりノイジーに見えるし，構造を直観的につかむのは難しい。試しに適当な 3 つのニューロン活動を取り出して，3 次元に描いてみても，何の構造も見られない（図 13.8B）。この 1000 個のデータに主成分分析を施し，大きな方から 3 つの主成分を取り出して 3 次元に描いたものが図 13.8C である。3 次元空間で 2 つの円環をぐるぐると回っているのがわかる。実際のデータ解析においても，このような次元削減により，

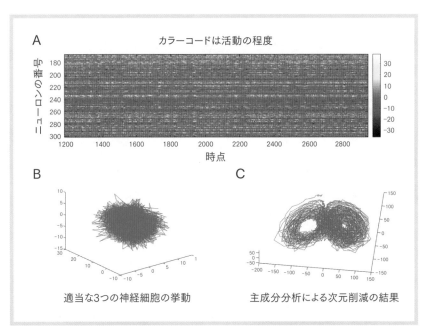

図 13.8　ノイジーな多細胞記録から，次元削減によって隠されたダイナミクスを探す（シミュレーション）
A：1000 個のニューロンの 3000 時点分の活動を生成（シミュレーション）しているが，そのうちの一部を表示している。横一列を見ると 1 つのニューロンの各時点での活動が色の違いでわかる。黒→赤→黄→白になるほど高い活動度を示している。B：適当に 3 つの神経細胞の活動時系列を取り出してきて，3 次元空間にプロットしたもの。C：次元削減（主成分分析）によって得られた 3 つの主要な活動成分を，3 次元空間にプロットしたもの。

見通しが良くなる場合がある。

13.3.3　刺激や行動との関連づけ

　脳が，自然の中に自己組織化によって発生した複雑なシステムであり，ヒトを含めた動物の知性や意識と関わっているのだから，前項のような方法で，つぶさにそのダイナミクスを観察し，そこに法則や原理を求めることには十分な意味があると思われる。その一方で，「外の世界から入ってくる刺激を処理し，行動を生起している器官」であることが脳の存在理由であり，外からの刺激や動物の行動と無関係な活動には意味がない，という意見もあるだろう。もちろん，脳科学は，そのような期待に応える手法も発展させてきた。たとえば，13.3.1 項の例で，ボタンを押したときに神経活動が上がっているから，ボタン押しにその神経活動が関連している，という考え方である。このような考え方を精緻化したのが，エンコーディングやデコーディングという解析方法である。

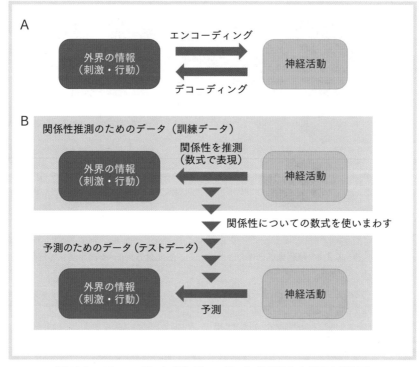

図 13.9　エンコーディングとデコーディングの考え方を表す概念図

エンコーディングとは，外界の情報（感覚刺激や動物の行動）を使って神経活動がどのように起こるかを説明することである。逆に，（1つあるいは複数の）神経活動から外界の情報を説明することを，デコーディングと呼ぶ（図13.9A）。つまり，神経活動に外界の情報がエンコード（符号化）されていて，神経活動をデコード（復号）することで，外界の情報がわかるということだ。エンコーディングとデコーディングは，ちょうど逆向きの関係になっていると思ってもらえばよい。また，素朴に考えれば，デコーディングを使えば神経活動を見るだけで，その動物が今見ているものや次に起こす行動を知ることができる，という意味で，脳科学的な「読心術」と思ってもよいだろう。

具体例として，動物にさまざまな画像を見せたときの神経活動から，どのような画像を見たかをデコードする場合を考えてみよう。手順としては，①画像を見せながら神経活動を記録する。これにより，神経活動と画像の組データ1ができる。②この組データ1を用いて，どのニューロンが活動したときに，どの画像を見ていたかという関係性を数式で表す（この関係式をデコーダーと呼ぶ）。③さらに，画像を見せながら神経活動を記録する。これにより，神経活動と画像の組データ2ができる。④組データ1から得られたデコーダーを用いて，組データ2の神経活動だけから，どのような画像を見ていたかを予測する。⑤予測された画像と実際に見ていた画像とが，どれほど一致したかによって，デコーダーの予測性能を定量する（図13.9B）。デコーダーを訓練しているという意味で，組データ1を「訓練データ」と呼び，組データ2は「テストデータ」と呼ぶ。ここでは神経活動の記録は2回に分けて行うように書いたが，実際には同じ実験で得られたデータを後から2つに分けてもよい。

デコーダーの具体的な計算には，機械学習の手法（たとえば，多重線形回帰・サポートベクターマシンなど）が用いられる。デコーダーの予測性能が十分に高ければ，対象としたニューロン集団が，画像に関する情報をもっていたと考えることができる。デコーディングでは，ニューロンがいくつあっても，それらの情報を統合して全体としての性能を計算できるため，多細胞記録と相性がよい。また，前項で扱った次元削減によって抽出されたダイナミクスを用いてデコーディングしてもよい。

デコーディングの応用をいくつか紹介する。まず，1つずつデコーディングに用いるニューロンを増やしたときに，行動を説明する予測性能が上がるのか，どの程度の細胞数で予測性能が頭打ちになるのか，などを調べることで，ニューロンがどれほどの冗長性で情報を保持しているかがわかる。次に，動物個体の学習を通じて，それら神経活動に蓄えられる行動に関する情報量がどのように変化していくかを定量することで，その神経活動が記録された脳部位

が，学習に伴った脳の自己組織化に関わっているかについての示唆が得られる。さらに，デコーディングした情報を使って外部の道具を再現よく動かすという研究（ブレイン・マシン・インターフェース）も進んでいる。これは，ヒトなどにも応用可能な方法として注目されている。たとえば，脊髄損傷を受けて手や足が動かなくなった人の神経活動をデコーディングして，義手や義足を動かすことも現実となってきている。

13.4　おわりに

本章では，神経ネットワークの作動原理（動作原理：operating principle）を調べるために必須のアプローチとして神経ネットワークのモデルを紹介した。

13.2 節で紹介した周辺の話題は，甘利の古典的なモノグラフ『神経回路網の数理』（文庫化されている）が詳しく扱っている。最近の教科書としては，Dayan & Abbot の教科書や Gerstner の教科書が神経ネットワークのモデル化について広く学ぶ上で標準的なものとしてお薦めできる。

本章の後半では，神経ネットワークが満たすべき拘束条件を知るために，脳から記録された多次元の時系列を解析する方法について概説した。次元削減や，それによって実際の神経活動からどのような結果が得られているかについては，Cunningham & Yu の総説が良い導入になるだろう。また，Quiroga & Panzeri の総説は神経細胞の記録から始まり，デコーディングの数学的な基礎づけ，多細胞記録からの単一試行でのデコーディングの利点について述べている。

この章の本筋からは離れるが，深層学習について学びたい場合は，岡野原の『ディープラーニングを支える技術』を読めば幅広く学べるだろう。また，本章の内容について深く理解したいときに，避けては通れない線形代数の基礎的な取り扱いについては，Strang の "Introduction to Linear Algebra" が機械学習やデータについても触れており（原著第 6 版），現代的で取り組みやすい。機械学習の一般論について基礎づけしたければ，多少古くはなるが Bishop のいわゆる "PRML" が定番である。日本語訳『パターン認識と機械学習 —ベイズ理論による統計的予測 上・下』も練られており親しみやすい。

参考文献

C.M. ビショップ 著，元田浩・栗田多喜夫・樋口知之・松本裕治・村田昇 監訳（2012）『パターン認識と機械学習 —ベイズ理論による統計的予測 上・下』，丸善出版

Cunningham, J.P., Yu, B.M. (2014) Dimensionality reduction for large-scale neural recordings. *Nature Neuroscience.*, **17**, 10.

Dayan, P., Abbott, F. (2005) Theoretical neuroscience: computational and mathematical modeling of neural systems. (Computational neuroscience). First paperback ed., The MIT Press.

Gerstner, W., Kistler, W.M., Naud, R., Paninski, L. (2014) Neuronal dynamics: from single neurons to networks and models of cognition, Cambridge University Press.

Quiroga Q. R., Panzeri, S. (2009) Extracting information from neuronal populations: information theory and decoding approaches. *Nature Reviews Neuroscience*, **10**, 173-85.

Strang G. (2023) Introduction to Linear Algebra (6th edition), Wellesley-Cambridge Press.

甘利俊一（2024）『神経回路網の数理 —脳の情報処理様式』，筑摩書房

岡野原大輔（2022）『ディープラーニングを支える技術 —「正解」を導くメカニズム［技術基礎］』，技術評論社

第14章

環境に適応する昆虫の微小脳

佐々木謙

　昆虫はヒトとは異なる過程で進化の頂点にたどり着き，繁栄している動物である。昆虫は脊椎動物とは大きく異なる構造の脳・神経系をもつが，神経活動の結果として出力される行動は脊椎動物と類似しており，その機能の 収 斂 には驚かされる。この章では，昆虫の脳（微小脳）で見られる驚くべき柔軟性（可塑性）とその活動が実現する高い適応能力について紹介する。

14.1　表現型可塑性

　動物は環境の変化に応じて行動を変えて適応的に振る舞うことができるが，その中には遺伝子の発現を変え，環境に適した身体を発生過程でつくる種がいる。たとえば，魚類のサクラマスとヤマメを想像してほしい。サクラマスは渓流で孵化後，川を下り海で育つ銀色の大きな魚で，体長は 70 cm にもなるが，ヤマメは渓流で育つ斑紋のきれいな魚で，体長は 20 cm 程度である。両者は同種で，生息環境の違いで異なる遺伝子発現を起こし，大きさや体色，行動の異なるタイプに分かれた種内多型である。このように同種のゲノムを共有する個体間で，異なる遺伝子発現から生じる表現型の多様性を，表現型可塑性（phenotypic plasticity）と呼び，その多様性が数タイプに固定される場合を，表現型多型（polyphenism）と呼ぶ。

　表現型可塑性あるいは表現型多型は，脊椎・無脊椎動物の両方で広く見られる現象であり，昆虫では個体が成長する空間の密度や成長過程の栄養状態の違いなどによって表現型が変わる（図 14.1）。アブラムシ類では，生息密度の低い環境下で翅のない個体（無翅型）が局所的に増殖を続けるが，その過程で生息密度が高くなると，翅をもった個体（有翅型）が現れる（図 14.1）。有翅型は，高密度で餌不足になった環境から飛翔して移動することにより，新たな餌場を開拓できる。このとき，アブラムシの体では，翅だけでなく翅を動かす筋肉や飛翔に関わる感覚系・運動系・中枢神経系がセットでつくられる。このような劇的な体のつくり替えは，脱皮時に行われる。昆虫の体表は，硬いクチクラ層の外骨格で覆われているため，脱皮を行わない限り外部形態や体色を変えることができないからである。アブラムシ類やバッタ類のような蛹期の発生ステージをもたない昆虫（不完全変態昆虫，hemimetabolism）では，脱皮のた

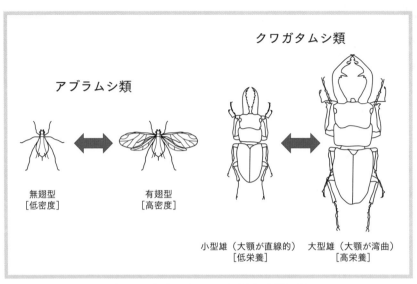

図 14.1　昆虫で見られる表現型可塑性の例

びに体をつくり替える機会があり，甲虫類やチョウ類，ハチ類など蛹期のある昆虫（完全変態昆虫，holometabolism）では，成虫羽化時に体の大きなつくり替えができる。

14.1.1　表現型の転換

　昆虫は，脱皮・変態時に外部形態を変えるため，その前の発生段階で外的環境の変化を検出する。外的環境を検出する感覚は，嗅覚・視覚・機械感覚（体性感覚に含まれ，体表での物理的変形刺激から生じる感覚）など多様であるが，これらの感覚情報は脳に集結し，脳内の神経分泌細胞を刺激して，神経ホルモン（neurohormone）の分泌を促す（図 14.2）。神経ホルモンは脳内および脳外へ拡散し，行動に影響を与え，末梢器官にも作用する。あるいは脳から血中ホルモンを分泌する器官（アラタ体や前胸腺）に働きかけ，血中ホルモンの分泌を促し，末梢器官で異なる表現型を発現させる（図 14.2）。これらの過程により，脱皮・変態を通して，外部形態や体色を変える。

　昆虫の代表的な血中ホルモンである幼若ホルモン（juvenile hormone）とエクジステロイド（ecdysteroid）は，表現型の転換の際に外部形態や末梢器官の活性を変える働きがある。幼若ホルモンとエクジステロイドは，組織に対して拮抗的に作用することがあり，血中濃度も互いに影響し合う。外的環境を感知して幼若ホルモンの血中濃度が高くなるとエクジステロイドの濃度は低くな

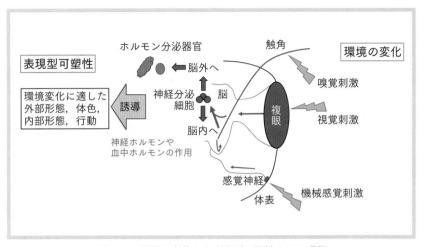

図 14.2　環境の変化から表現型可塑性までの過程

り，外的環境に応じた血中ホルモンの状態がつくられ，ホルモンに対する反応に違いが生じる。このような内分泌系による表現型転換の仕組みは，生息密度の違いで生じるコオロギの翅長多型や栄養摂取の違いで生じる糞虫の角多型などで知られている（Hartfelder & Emlen, 2005）。

14.1.2　行動の転換

　環境変化に応じた行動の転換は，外的環境を検出したときから始まることが知られている。バッタ類（特にサバクトビバッタやトノサマバッタ）では，生息密度の違いで翅の長さや胸部の形，体色や行動が，2つのタイプに分化する。この現象は，相変異（phase polymorphism）と呼ばれており，高密度環境下ではバッタは集団を形成し，大群が農作物を食べ尽くして大移動する（群生相）。一方，低密度環境下では，バッタは他個体に対して排他的になり，集団を形成しない（孤独相）。孤独相のバッタを複数個体で一緒に飼育すると，やがて次の脱皮後には，形態的に群生相の個体になる。この高密度環境の検出には，嗅覚・視覚・機械感覚が関わる（図 14.3）。嗅覚情報はフェロモンの匂い，視覚情報は他個体の姿であり，機械感覚刺激は他個体との接触である。

　複数のバッタが狭い空間で体を接触させる状況を実験的に再現するために，孤独相のバッタの体（特に体の外側に位置する後脚の腿節部）を筆で擦ると，2時間後には行動が群生相化する（Anstey *et al.*, 2009）（図 14.3）。同じように，フェロモン刺激と他個体の視覚刺激を与えた場合や，後脚腿節内の感覚神経を電気刺激した場合にも，2時間後には行動の群生相化が起こる。このよう

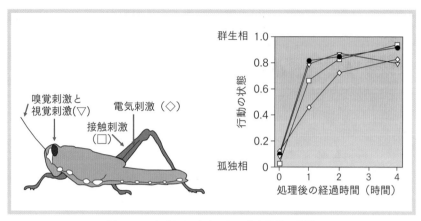

図 14.3　サバクトビバッタの群生相化の誘導
孤独相のバッタに，さまざまな刺激を与えて行動の群生相化を調べた。他個体と一緒に飼育した場合（●），他個体の匂いを嗅がせて姿を見せた場合（▽），後脚腿節を筆で擦った場合（□），後脚腿節の感覚神経を電気刺激した場合（◇）。Anstey *et al.* (2009) より改変。

に，外的環境の刺激を受容すると神経系はすぐに反応し，脱皮前から行動を変えていくのである。

　脱皮前の行動転換は，神経ホルモンなどの液性因子による行動の修飾であり，その後の外部形態の転換に伴って，さらなる脳の形態的・生理的な転換が必要となる場合もある。行動の短期的な転換と長期的な転換は異なる機構で起こる可能性があり，それぞれの過程で発現する遺伝子を網羅的に調べる研究などが進められている。

14.2　社会性昆虫の表現型多型

　昆虫の中でもハチ目に属するミツバチ類やスズメバチ類，アシナガバチ類，アリ類は社会性昆虫であり，血縁の雌個体が集合し，協力行動によって効率的に巣を成長させ，子を生産する。社会性昆虫では集団内の労働に分業が見られ，個体は産卵を専門的に行う繁殖カースト（女王，queen）か，育児・採餌を行う非繁殖カースト（ワーカー，worker）に分化する。このような個体間の繁殖分業を，カースト分化（caste differentiation）と呼ぶ。この現象も表現型多型の1つである。

14.2.1 カースト分化と脳

(1) カースト間における外部形態の違い

　社会性昆虫の女王とワーカーはどちらも雌であり，両者で外部・内部形態が異なり，各形態はその仕事に適した機能を備えている（図14.4）。たとえば，ミツバチのワーカーの後脚脛節には，餌となる花粉を巣に運ぶための花粉バスケットという構造がある（図14.4右）。ワーカーは，体表の毛に付いた花粉を後脚に集め，花粉団子にして花粉バスケットに付けて運ぶ。花粉団子を後脚脛節に付けるために，この部位には毛が生えておらず，周りの毛で花粉団子を支えるような構造になっている。一方，女王の後脚脛節には体毛が密集しており，花粉バスケットの構造がない。女王は，一生のうちで一度も花粉を採集する機会がなく，そのような行動をとらないからである。また，産卵を専門に行う女王の腹部には発達した生殖器官があり，ワーカーと比べて腹部が大きい（図14.4左）。このように，ミツバチのカースト間ではいくつかの外部形態が異なり，外部形態とリンクした行動の違いが見られる。

図14.4　ミツバチのカースト間で見られる外部形態の違い
左図：中央の個体が女王で，周りにいる個体がワーカー。右図：花粉団子の付いたワーカーの後脚脛節（上），花粉団子のない状態のワーカーの花粉バスケット（中央，矢印），花粉バスケットのない女王の後脚脛節（下，矢印）。

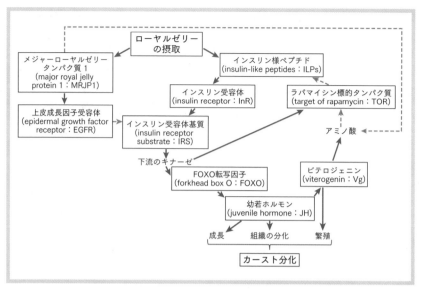

図 14.5　ミツバチのカースト分化の生理過程
点線の矢印は仮説的な経路を示している。Corona *et al.*（2016）より改変。

（2）カースト分化の生理過程

　ミツバチのカースト分化は，幼虫期に与えられる餌の違いで生じる。幼虫は
3 日齢になるまで同じ餌で育てられるが，その後，女王になる個体にはローヤ
ルゼリーが与えられ，ワーカーになる個体には，栄養価の低いワーカーゼリー
が与えられる。ローヤルゼリーを多く摂取した幼虫は，ローヤルゼリー中のタ
ンパク質（MRJP1）や糖に反応して，上皮成長因子（epidermal growth fac-
tor）シグナル伝達系やインスリン（insulin）シグナル伝達系を活性化させる
（図 14.5）。その後，幼若ホルモンを介して各組織の分化が起こり，成長や繁
殖が促進される。幼虫期に高濃度の幼若ホルモンに曝された個体は，前蛹期か
ら蛹期にかけて女王型の体を形成していく。このような栄養条件の違いで生じ
るカースト分化は，ミツバチだけでなく，アリ類でも報告されている（Corona
et al., 2016）。

（3）カースト間の脳の形態的な違い

　社会性昆虫のカースト間の行動は大きく異なる。行動は，脳・神経系の活動
の結果であることから，脳の生理や形態がカースト間で大きく異なることが予
想される。実際に社会性昆虫において，女王とワーカー間で脳の形態が異な
る。ミツバチの頭部には複眼や触角などのさまざまな感覚器官があり，それら

に存在する感覚ニューロンの数は，カースト間で異なる。ワーカーは女王より
も複眼が大きいことから複眼を構成する個眼数が多く（図 14.6），触角上の化
学感覚子（触角上にある小さな毛で，毛の側部に小さな穴が開いており，その
穴から化学物質を検出することができる）数も多い。その結果，ワーカーで
は，視細胞からの情報処理を行う視覚の中枢（視葉，optic lobe）や，化学感
覚ニューロンが出力する嗅覚の中枢（触角葉，antennal lobe）の体積が，女王
よりも大きい（図 14.7）。さらに，それらの異なる感覚情報を統合する脳の領
域（キノコ体，mushroom body）の体積も大きい（図 14.7）。これらの脳の形
態差は，ワーカーの感覚器の必要性から生じたものと考えることができる。つ

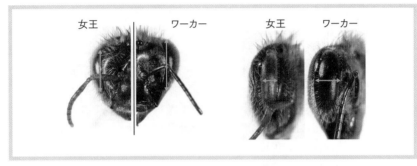

図 14.6　ミツバチのカースト間における複眼の大きさの違い
頭部正面（左図）と側方から見た右眼（右図）。

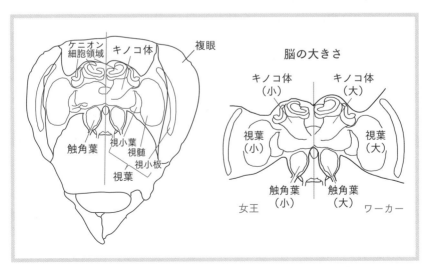

図 14.7　ミツバチの脳の構造（左図）とカースト間の大きさの違い（右図）

まり，ワーカーは，暗い巣内で匂いを頼りに育児や女王の世話，巣内の掃除などを行う上で，より多くの化学感覚子を必要とする。さらに，巣外へ採餌に行く際には花の色・形・模様を検出するための複眼，加えて，花の匂いと色・形・模様などの異なる感覚を関連付けて学習するためのキノコ体を発達させる必要がある。このような脳部位の形態のカースト差はミツバチだけでなく，アリ類でも報告されている。

（4）カースト間の脳の生理的な違い

　脳のカースト差は形態だけでなく，脳内生理にも見られる。生体アミン類（biogenic amine）は脳内物質の1つとして，昆虫だけでなく，その他の無脊椎動物や脊椎動物でも神経作用性物質（neuroactive substance）として機能する。昆虫の脳では，生体アミンを産生するニューロンの出力部位と標的細胞の受容体（レセプター）発現部位が必ずしも一致しておらず，ニューロンの終末から放出された生体アミンは脳内に拡散し，受容体までたどり着き作用すると考えられている（Kokay *et al.*, 1999）。このような場合，生体アミンはシナプスでの神経伝達物質（neurotransmitter）として機能するのではなく，周辺にある複数の神経回路に作用し，ニューロンの閾値やシナプス伝達効率を変える神経修飾物質（neuromodulator）として働くと予想される。

　また，体液中に拡散した生体アミンは，末梢器官にホルモンとしても作用する。生体アミンの一種であるドーパミン（dopamine）はミツバチのカースト間で量が異なり，女王の脳内ドーパミン量はワーカーの約4倍多く存在する（Sasaki *et al.*, 2021）。

　女王で多いドーパミン量は，女王特異的な行動と関係している。羽化後の未交尾女王は，巣内で同じ時期に羽化した姉妹を見つけると噛みつきながら毒針で攻撃し，生死をかけた喧嘩を行う。また生き残った女王はその後，出巣し，空中で飛翔しながら雄と交尾する。これらの女王の行動は，ドーパミンによって活性化される（Sasaki *et al.*, 2021）。脳内ドーパミン量のカースト差は，ミツバチよりも原始的な社会を形成するマルハナバチでも知られており，その種におけるドーパミンの役割の解明が進められている。

（5）カースト転換と脳の可塑性

　ミツバチやアリ類の外部形態のカースト分化は蛹期に起こり，その形態は成虫羽化以降に変わることはないが，内部形態や行動は可塑的に転換する。ワーカーは雌でありながら通常不妊であるが，女王不在の条件下では卵巣を発達させ，産卵を行う。外部形態はワーカー型であるが，脳や末梢器官の一部が女王

型に転換するのである。そのような個体では通常のワーカーよりも嗅覚を介した学習能力が低く，触角葉の体積が小さい（Morgan *et al.*, 1998）。

ワーカーが産卵個体化する過程では，まず脳内のドーパミン量が通常のワーカーよりも多くなり，女王型の脳内生理に変わっていく（Sasaki *et al.*, 2021）。また，**チラミン**（tyramine）という別の生体アミンの脳内量も増加し，採餌行動を抑制し，巣内に留まるように行動を変える。ドーパミンやチラミンは，卵巣発達も促進するので，行動と末梢器官が揃って産卵個体化していく。ワーカーの脳の形態は経験に依存して発達するので，このような行動の変化が，触角葉の形態に影響する可能性が高い。

アリの一種（インディアンジャンピングアント，*Harpegnathos saltator*）では，カースト転換に伴う脳の形態変化について，興味深い研究結果が報告されている（Penick *et al.*, 2021）。アリ類には，ワーカーと外部形態に違いは見られないが，交尾や産卵を行う雌（ガマゲイト，gamergate）の存在する種がいる。このような種では，羽化（翅のないアリ類の成虫脱皮も羽化と呼ぶ）直後の段階で行動のカースト分化は見られず，その後の巣内の状況（産卵個体の存

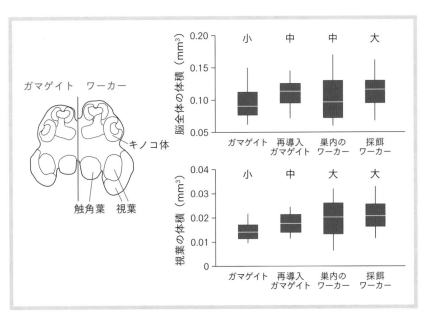

**図 14.8　アリ（*Harpegnathos saltator*）の脳の構造（左図）と
カーストや仕事の異なる個体間の脳体積の比較（右図）**

ガマゲイトを隔離し巣へ再導入すると，その個体の行動はワーカー化する。右図中の大・中・小は体積の相対的な関係を示している。Penick *et al.*（2021）より改変。

在など）で行動が分化する。

　Harpegnathos saltator のガマゲイトにおいて，行動のカーストが確立された後に脳の形態を調べると，ガマゲイトはワーカーと比べて脳全体の体積が小さく，特に視葉の体積が小さい（図 14.8）。そこで，巣内で 1 年間以上ガマゲイトとして行動していた個体を巣から取り出し，他個体との接触をなくして 3 〜 4 週間隔離すると，そのガマゲイトの産卵活性は，通常のガマゲイトとワーカーのほぼ中間になる。そのような個体を元の巣に戻すと，巣内のワーカーはその個体をガマゲイトと認めずに，噛みつき，脚を引っ張って押さえつけるといった行動（ポリシング行動，policing）をする。その結果，再導入されたガマゲイトはその後，産卵できなくなり，ワーカーと同じ仕事を行うようになる。ガマゲイトからワーカーに転換した個体を 6 〜 8 週間後に採集し，脳の各部位の体積を調べると，ワーカーに転換したガマゲイトの脳では，脳全体や視葉の体積が採餌ワーカーと通常のガマゲイトのほぼ中間の大きさであった（図 14.8）（Penick *et al.*, 2021）。この結果は繁殖分業に基づく脳形態が可塑的に変化できることを示している。

14.2.2　ワーカー間分業と脳

　ワーカーは繁殖以外の仕事に従事するが，巣内での育児や巣づくり，巣門での防衛や巣外での採餌など，行動は多岐にわたる。ミツバチでは若い個体が巣内の仕事を担い，日齢を経るに従い巣外の危険な仕事を担当するようになる。このような若齢個体が死亡率の低い仕事をする仕組みは，巣の労働力を確保する点で合理的である。ワーカーの寿命は季節によって異なるが，春から夏にかけてはおよそ 1 ヶ月で，その間に仕事の内容が変わる。このようなワーカー内で起こる日齢に依存した分業を齢間分業あるいは齢差分業（age polyethism）と呼ぶ。

(1)　齢間分業の生理機構

　ミツバチの齢間分業は，血中ホルモンである幼若ホルモンと生体アミンの一種であるオクトパミン（octopamine）の作用によって促進される（Schulz *et al.*, 2002）。両物質とも日齢に従って血中濃度あるいは脳内量が増加し，攻撃性を上昇させることにより門番の防衛行動が発現し，飛翔行動を促進させることにより採餌個体化が進む。幼若ホルモンの投与によって脳内のオクトパミン量が増加することから，幼若ホルモンがオクトパミン産生ニューロンに作用すると考えられる。また，幼若ホルモンを産生・分泌するアラタ体（corpora allata）を外科的に除去した場合でも齢間分業はゆっくり進行することから，幼

若ホルモンとは独立した齢間分業を進行させる仕組みがあると考えられる。

(2) 齢間分業による脳の形成

　ミツバチの齢間分業において，羽化直後の個体は基本的な成虫の脳構造を備えているが，その後の仕事に応じて，活動依存的に特定の脳部位が発達していく。脳切片から脳の各部位の体積を算出した研究（Withers *et al.*, 1993）によると，脳全体の体積は羽化直後の個体と育児個体，採餌個体で違いは見られないが，触角葉だけを見ると，育児個体は他の個体よりも体積が大きい（図14.9）。また，キノコ体の本体であるニューロパイル領域（シナプスの多い神経回路の部位）は，採餌個体で大きい。この結果は，巣内の暗い場所で育児をする個体は，嗅覚情報に頼って行動することから嗅覚情報処理の領域である触角葉が発達し，視覚を含むさまざまな感覚情報を利用する採餌個体は，これらの情報を処理するキノコ体のニューロパイル領域が発達するということを示している。触角葉の体積が採餌個体よりも育児個体で大きいという結果は，育児

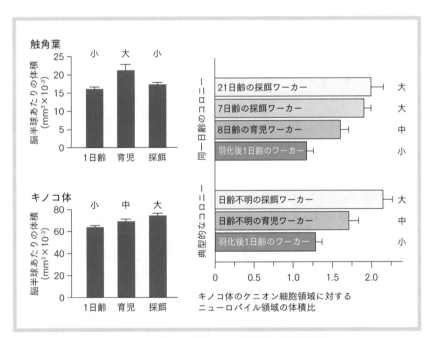

図14.9　ミツバチのワーカー間分業と脳の可塑性

分業の違いと脳の体積（左図）。触角葉の体積（左上）とキノコ体のニューロパイルの体積（左下）。採餌ワーカーを人為的に取り除くことにより，日齢の近い育児ワーカーと採餌ワーカーが巣内に現れる状況にした実験の結果（右図）。図中の大・中・小は，体積の相対的な関係を示している。Withers *et al.*（1993）より改変。

個体がさらに日齢を重ねて採餌個体になったときに触角葉が退化することを示している。

　このような脳部位の体積の可塑的な変化は，それぞれの行動経験がフィードバックした結果なのであろうか？　そのことを証明した興味深い研究がある（図 14.9）。ミツバチの巣では，採餌個体数が減少すると，育児個体の中から採餌個体が出現する。実験的に採餌個体を多く除去すると若い採餌個体が出現し，同じ日齢の育児個体と採餌個体の脳を比較することができる。このような実験により，8 日齢の育児個体と 7 日齢の採餌個体のキノコ体のニューロパイル領域の体積を比較すると，採餌個体の体積が育児個体よりも大きく，その体積は通常の採餌個体（21 日齢）と同程度であった（図 14.9）。この結果から，ミツバチの脳では，日齢ではなく仕事の違いによって形態が変わる部位があると考えられる。まさに職人に応じた脳のタイプがあるといえる。

　ワーカー内の分業個体間で見られる脳の形態的違いは，ミツバチだけでなくアリ類でも知られている。オオアリの一種 *Camponotus floridanus* では，日齢に依存して，ワーカーの仕事が変わる。そこで，仕事の異なる個体間で脳の各部位（視小葉，視髄，触角葉，ケニオン細胞領域，キノコ体ニューロパイル領域）の体積を比較すると，仕事に応じた脳体積の違いがケニオン細胞領域とキノコ体ニューロパイル領域で見られる（Gronenberg *et al.*, 1996）。

　このように脳の形態を可塑的に変える性質は，少ないニューロン数で複雑な仕事をやりくりする社会性昆虫にとって，全体のパフォーマンスを高める適応的な形質であり，高次の社会性の進化に貢献したと考えられる。

14.3　おわりに

　本章では，昆虫に備わる微小脳が環境変化に対してどのように適応するかについて，表現型可塑性と照らし合わせて紹介した。特に社会性昆虫においては，巣内の労働力の要求に応じて個体の分業が決まり，その個体は遺伝子発現による表現型可塑性と経験による脳の可塑性によって，労働の効率を高める。ヒトの社会と比較した場合，われわれは社会の要求や個人の好みによってさまざまな仕事に従事し，経験を重ねることにより仕事のスキルを向上させる。職人になるほどの経験を積んだ人の脳は，形態的・生理的に特化しているのであろうか？　ヒトの巨大な脳においては，経験によって発達した神経回路が各部位に分散し，膨大な数のニューロンの中に埋もれているのかもしれない。微小脳は，少ないニューロンでやりくりし，必要に応じてそのニューロンを使い回すことにより細胞維持のコストを下げる省エネ設計の器官であるように見え

る。このような脳の設計が，ヒトとは異なる進化の過程で繁栄に成功した秘訣であるように思える。

引用文献

Anstey, M. L., Rogers, S. M., Ott, S. R., Burrows, M., Simpson, S. J. (2009) Serotonin mediates behavioral gregarization underlying swarm formation in desert locusts. *Science*, **323**, 627-630.

Corona, M., Libbrecht, R., Wheeler, D. E. (2016) Molecular mechanisms of phenotypic plasticity in social insects. *Current Opinion in Insect Science*, **13**, 55-60.

Gronenberg, W., Heeren, S., Holldobler, B. (1996) Age-dependent and task-related morphological changes in the brain and the mushroom bodies of the ant *Camponotus floridanus*. *The Journal of Experimental Biology*, **199**, 2011-2019.

Hartfelder, K., Emlen,D. J. (2005) Endocrine control of insect polyphenism. in *Comprehensive Molecular Insect Science* (eds. Gilbert, L. I., Iatrou, K., Gill, S. S.) vol. 3, pp.651-703, Elsevier.

Kokay, I., Ebert, P., Kirchhof, B. S., Mercer, A. (1999) Distribution of dopamine receptors and dopamine receptor homologs in the brain of the honey bee, *Apis mellifera* L. *Microscopy Research and Technique*, **44**, 179-189.

Morgan, S. M., Huryn, V. M. B., Downes, S. R., Mercer, A. R. (1998) The effects of queenlessness on the maturation of the honey bee olfactory system. *Behavioural Brain Research*, **91**, 115-126.

Penick, C. A., Ghaninia, M., Haight, K. L., Opachaloemphan, C., Yan, H., Reinberg, D., Liebig, J. (2021) Reversible plasticity in brain size, behaviour and physiology characterizes caste transitions in a socially flexible ant (*Harpegnathos saltator*). *Proceedings of the Royal Society, B*, **288**, 20210141.

Sasaki, K., Okada, Y., Shimoji, H., Aonuma, H., Miura, T., Tsuji, K. (2022) Social evolution with decoupling of multiple roles of biogenic amines into different phenotypes in Hymenoptera. *Frontiers in Ecology and Evolution*, **9**, 659160.

Schulz, D. J., Sullivan, J. P., Robinson, G. E. (2002) Juvenile hormone and octopamine in the regulation of division of labor in honey bee colonies. *Hormones and Behavior*, **42**, 222-231.

Withers, G. S., Fahrbach, S. E. and Robinson, G. E. (1993) Selective neuroanatomical plasticity and division of labour in the honeybee. *Nature*, **364**, 238-240.

第14章　環境に適応する昆虫の微小脳

第15章 社会性昆虫の学習能力と意思決定

●佐々木哲彦

散歩していて道脇に花が咲いていれば，私たちの視線は自然と花に向かう。そこに，小さなハチが忙しそうに飛び回っている光景を目にすることもあるだろう。多くの読者は，日ごろ昆虫の脳について考える機会はあまりないかもしれない。しかし，小さいながらも，昆虫は脳と呼べる器官をもっている。植物や菌にはない動物固有の器官である脳の根源的な機能は，運動制御である。俊敏で複雑な行動をとる昆虫は，機能的に優れた脳をもつ。昆虫の中で最も発達した脳をもつのは，おそらく高度な社会性を獲得したミツバチであろう。本章では，昆虫の微小脳に秘められた機能を知ってもらうために，ミツバチの脳の働きについて，一個体のミツバチがもつ認知能力，個体間でのコミュニケーション，コロニーとしての意思決定が行われるプロセスについて紹介する。

15.1 個体の情報処理能力

15.1.1 視覚学習

ミツバチは，エネルギー源となる炭水化物を花の蜜から，幼虫を育てたりするのに必要なタンパク質を花粉から得ている。蜜源あるいは花粉源となる植物の状態にもよるが，ミツバチは，巣から半径 1 〜 3km 範囲で活動することが多い。チョウやハエのように流浪生活する昆虫と違い，ミツバチは「帰るべき家」をもつ昆虫である（図 15.1）。採餌に利用できる花は日ごとに変化し，巣の周辺の景色も移りかわる。状況に応じて採餌場所を変更し，確実に巣に戻るために，ミツバチは視覚情報を記憶したり更新したりする優れた能力をもっている。

Wu らは，ミツバチがモネとピカソの絵画を識別できるかどうかを試すという興味深い実験を行った（Wu *et al.*, 2013）。透明なアクリル板で 120 cm × 25 cm × 25 cm の筒状の箱を作製し，箱の入口から 100 cm のところにモネとピカソの 1 組の絵画を並べ，それぞれの絵の下側にさらに奥に向かう入口を開けて，一方の絵の後ろだけに砂糖水を置いた（図 15.2）。ミツバチを箱に入れて，20 分間箱の中を探索させるという操作を何度か繰り返すと，ミツバチはどちらの絵画の後ろに砂糖水があるかを学習して，絵画の左右を入れ替えて

図 15.1　セイヨウミツバチ *Apis mellifera* の女王とワーカー

数匹の世話役のワーカーが，女王を取り囲んでいる。

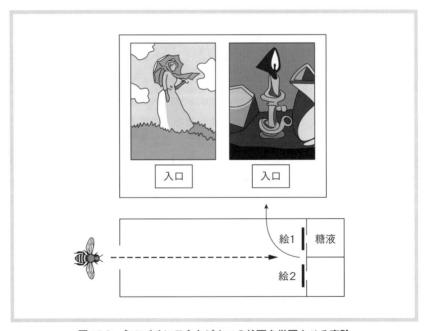

図 15.2　ミツバチにモネとピカソの絵画を学習させる実験

通路の奥に2つの部屋があり，各部屋の入口にはピカソまたはモネの絵画が提示されている。どちらかの絵の奥にある部屋にのみ糖液が置かれており，たとえばモネの絵を選んだ場合に糖液が得られることを学習したハチは，絵画の位置を入れ替えてもモネの絵が提示された部屋に入る。Wu *et al.* (2013) より改変。

も報酬を得られるほうの絵を選ぶようになる。30回ほどトレーニングすると，正解率は約75％に上がった。1組の絵の学習が終わったら，別のペアの絵を使って学習させるというやり方で，5組の絵画でトレーニングすると，5組分の情報を同時に記憶として保持できることも示された。ミツバチにとって，5組の絵画を学習することは，さほど難しいことではないようである。

15.1.2　抽象概念の抽出

「青い花」とか「黄色い花」は実在するものであって，たとえば1本の青い花を手にして，これは「青い花だ」と言うことができる。一方，「同じ花」あるいは「違う花」は，そういう花が実在するわけではなく，2本以上の花を比べたときの関係性を意味している。「同じ」とか「違う」ということは，具体的な事例から抽出される概念である。Giurfa らは，ミツバチがこのような抽象的な概念を理解する能力をもつことを実証した（Giurfa *et al.*, 2001）。

彼らは，Y字型の迷路の入口と分岐点に青色と黄色の目印を提示して，入口で黄色を提示した場合には，分岐点で黄色を選択すれば砂糖水が飲めることを学習させ，入口で青色を提示した場合には，分岐点で青色を選択すれば砂糖水にありつけることを，ミツバチに学習させた（図15.3）。つまり，黄色の後は黄色，青色の後は青色を選ぶと報酬が得られるという仕掛けである。青色と黄

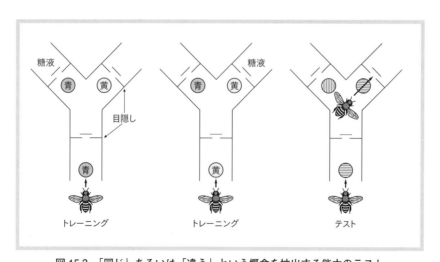

図15.3　「同じ」あるいは「違う」という概念を抽出する能力のテスト
Y字管の入口で青色を提示した場合には分岐点でも青色を，入口で黄色を提示した場合には分岐点で黄色を選べば報酬を得られることを学習したミツバチは，これまでに見たことのない模様である横縞と縦縞模様を使ったテストでも，分岐点で入口と「同じ」ものを選ぶことができる。Giurfa *et al.* (2001) より改変。

色の左右の置き方を入れ替えても，入口と分岐点で同じ色を選ぶと報酬が得られることを学習させた後，入口に見たことのない目印，たとえば横縞模様を置き，分岐点で横縞と縦縞を選ばせるΥ字迷路にミツバチを放した。するとミツバチは，高い確率で，分岐点において横縞を選択することができたのである。色を使ったトレーニングで，ミツバチがもし「青色を見た後は青色，黄色を見た後は黄色を選べばよい」ということだけを学習したのであれば，初めて見る縞模様での課題に正解することはできない。この結果は，色を使ったトレーニングから，「同じ」という概念を抽出し，それを縞模様に応用できたことを意味している。

ミツバチが「違う」という概念を理解できることも，同じような実験で示された。入口と分岐点で違う色を選択すると報酬を得られることを学習したハチは，新規の縦縞と横縞の目印を用いた課題において，分岐点で入口とは違う目印を選んだのである。さらに，視覚学習から抽出した概念を，匂いを用いた課題にも転移することもできるようで，同じ色を選べばよいことを学んだハチは，マンゴーとレモンの匂いを使ったΥ字迷路で同じ匂いを高い確率で選ぶことができた。

15.1.3 計数能力

ミツバチは，簡単な概念を理解できるだけでなく，どうやら4までなら数を数えることもできるようである。ミツバチの数える能力は，5個の黄色いテントを用いた野外実験で最初に示唆された（Chittka & Geiger, 1995）。

この実験では，まず3個目と4個目のテントの間で，巣箱から262.5 m離れた場所に給餌器が設置された（図15.4）。次に，1つ目の給餌器はそのままにして，2つ目の給餌器を2個目と3個目のテントの間に置いてみた。この場合，ごく少数の例外的なハチを除いては，2つ目の給餌器に向かうハチはいなかった。ところが，テントを移動させて，2番目の給餌器を3番目と4番目のテントの間に，もともとの給餌器を4番目と5番目のテントの間に置いたところ，一部のハチの採餌行動に変化が見られた。約4分の3のハチは引き続き1つ目の給餌器を訪れたが，約4分の1のハチは，2つ目の給餌器に集まったのである。1つ目の給餌器に通い続けたハチは，巣からの距離を頼りに巣と餌場を往復していたと考えられる。

では，少数派ではあるが，無視できない数のハチが，2番目の給餌器に集まるようになったのはどうしてだろうか？　1つの解釈として，これらのハチは，テントの数を数えて3番目のテントの後にある餌場に向かったと考えることができる。ただし，ミツバチは飛行した距離を測定するのに，飛行中に経

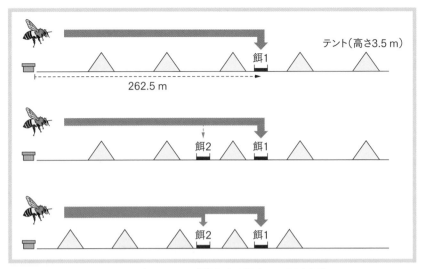

図15.4　ミツバチの計数能力を調査した野外実験

5個のテントのうちの3番目と4番目の間に給餌器を設置してミツバチに通わせた。テントの位置を動かすことなく、2つ目の給餌器を2番目と3番目のテントの間に置いても、そこにミツバチが来ることはほとんどなかったが、テントの位置をずらして2番目の給餌器を置くと、2番目の給餌器に来るハチが増加した。Chittka & Geiger（1995）より改変。

験する視覚の流れを重要な手がかりとして使っているので（Tautz, 2007）、テントを数えたのではなく、給餌器にたどり着くまでに視界を横切った黄色い面積を合計したという可能性も残された。

　ミツバチが視覚情報から「数」を抽出できることを示す、より確かな証拠は、天井部分を透明なアクリル製の板にした20 cm × 20 cm × 4 mのトンネルを用いた実験から得られた（Dacke & Srinivasan, 2008）。

　まず、床と左右の側面に、5本の黄色いリボンを貼り付けた。5本の目印の近くに小さな筒状の容器（直径1 cm、高さ0.5 cm）を置き、そのうちの特定の1つだけ、たとえば3番目のリボンの位置にある給餌器に、砂糖水が入っていることを学習させるトレーニングを行った（図15.5 上）。5本のリボンは常に等間隔に配置したが、その間隔は5分おきに変更し、報酬が得られるポイントを、トンネルの入口から120 cm ～ 320 cmの範囲で変化させた。その後、報酬を取り除いたトンネルにハチを放った。報酬が取り除かれているので、ミツバチはトンネル内を行ったり来たりして探索することになる。

　どの位置を最も頻繁に探索するか記録したところ、3本目のリボンに報酬があることを学習したハチは、報酬が取り除かれた後も、3本目のリボンの近辺

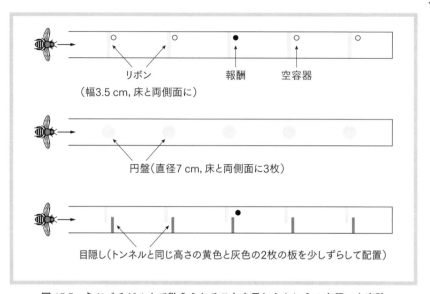

リボン
（幅3.5 cm, 床と両側面に）

報酬

空容器

円盤（直径7 cm, 床と両側面に3枚）

目隠し（トンネルと同じ高さの黄色と灰色の2枚の板を少しずらして配置）

図 15.5　ミツバチが 4 まで数えられることを示したトンネルを用いた実験

ミツバチの数える能力をテストするために，天井部分をアクリル板にした 20 cm × 20 cm × 4 m のトンネルを用いた。リボン，円盤，または目隠し板を 5 か所に配置した 3 種類のトンネルが用いられた。Dacke & Srinivasan（2008）より改変。

を熱心に探索した。1 本目，2 本目，4 本目のリボンに報酬が置かれたトンネルでトレーニングされたハチは，テストにおいても対応する場所を頻繁に探索した。テスト中もリボンの間隔を変化させたので，ハチが探索する位置がトンネルの入口からの距離ではなく，リボンの数を数えていると考えられる。トレーニング中に 5 本目のリボンに報酬が置かれていたハチでは，テストでの成績が顕著に低下した。ミツバチにとって，5 を数えるのは難しいようである。

　しかし，この実験だけでは，ミツバチは 4 までの数を数えたのではなく，テントを使った野外実験と同様に，視界を横切った黄色の量を記憶していたという可能性も残る。そこで，ミツバチが，通過した黄色の面積ではなく，数を認識していたことを確かめる実験が行われた。リボンの代わりに円盤（直径 7 cm）を目印にしたトンネルを用意し，リボンのトンネルでトレーニングしたハチを，円盤のトンネルでもテストした。1 〜 4 番目のいずれか 1 つのリボンの近くに報酬があるトンネルでトレーニングしたハチは，報酬が取り除かれ，リボンが円盤に置き換えられたトンネルにおいても，学習したリボンの入口からの数と対応する位置にある円盤の周辺を頻繁に探索した（図 15.5 中）。1 本のリボン（幅 3.5 cm，長さ 60 cm）の面積は 210 cm^2，トンネル内の 1 か

所の床と両側面に配置される 3 枚の円盤の合計面積は約 115 cm^2 である。も
し，ミツバチが視界を横切る黄色の面積を記憶しているのであれば，たとえば
2 本目のリボンを学習したハチは，円盤が置かれたテスト用のトンネルでは，
2 番目より後方，3 番目か 4 番目の円盤付近を探索するはずである。したがっ
て，ミツバチは数を数えていたと解釈することができる。

　また，リボンでの学習を円盤に転移できることから，物体自体がもつ属性と
は別に，抽象的な概念としての数を抽出する能力をもつことも同時に示唆され
た。5 番目のリボンでトレーニングしたハチを円盤のトンネルでテストする
と，その探索行動はトンネル全体に広がった。ここでも，ミツバチが数えるこ
とができるのは 4 までであることが示唆された。

　以上の実験は，トンネルの入口からミツバチが 5 個の目印を一度に見渡す
ことができるデザインになっていた。したがって，ハチが一瞬の視覚情報から
数を数えているのか，時系列を追って連続して起こる事象の数をカウントして
いるのかは判断できない。この点について調べるために，3 番目のトンネルと
して，2 枚の板を少し重なるように並べた障害物をつくり，その隙間を通って
からでないと，次の障害物が見えないという仕掛けを用意した（図 15.5 下）。
このトンネルを使って，3 番目の障害物の背後に報酬を置いてトレーニングす
ると，報酬を取り除いた後もミツバチは 3 番目の障壁付近を最もよく探索し
た。つまり，時系列を追って事象をカウントできることが示された。

　Chittka らのテントを使った野外実験で示唆された通り，ミツバチは基本的
には巣からの距離を測定しながら餌場を探索している。Dacke らのトンネルを
使った実験は，トレーニングの際に目印の間隔を狭めたり広げたりすることに
よって，距離情報の働きを弱めて，計数能力を最大限に引き出したものであ
る。実際の採餌活動では，ミツバチは巣から採餌場までの距離を主要な情報と
して，その経路上にある木や岩や建物などの目印の数を補助的な情報として役
立てていると考えらえる。

15.1.4　ゼロの認識

　数字のゼロ「0」は，人類史上最も偉大な発見の 1 つとされている。ゼロは
きわめて特別な数字で，たとえば広さがゼロの土地を測量したり，ゼロ個の果
実を数えたりする必要がなかったせいか，人類は長い間ゼロという概念をもっ
ていなかった。ゼロの概念が生まれたのは，インドだとされている。それがい
つごろなのか正確なことはわからないが，インドの数学者ブラーマグプタが 7
世紀の初めごろに書いた本に，ゼロの数学的な性質が記載されている（吉田，
1939）。

ヒト以外でゼロの概念を理解できることが知られてるのは，ごく一部の動物に限られている。最近の研究から，無脊椎動物では初めて，ミツバチがゼロを認識できることが報告された（Howard *et al.*, 2018）。それを明らかにした実験を紹介しよう。

実験では，まずミツバチに，1個から4個までの黒い模様が描かれた2枚の白いプレートを提示し，一方のグループのハチには黒模様の数が少ないほうに飛んでいくと糖液（報酬）が与えられることを学習させ，別のグループには数が多いほうを選べば糖液が得られることを学習させた（図15.6）。トレーニング後に，ハチがこれまでに経験したことのない白紙のプレートと，1個以上の模様が描かれたプレートを使ったテストを行うと，小さい数を選ぶことを学習したハチは白紙を，大きい数を選ぶことを学習したハチは模様のあるプレートを選択した。これによりミツバチは，「何もないこと」，すなわちゼロが最も小さい数であることを理解する能力をもつと解釈できる。

次に，2個から5個の模様が描かれたプレートで，「少ない数」を学習させたハチを使って，白紙と模様が1つだけあるプレート（どちらのプレートも経験したことがない）を使ってテストすると，50％の偶然より有意に高い確率で白紙（ゼロ）を選んだ。この能力は驚くべきことである。チンパンジーで

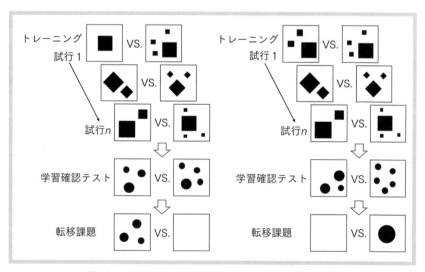

図15.6　ミツバチがゼロを認識できることを示す実験

2枚のパネルのうち，模様の数の少ない方を選ぶと報酬がもらえることを学習したハチに，模様のあるパネルと，これまで見たことのない白紙のパネルを提示すると，白紙のパネルを選ぶ。Howard *et al.* (2018) より改変。

もゼロと1の区別をすることは，可能ではあるが，難しいタスクである（Biro & Matsuzawa, 2001）。さらに，白紙のプレートと2個以上の模様のあるプレートを組み合わせてテストすると，模様の数が増えるほど，ゼロと比べたときの大小関係の判断の正解率が高くなった。ゼロからの距離が数字によって違うこと，たとえば0と2の間より，0と4の間の距離のほうが長いことを認識できるようである。

15.2　個体間のコミュニケーション

15.2.1　尻振りダンス

　ここまで，1匹のミツバチの脳に備わった機能を紹介してきた。しかし，ミツバチの大きな特徴は集団生活をしている社会性昆虫であることで，その生活の中では仲間たちとの相互作用が欠かせない。ミツバチは，好ましい蜜源や花粉源がどこにあるかを，8の字ダンスあるいは尻振りダンスと呼ばれる独特なダンスを踊ることで，巣の仲間に伝えることができる（図15.7）。

　ミツバチの巣は巣房と呼ばれる六角形の小部屋が規則的に並んだ巣板でできている。巣房は，蜜や花粉を貯めたり，幼虫を育てたりするための多目的部屋

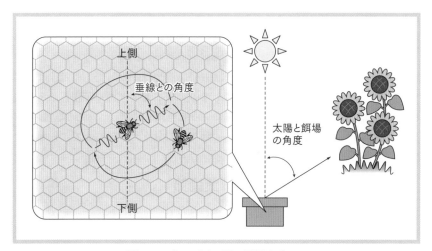

図 15.7　ミツバチが踊る尻振りダンス
好ましい餌場で蜜や花粉を集めて帰巣したハチは，尻振りダンスを踊ってその場所を仲間に伝える。お尻を振りながら進む方向と垂線のなす角度が，その時間の太陽の位置と餌場の角度を表し，お尻を振りながら進む時間が，巣から餌場までの距離を表す。

として利用される。尻振りダンスは，巣の入口に近い巣板上で行われ，腹部を左右に振動させながら特定の方向に直進し，そこでUターンして弧を描きながら，もとの位置に戻るという行動がくり返される。後ろに戻るときは，右側にターンした後は左側にターンし，左側にターンした後は右側にターンすることが多く，8の字のような軌跡を描く。巣板は巣の天井から垂直にぶら下がっているので，このダンスは垂直面で行われることになる。

ダンスで重要な意味をもつのは，腹部を振りながら直進するときの角度と時間である。直進方向と垂線の角度が，その時間における太陽の位置と餌場までの角度を表している。たとえば，もし直進方向が真上であれば，餌場は太陽の方向にあることを意味する。垂直方向から右に30°傾いていれば，巣を出てから太陽と30°ずれた方向に飛んでいけばよい。尻振りダンスは，巣から餌場までの距離も表していて，餌場が近いときには，お尻を振りながら進む時間が短く，餌場が遠いときには，お尻を振る時間が長くなる。1回の尻振りダンスでお尻を振る時間が0.6秒なら約300 m，1秒なら約700 m，1.5秒なら約1,200 m離れたところに餌場があることを示す（佐々木，1996）。

尻振りダンスは，巣からの餌場の方向と距離を，ダンスの角度と時間で記号化した抽象言語である。このダンスの意味を読み解き，洗練された抽象言語を操る昆虫が存在することを発見したオーストリアの動物行動学者のカール・フォン・フリッシュは，1973年にノーベル生理学・医学賞を受賞した。

尻振りダンスでは，採餌場の方向と距離だけでなく，どのくらい熱心に踊るかによって，その餌場がどのくらい優れているかを仲間に伝達する。たとえば，花蜜を集めるには，巣の近くにあって，糖度の高い蜜をたくさん出している花が好ましい。このような蜜源を見つけたハチは，何度も何度も尻振りダンスを繰り返す。逆に，訪花した花があまり魅力的ではなかったときは，ダンスを踊らないか，踊ってもすぐにやめてしまう。好ましい蜜源や花粉源は日々変化するだけでなく，1日の間の時間帯によっても変わる。ミツバチは尻振りダンスで採餌場情報を交換し，より優れた餌場に動員をかけることで，効率的な採餌活動を実現している。

15.2.2　ダンス言語と齢間分業調節

ミツバチのコロニーでは，女王が産卵に特化し，産卵以外のすべての仕事はワーカー（働き蜂）が担っている。ワーカーの仕事は，掃除，巣作り，幼虫の世話，貯蜜とハチミツ生産，巣の防衛，採餌などさまざまである（図15.8）。これらの仕事は，羽化してからの日齢に応じた齢間分業で行われる。幼虫の世話や巣づくりのような巣内での仕事は若いワーカーが，巣外を飛び回って花蜜

図 15.8　ミツバチの齢間分業

若いワーカーは，巣の中で幼虫の世話などを行い，老齢のワーカーが採餌活動を担当する。巣房に頭を入れ幼虫に給餌している 3 匹の個体を赤い矢印で示した。

や花粉を集める採餌活動は老齢のワーカーが担当する。ワーカーの消化管には，蜜を一時的に溜めることができる蜜胃と呼ばれる器官があり，採餌係のハチは，花蜜を蜜胃に入れて巣に持ち帰る。蜜胃には，約 40 mg ほどの蜜を入れることができる。1 匹のハチの重さは約 90 mg なので，自分の体重の半分近い量の蜜を体内に入れて飛行することになる。花粉は，直径 2 〜 3 mm の団子状にまとめて，後脚にぶら下げて巣に持ち帰る。花粉を持ち帰ったハチは，適当な巣房を探して脚を器用に使って荷下ろしする。一方，花蜜を集めてきたときは，巣の入口付近で待っている貯蜜係のハチに口移しで蜜を受け渡す。花蜜をハチミツに加工する必要があるためである。

　ハチミツは，集めた花蜜を巣内に貯めただけのものではなく，積極的に水分を蒸発させ，さらに糖組成を化学的に変化させた加工食品である。採餌係から花蜜を受け取った貯蜜係のハチは，それをいったん蜜胃に溜めて，少量を吐き戻して口器上に膜状に広げて表面積を増やし，水分を蒸発させる。この操作を何度か繰り返し，糖度が 50 ％以上になるまで濃縮させてから，巣房に吐き出して貯蔵する。巣内はワーカーが羽ばたくことで換気されており，湿度は低く保たれている。そのため，巣房に貯められた蜜からさらに水分が蒸発し，最終的には糖度は 80 ％以上になる。20 ％弱は水であるが，ハチミツ中の水分子のほとんどは糖と結合して，微生物が利用できる自由水はほとんど含まれないため，腐敗することのない保存食として越冬に備えて蓄えておくことができる。

　花蜜には，主要な糖分としてスクロース（ショ糖）が含まれている。砂糖の主成分でもあるスクロースは，グルコース（ブドウ糖）とフルクトース（果糖）が結合した二糖である。ハチミツの生産過程では，ショ糖がミツバチの唾

液に含まれるインベルターゼという酵素によって，ブドウ糖と果糖に加水分解される。採餌係が貯蔵係に花蜜を受け渡し，貯蔵係が花蜜を口器に広げて濃縮し，それを巣房に吐き出すときにインベルターゼが添加される。ヒトはショ糖より果糖のほうをより甘く感じるので，ハチミツは砂糖以上に甘い食品となる。

採餌場所を記憶している採餌係が採餌活動に専念し，花蜜からハチミツへの加工は貯蜜係が担当するという分業は，効率的なシステムである。しかし，両者のバランスが悪く，蜜源植物が開花してたくさんの蜜を集められるチャンスに採餌係が不足したり，逆に採餌係が多量の蜜を巣に持ち帰っているのに，それを受け取る貯蜜係が不足したりすると，非効率的になってしまう。ハチミツの生産効率を上げるためには，採餌係と貯蜜係の数の調節が重要となる。この役割分担の調節にもダンスを使ったコミュニケーションが用いられている（Seeley, 1995）。

巣外に豊富な餌があるとき，振動ダンスと呼ばれる行動が観察されることがある。1匹のハチが他のハチを前脚で押さえつけるようにして，腹部を1秒〜2秒間，約16Hzで上下に振動させる。複数の意味をもつ行動で，どのような状況で，どのような個体に対して行われるかによって作用が違ってくるが，1つの機能としては，貯蜜係から採餌係への仕事の変換を促進する効果がある。

また，採餌係は身震いダンスと呼ばれる行動を示すこともある。体全体を前後左右に不規則に震わせながら，巣板上をゆっくりとしたペースでランダムに動き回る。このダンスは，花蜜を集めて戻ってきた採餌係が，すぐには貯蜜係を見つけられず，持ち帰った花蜜をなかなか受け取ってもらえないときに観察される。巣内に貯蜜係が不足しているときに見られるこのダンスには，育児を担当している若いハチに働きかけて，貯蜜係に仕事を切り換えさせる作用があると考えられている。

15.3　集団の意思決定

15.3.1　ミツバチの社会構造と生活史

ミツバチの1つのコロニーには，1匹の女王と，多いときで数万匹のワーカーが暮らしている。すべてのワーカーは性別的には女王と同じく雌である。春から夏にかけてのミツバチの繁殖期には，雄も生産される。雄の数は多いときでコロニー全体の1割程度である。ハチ類の性決定は半数倍数性で，受精卵から雌，未受精卵から雄が生まれる。女王が産卵するとき，受精嚢に貯めた

精子を使うか使わないかで雌雄を産み分けることができ，1年間のある特定の季節にだけ少数の雄を生産することができる。雌の幼虫が女王になるかワーカーになるかは，幼虫期に与えられる餌によって運命づけられる（14.2.1項参照）。

越冬を終えて春を迎えたミツバチの巣の中では，新女王が育てられる。すると旧女王は，新女王が羽化する少し前に，巣の中の約半分ぐらいのワーカーとともに別の営巣場所に引っ越しをする。つまり，母親が娘に古巣を譲り渡す形で1つの群が2つに分かれる。これを分蜂，あるいは巣別れという。分蜂はコロニーレベルの繁殖である。古巣を引き継いだ新女王は，羽化して1週間ほどすると交尾飛行に出かけ，他巣の雄と交尾し，自分の巣に戻って産卵を開始する。通常，1匹の女王は10匹以上の雄と交尾する。

15.3.2 分蜂と新営巣地の探索

分蜂のため古巣を出発した旧女王とワーカーは，巣の近くにある木の枝などにいったん集結して分蜂蜂球（図15.9）を形成する。そして，そこを起点として新しい営巣地を探索する。養蜂では，ミツバチは養蜂家が用意した巣箱で飼育されるが，自然界では樹木の洞など，入口が狭くて，内部に程よい広さのスペースがある閉鎖空間に営巣している。分蜂蜂球をつくったミツバチの一部

図 15.9 分蜂蜂球

繁殖期に新女王が育てられると，旧女王は巣内の約半分のワーカーとともに，新しい営巣場所を求めて引っ越しする。古巣を出発した群れは，いったん巣の近くの木の枝の下などに集まって分蜂蜂球を形成し，ここを起点として新しい営巣地を探索する。

は，偵察係として周辺の営巣候補地を探索する。魅力的な候補地を見つけた偵察係は分蜂蜂球に戻った後，尻振りダンスを踊って，その場所にほかのハチをリクルートする。見つけた候補地が魅力的であればあるほど，熱心にダンスを踊る。偵察係が候補地の魅力を判断する要因の 1 つに，その空間を探索したときに，どのくらいの仲間と出会うかという条件が含まれている（Seeley, 2010）。多くのハチが集まっているほど，その場所は魅力的だと判断されることになる。そのため，最初は数か所の候補地が宣伝されるかもしれないが，多数決の原理に従って，徐々に候補地が絞られていく。最終的に大多数の合意が得られると，分蜂蜂球を形成していたハチが一斉に飛び立って新しい営巣地に移動する。

　ミツバチの分蜂行動について，女王が中心となってワーカーを引き連れて新居に引っ越しをするというイメージがあるかもしれないが，女王が意思決定しているわけではない。意思決定に寄与しているのは個々のワーカーであり，そのワーカーも，意思決定プロセスの全体的な状況を見渡せているわけではない。最初は少数の探索係が，営巣できそうな場所を偶然見つけ，分蜂蜂球に戻った後，自分の見つけた場所を尻振りダンスで仲間に伝える。尻振りダンスの情報を受け取ったハチが，実際にその場所に行って，そこで複数の仲間と出会えば，その場所は魅力的な場所として判断し，分蜂蜂球に戻ってから今度は自分が宣伝役としてダンスを踊る。別の候補地に行ったハチが，そこで仲間とほとんど出会わなければ，そのハチは自分が訪問した場所を宣伝しない。個々の個体は限られた情報しかもちえないが，その多数決によって集団としての意思決定が下される。

15.3.3　巣内温度の調節

　昆虫であるミツバチは，元来，変温動物である。ところが，ミツバチの巣の中は一定の温度に保たれている。ミツバチは六角形の巣房が並んだ巣板を貯蜜や育児のために臨機応変に利用しているが，典型的には巣内の中心に近い部分で幼虫を育て，周辺部分に蜜を貯める。幼虫が育てられている育児圏の温度は約 34 ℃で一定の温度に保たれている。どうやって温度を一定に保つのだろうか？

　夏の暑い日には，ミツバチは水を集めて，巣内で蒸発させて気化熱を利用して温度を下げる。今では見かけることが少なくなったが，以前は夏の暑い日に，人々は家の前に水をまいて涼をとった。ミツバチもこの打ち水と同じ原理で巣を冷ます。気温が低いときは，胸部の飛翅筋を収縮させて発熱する。しかし，発熱行動を始める閾値となる温度は個体によって異なる（Jones *et al.*,

2014）。ある個体は 33 ℃ぐらいに下がっただけで発熱し，別の個体は 32 ℃ぐらいまで下がらないと発熱しない。逆に，34 ℃で発熱をやめる個体もいれば，35 ℃まで発熱を続ける個体もいる。

　ミツバチの 1 つのコロニー内にいるワーカーは 1 匹の女王から生まれているので，遺伝的に均一だと思われるかもしれないが，必ずしもそうではない。ヒトでも一卵性双生児は全く同じゲノムをもつが，一卵性ではない兄弟姉妹はそれぞれ異なったゲノムをもっている。ミツバチの女王は通常 10 匹以上の雄と交尾しており，父親の異なるワーカーが誕生するので，群内の遺伝的なバリエーションは，ほ乳類の家族より大きい。遺伝的な違いによって各個体の温度感受性に個性が生まれ，その平均値として一定の温度が保たれる。ばらつきが存在することによって，恒常性が維持される仕組みになっている。

15.4　行動様式の進化

15.4.1　ニホンミツバチとセイヨウミツバチ

　日本には，在来種であるニホンミツバチと，明治以降に養蜂のために導入されたセイヨウミツバチが生息している（図 15.10）。ニホンミツバチは，インド，東南アジア，中国にまたがる広い範囲に生息するトウヨウミツバチの一亜種である。2 種のミツバチの見た目は非常によく似ていて，ニホンミツバチのほうが少し黒っぽくてわずかに小柄だが，少し離れたところからだと見間違えることもある。生活様式は基本的には同じである。しかし，習性に若干の違い

図 15.10　日本に生息する 2 種のミツバチ

日本には，トウヨウミツバチの亜種であるニホンミツバチ（左）と，明治以降に養蜂種として導入されたセイヨウミツバチ（右）が生息している。

があり，セイヨウミツバチのほうが飼育しやすく，集蜜力も高い。そのため，産業としての養蜂で飼育されているのは，ほとんどがセイヨウミツバチである。

15.4.2　防衛行動

　ニホンミツバチとセイヨウミツバチの行動で最も興味深い違いは，天敵のスズメバチに対する防衛行動だろう。ミツバチにとって特に脅威となるのはオオスズメバチで，セイヨウミツバチの巣がオオスズメバチの攻撃に遭うと，ワーカーが次々と飛びかかっていくが，スズメバチの強靭な大顎で簡単にかみ殺されてしまい，1～2時間のうちに巣の前は死体で埋め尽くされる。ミツバチのワーカーを壊滅させた後，スズメバチは巣の中に入って幼虫と蛹を捕えて自分たちの巣に持ち帰り，幼虫の餌とする。

　ニホンミツバチはこれとは全く違った戦術で，オオスズメバチの攻撃をかわすことができる。オオスズメバチに巣を発見されると，巣の入口に待機していた門番係のワーカーはいったん巣の中に退避して，オオスズメバチの侵入を待ちかまえる。セイヨウミツバチのように個別に飛びかかっていくようなことはしない。もしオオスズメバチが巣の内側まで侵入して攻撃を仕掛けてきたら，次の瞬間に多数のワーカーが一斉にオオスズメバチに飛びかかり，敵を包み込んでピンポン玉より少し大きいぐらいの蜂球を形成する（Ono *et al.*, 1995）。そこでワーカーは飛翅筋を収縮させて発熱し，蜂球の中心部の温度を46℃ぐらいまで上昇させる。ミツバチは48℃ぐらいまでは耐えることができるが，スズメバチにとって46℃は致死的な温度である。この熱殺蜂球でニホンミツバチは毒針を使うことなく，最も恐ろしい天敵であるオオスズメバチを倒すことができる。

　在来種であるニホンミツバチは，古くからオオスズメバチと生活の場を共有してきた。そのため，オオスズメバチから壊滅的なダメージを受けないような防衛方法を獲得している。ところが，セイヨウミツバチはもともとの生息地にオオスズメバチほど獰猛なスズメバチがおらず，新しく出会った強敵に対応できない。養蜂家の手によって多くのセイヨウミツバチが飼育されており，分蜂して野生化しても不思議ではないが，実際にはセイヨウミツバチはほとんど野生化していない。オオスズメバチが存在するためである。実際，オオスズメバチがいない小笠原諸島では，養蜂のために飼育されていたセイヨウミツバチが野生化している。もし，セイヨウミツバチが野生化してニホンミツバチと競合した場合，集蜜力の高いセイヨウミツバチのほうが勝って，在来のニホンミツバチは駆逐されてしまう可能性も十分に考えらえる。しかし，実際にはそう

なっていないのは，オオスズメバチがセイヨウミツバチの野生化を阻止しているからである。ニホンミツバチにとって，オオスズメバチは恐ろしい天敵であるが，一方で，セイヨウミツバチから守ってくれる存在でもある。

15.5　おわりに

　およそ5億4000万年前から始まる古生代カンブリア紀には，現在の地球に生息するすべての動物の門が誕生していたといわれている。動物界の系統樹は，根幹部分で後口動物と前口動物の2つに大きく分かれている。後口動物とは，個体発生の過程で原口から肛門が形成される動物で，脊椎動物はこちらに属する。節足動物を含む前口動物の発生では，原口がそのまま口になる。ヒトは，後口動物の中で最も発達した脳を獲得した動物である。一方，脳機能の高度化という観点から前口動物の頂点に立つのは，おそらくミツバチであろう。ツートップがともに社会生活を営む動物であることは，脳の発達による個体間相互作用の強化が，適応度の向上に寄与したためではないかと推察される。

　本章では，ミツバチの社会が機能する仕組みを見てきた。ミツバチの社会の特徴の1つは，「司令塔なき調和」にある。個々のハチはコロニー全体の状況を把握できているわけではなく，たとえば採餌係のハチは，自分が集めてきた蜜を貯蜜係に短時間のうちに受け取ってもらえるかどうかで，尻振りダンスを踊ったり，身震いダンスを踊ったりする。このようなローカルな情報に基づいた行動変化が，齢間分業の全体的なバランスを調節するメカニズムとして組み込まれている。分蜂したハチが新しい営巣地を決定するプロセスにおいても，個々のハチは限られた数の他個体から受け取る情報だけを頼りに自らの行動を選択し，その結果，単純な多数決の原理によって，集団としての意思が決定される。巣内の温度も個体レベルの温度感知と発熱行動によって調節されている。

　ミツバチのコロニーは，女王と無数のワーカーから構成されるため，女王を中心とした中央集権的な社会だと誤解されることがあるが，実際には個々のワーカーの行動の総和がコロニーの運営方針を決めている。私たちの人間社会の在り方について考えるとき，ミツバチの社会から学び取れることがあると感じるのは筆者だけではないだろう。

第15章　社会性昆虫の学習能力と意思決定

引用文献

Biro, D., Matsuzawa, T. (2001) Use of numerical symbols by the chimpanzee (Pan troglodytes): Cardinals, ordinals, and the introduction of zero. *Animal Cognition*, 4, 193-199.

Chittka, L., Geiger, K. (1995) Can honey bees count landmarks? *Animal Behaviour*, 49, 159-164.

Dacke, M., Srinivasan, M. V. (2008) Evidence for counting in insects. *Animal Cognition*, 11, 683-689.

Giurfa, M., Zhang, S., Jenett, A., Menzel, R., Srinivasan, M. V. (2001) The concepts of 'sameness' and 'difference' in an insect. *Nature*, 410, 930-903.

Howard, S. R., Avarguès-Weber, A., Garcia, J. E., Greentree, A. D., Dyer, A. G. (2018) Numerical ordering of zero in honey bees. *Science*, 360, 1124-1126.

Jones, J. C., Myerscough, M. R., Graham S., Oldroyd, B. P. (2004) Honey bee nest thermoregulation: Diversity promotes stability. *Science*, 305, 402-404.

Ono, M., Igarashi, T., Ohno, E., Sasaki, M. (1995) Unusual thermal defence by a honeybee against mass attack by hornets. *Nature*, 377, 334-336.

Seeley, T. D. (1995) The wisdom of the hive. Harvard University Press. (トーマス・D・シーリー 著, 長野隆・松香光夫 訳 (1998)『ミツバチの知恵』, 青土社)

Seeley, T. D. (2010) Honeybee Democracy. Princeton University Press. (トーマス・D・シーリー 著, 片岡夏実 訳 (2013)『ミツバチの会議』, 築地書店)

Tautz, J. (2007) Phänomen Honigbiene. Spektrum Akademisher Verlag. (Tautz, J. 著, 丸野内棣 訳 (2010)『ミツバチの世界 ―個を超えた驚きの行動を解く』, 丸善)

Wu, W., Moreno, A. M., Tangen, J. M., Reinhard, J. (2013) Honeybees can discriminate between Monet and Picasso paintings. *Journal of Comparative Physiology A*, 199, 45-55.

佐々木正己 (1996)『養蜂の科学』, サイエンスハウス

吉田洋一 (1939)『零の発見 ―数学の生い立ち』, 岩波新書

索　引

Memorandum

Memorandum

●編者紹介●

坂上　雅道（さかがみ　まさみち）

1990年　東京大学大学院人文科学研究科
　　　　心理学専攻博士課程中退
現　在　玉川大学脳科学研究所所長・教授，博士（医学）
専　門　意思決定の神経科学，社会神経科学

小松　英彦（こまつ　ひでひこ）

1982年　大阪大学大学院基礎工学研究科
　　　　生物工学専攻博士課程修了
現　在　玉川大学脳科学研究所特別研究員（客員教授），工学博士
専　門　脳科学，視覚，色覚

武藤　ゆみ子（むとう　ゆみこ）

2011年　東京工業大学大学院総合理工学研究科
　　　　知能システム科学専攻博士課程修了
現　在　玉川大学脳科学研究所准教授，博士（理学）
専　門　情報工学，ヒューマンコンピュータインタラクション，
　　　　ヒューマンインタフェース，データサイエンス・AI 教育

教養としての脳
Brain Cultivated

2024 年 4 月 1 日　初版 1 刷発行

編　者　坂上雅道
　　　　小松英彦　　ⓒ 2024
　　　　武藤ゆみ子

発行者　南條光章

発行所　**共立出版株式会社**
東京都文京区小日向 4-6-19
電話　03-3947-2511（代表）
郵便番号　112-0006
振替口座　00110-2-57035
www.kyoritsu-pub.co.jp

印　刷　藤原印刷
製　本

検印廃止
NDC 491.371
ISBN 978-4-320-05842-2

一般社団法人
自然科学書協会
会員

Printed in Japan

JCOPY ＜出版者著作権管理機構委託出版物＞
本書の無断複製は著作権法上での例外を除き禁じられています．複製される場合は，そのつど事前に，
出版者著作権管理機構（ＴＥＬ：03-5244-5088，ＦＡＸ：03-5244-5089，e-mail：info@jcopy.or.jp）の
許諾を得てください．

これまでの研究領域や研究方法を**越境**して拡大・深化し続けている**認知科学**。
野心的、かつ緻密な論理に貫かれた研究によって、ここに**知性の姿**が明らかになる──

[各巻] 四六版・上製本・税込価格

越境する認知科学

全13巻

日本認知科学会[編]／鈴木宏昭[編集代表]・植田一博・岡田浩之・岡部大介・小野哲雄・高木光太郎・田中章浩[編集委員]

共立出版

※定価、続刊の書名、著者名は予告なく変更される場合がございます